规模化肉羊场科学建设与生产管理

（第2版）

徐泽君　胡业勇　姚文超　主编

河南科学技术出版社

·郑州·

图书在版编目（CIP）数据

规模化肉羊场科学建设与生产管理／徐泽君，胡业勇，姚文超主编．—2版．—郑州：河南科学技术出版社，2022.3

ISBN 978-7-5725-0757-1

Ⅰ．①规…　Ⅱ．①徐…　②胡…　③姚…　Ⅲ．①肉用羊-饲养管理　②肉用羊-养殖场-经营管理　Ⅳ．①S826.9

中国版本图书馆CIP数据核字（2022）第034132号

出版发行：河南科学技术出版社

地址：郑州市郑东新区祥盛街27号　　邮编：450016

电话：（0371）65788631　65788613

网址：www.hnstp.cn

策划编辑：李义坤　田　伟

责任编辑：李义坤

责任校对：翟慧丽

封面设计：张德琛

责任印制：张艳芳

印　　刷：河南省环发印务有限公司

经　　销：全国新华书店

幅面尺寸：720 mm×1 020 mm　1/16　　印张：16　　字数：332千字

版　　次：2022年3月第2版　　2022年3月第2次印刷

定　　价：49.80元

本书编写人员

主　编	徐泽君	河南省畜牧总站
	胡业勇	宁陵县豫东牧业开发有限公司
	姚文超	新密市畜牧中心
副主编	李焦魏	新乡市畜牧技术推广站
	李灵平	河南省兽药饲料监察所
	钟　亮	洛阳市动物卫生监督所
	郭龙豪	伊川县动物卫生监督所
	张小霞	伊川县动物卫生监督所
	闫景梅	睢县动物疫病预防控制中心
	张伟丽	伊川县城关街道农业服务中心
	王英豪	睢县畜牧局
	杨玉静	南阳市兽药监察所
	焦文强	河南省农业科学院畜牧兽医研究所
	于菊霞	西平县畜牧兽医服务中心

前 言

我国是养羊大国，羊及其产品的数量位居世界前列。近年来，随着国民经济的快速发展，生活水平的不断提高，人们的膳食结构也发生了明显变化。羊肉因其脂肪少，瘦肉多，含有人体需要的各种氨基酸，特别是胆固醇含量远远低于牛肉、猪肉，对预防人的心血管疾病有一定的作用，它的保健功效越来越受到消费者的重视。加之，肉羊以食草为主，成本低、见效快、效益高，是农牧业循环经济健康发展的重要畜种，目前，各地都在大力发展肉羊业，因此养羊业呈现蓬勃发展的景象，规模化、工厂化羊场建设也纷纷涌现。

然而，由于许多畜牧项目投资人对羊场的规划设计认识不到位，项目建设出现选址随意、布局不合理、土地资源不能有效利用、防疫环保设施不健全、生产设施落后、生产过程组织管理不规范、环保不达标等问题，而导致一些羊场不得不推倒重建，造成极大浪费，极大地影响了畜牧生产效率、投资收益与畜产品质量安全，制约着养羊产业的健康发展和产业升级，如何破解这一难题也迫在眉睫。

规模化肉羊场养殖不但需要科学的规划设计，还需要科学的、先进的生产管理技术。根据当前全国肉羊生产特点以及养殖场的要求，我们参考国内外先进经验，针对我国的生产实际情况，笔者结合多年的养羊经验，编撰了本书。

本书全面地介绍了肉羊的品种、营养需要、育肥技术、繁育与杂交改良技术、疾病防治技术和肉羊场工艺设计、场址选择及总体布局、设备选型、饲草收割及加工设备等内容，力求内容先进、科学、实用，文字通俗易懂、简明扼要，以便广大养羊生产人员参考使用。本次修订本着与时俱进的原则，增加了规模化肉羊场如何控制产业风险，推进规模羊场机械化、信息化的思考两个章节，希望广大读者在学习掌握技术的同时，把控产业风险，使规模养羊项目永立不败之地，使养殖方式由千家万户向规模养羊快速转变，推进规模羊场机械化、信息化，进而提高养羊生产效率，降低成本，提高效益。

书中不当和错误之处敬请读者批评指正。

编　者

2020年9月

目 录

第一部分　我国羊肉生产现状及前景分析

羊肉是我国城乡居民重要的“菜篮子”产品之一。改革开放以来，我国肉羊产业快速发展，羊肉产量连续增长，在肉类总产量中的比重逐步提高，生产布局进一步向优势产区集中，对优化畜牧业产业结构、增加农牧民收入、丰富城乡居民的“菜篮子”、促进社会和谐稳定发挥了重要作用。

近年来，随着人口增长和城乡居民消费水平的提高，特别是城镇居民肉类消费结构的变化，羊肉消费快速增长，但受生产成本上升、发展方式转型、自然灾害和疫病多发等因素影响，羊肉产量增速减缓，价格持续上涨，部分少数民族地区市场供应偏紧。随着我国向小康社会迈进，消费量还将保持增长，必须坚持国内基本自给的方针，统筹农区和牧区肉羊产业发展，在充分发挥市场机制作用的基础上，有针对性地加强政策扶持和市场调控，着力提高羊肉生产能力。

一、我国羊肉生产现状

我国是羊肉生产大国，羊肉产量居世界第一位。从国内生产情况看，我国羊肉生产水平不断提高，羊肉产量保持稳定增长，优势产区逐渐形成。

（一）总产量稳定增长

改革开放以来，我国羊肉生产快速发展，占肉类总产量的比重上升。但2007年以来受国家出台生猪生产扶持政策影响，猪肉占肉类总产量的比重上升，羊肉所占比重有所回落。

羊存栏和出栏量分别由1980年的18 731.1万只和4 241.9万只，增加到2018年的29 713.5万只和31 010.5万只，羊肉产量由44.5万吨增加到475.1万吨，占肉类总产量的比重由3.7%上升到5.5%。1980—2018年全国羊肉产量见表1-1。

表1-1　1980—2018年全国羊肉产量

年份	羊存栏/万只	羊出栏/万只	羊肉产量/万吨	羊肉占肉类比重/%
1980年	18 731.1	4 241.9	44.5	3.7
1985年	15 588.4	5 080.5	59.3	3.1
1990年	21 002.1	8 931.4	106.8	3.7
1995年	21 748.7	11 418.0	152.0	3.7
2000年	27 948.2	19 653.4	264.1	4.4
2001年	27 625.0	21 722.5	271.8	4.5
2002年	28 240.9	23 280.8	283.5	4.5
2003年	29 307.4	25 958.3	308.7	4.8
2004年	30 426.0	28 343.0	332.9	5.0
2005年	29 792.7	24 092.0	350.1	5.0
2006年	28 337.6	24 733.9	367.7	5.2
2007年	28 606.7	25 545.7	385.7	5.6
2008年	28 823.7	25 926.6	393.2	5.3
2009年	29 063.0	26 434.5	399.4	5.2
2010年	28 730.2	26 808.3	406.0	5.1
2011年	28 664.1	26 232.2	398.0	5.0
2012年	28 512.7	26 606.2	404.5	4.8
2013年	28 935.2	26 962.7	409.9	4.7
2014年	30 391.3	28 051.4	427.6	4.8
2015年	31 174.3	28 761.4	439.9	5.0
2016年	29 930.5	30 005.3	460.3	5.3
2017年	30 231.7	30 797.7	471.1	5.4
2018年	29 713.5	31 010.5	475.1	5.5

（二）生产水平逐步提高

羊良种种群扩大，质量提升。在引进国外优良品种的同时，我国加大了对国内外品种的杂交改良，成功培育出南江黄羊、巴美肉羊等肉用新品种；建成了一批国产品种的肉羊原种场、繁育场，加快了良种推广。

2013 年，全国种羊场年提供良种羊 83 万只，比 2005 年增长 9.22%。标准化、规模化养殖得到推进。“十一五”以来，规模化养殖推广力度不断加大，提高了肉羊出栏率。2018 年，肉羊年出栏 100 只以上规模养殖场的出栏量为 11 783 万只，比 2006 年增加 7 504 万只，增长 175%；肉羊出栏率达 104.4%，比 2006 年提高 17.12%。

（三）生产格局不断调整

我国肉羊生产主要集中在西部八省区、冀鲁豫三省和东北三省，2013 年西部八省区羊肉产量占全国一半以上。从生产格局变化看，1985 年以来农区肉羊养殖受农村环境整治力度加大、肉羊散养户萎缩等影响，发展增速有限，羊肉产量占全国比重略有提高，西部八省区羊肉生产保持稳定增长，产量占全国比重仍保持在 50%以上。羊肉生产格局变化情况见表 1-2。

表 1-2　羊肉生产格局变化情况

项目		全国	西部八省区	冀鲁豫三省	东北三省
1985 年	羊肉产量/万吨	59.3	33.7	12.1	1.7
	占全国比重/%	100	56.8	20.4	2.9
2013 年	羊肉产量/万吨	408.1	221.8	87.6	24.1
	占全国比重/%	100	54.3	21.5	5.9
2018 年	羊肉产量/万吨	475.1	263.1	94.2	23.7
	占全国比重/%	100	55.37	19.83	4.99

注：西部八省区，包括内蒙古、四川、云南、西藏、甘肃、青海、宁夏和新疆。

二、我国羊产业前景分析

（一）规模养羊比重持续上升

随着中央财政对羊产业扶持政策的出台和各地区重视程度不断加强，我国规模养羊比重进一步加大，农牧区散养户将进一步退出，进而以合作社和龙头企业整合的形式出现，规模化合作社和大型企业将不断出现，规模化种羊企业养殖效益将稳步提升，种羊及羔羊市场价格仍将保持高位。资本市场的资金仍将持续注入，规模化养羊企业将加快涌现，养羊业整体生产水平会进一步提升。

（二）羊产品市场逐渐回暖

近年来受国家政策的影响，部分地区出现了限养，我国羊存栏只数下降，2018 年下半年，羊肉价格波动，羊养殖虽然向好，但是饲养量下降至29 713.5 万只，其中山羊 13 574.7 万只，绵羊 16 138.8 万只。虽然羊养殖数量有所波动，但是随着我国对肉类产品需求的增加，倒逼之下，我国羊肉产量仍保持着稳定增长。国家统计局数据显示，2011年我国羊肉产量为398万吨，2018年已经增长至475万吨，累计增长幅度为19.35%。

2019年肉羊出栏数量与2018年基本持平，羊肉产量同比有所上升。从出栏数量上看，肉羊出栏季节性特征明显，秋冬季节出栏数量较多，而春夏季节出栏数量较少。根据农业农村部监测，绵羊和山羊平均出栏活重同比分别上升1.67%和3.12%。

肉羊出栏价格涨幅明显。2019年，绵羊平均出栏价格为每千克26.59元，同比上涨16.55%；山羊平均出栏价格为每千克36.42元，同比上涨19.85%，且均已达到历史高位水平。由于羔羊、架子羊、精饲料等费用上升，2019年肉羊养殖成本有所上升。羊肉价格自2017年下半年开始触底反弹后并快速回升，2019年羊肉价格快速上涨。

在供给方面，随着肉羊养殖效益的持续提升，肉羊养殖户积极性逐渐提高，肉羊生产将继续恢复，但由于较长的养殖周期，肉羊生产恢复速度较慢，导致肉羊供给短时间内上升幅度有限。

在消费方面，虽然羊肉价格上升在一定程度上抑制了居民羊肉消费，但随着我国城镇化进程加快、居民收入水平的大幅提高以及居民肉类消费结构升级，羊肉消费需求总量仍将稳中有升。加之受非洲猪瘟疫情影响，猪肉产量下降，短期内难以恢复至正常水平，而羊肉与猪肉之间的替代效应，会进一步推动羊肉消费增加。肉羊产品价格继续处于高位水平，养殖效益将继续保持较好水平。

（三）现代化全产业链养羊企业开始涌现

目前，我国养羊业也成为农业投资人眼中的朝阳产业之一，外界资金不断注入养羊业，使养羊行业中涌现了一批现代化企业，区别于传统养殖企业。这些企业现代化、规模化、标准化程度高，发展目标明确，资金雄厚，发展速度很快。这些企业在稳步发展的同时也加强了下游产业链的延伸，从饲草料的种植，直至产品的精深加工和熟食研发。在衍生产业链的同时，也提升了企业的市场竞争力和抵御风险的能力。

三、规模化全舍饲养羊的特点

（一）规模化养羊的概念

规模化养羊是相对于我国目前养羊生产水平而建立的一种新的生产体系，是近代养羊科技发展形成的一种集约化肉用羊生产，它体现了养羊科技与经营管理的最高水平，在一些国家如美国、英国、法国、澳大利亚、新西兰以及俄罗斯等被广泛采用。各国根据本国的绵羊品种特性、饲草资源和生产条件组织肉羊生产，具有很高的经济效益。随着我国养羊业的现代化，这种先进的肉羊

生产方式必将逐步推广开来。

（二）规模化养羊的特点

1. 经营规模较大　规模化养羊投资较大，技术要求高，能充分利用资源，发挥劳动力和设备条件的潜力，以较大的规模进行养羊生产。

2. 生产方向专业化　规模化养羊可以达到养羊产品的优质高产，实现产品的标准化和规格化。可以根据当地的自然生态条件、饲养管理基础设施和商品市场对养羊产品的需求，选择生产方式进行专业化生产。

3. 人工控制环境　规模化养羊采用现代化手段建筑羊舍，人工控制环境温度、湿度、光照等，使羊群不受自然气候环境变化的影响。采用高度机械化、自动化生产流程，按规模化形式组织生产劳动，尽量减少人、羊直接接触。

4. 经营管理集约化　规模化养羊通过饲养规模的扩大、积累资金的增多、养羊设施的改善、饲养管理水平的不断提高向技术集约经营发展。

5. 极大的品种优势　规模化养羊采用现代化良种，实行3~4个品种的杂交，把高繁殖性能、高泌乳性能和高产肉性能有机地结合起来，保持着高度的杂种优势并进行商品肉羊生产。

6. 生产现代化　规模化养羊是根据羊的营养需要组织饲料生产，按饲养标准进行饲喂；建设高产优质人工草场，围栏分区放牧，饲喂和饮水均实现自动化，尽量提高劳动生产率。不仅具有相当大的饲养规模和高水平的饲养管理，实现了养羊产品的标准化和规范化，而且毛、肉、奶、皮等产品逐步实现生产、加工、销售一体化，最终以较低的生产成本和较高的劳动生产率，生产出优良的商品。

7. 批量生产　规模化养羊利用多胎品种或采用人工授精技术，进行母羊全年均衡产羔，密集繁殖，实行“一年两产”“两年三产”和“三年五产”制；或实行母羊轮流配种繁殖，一月一批，终年产羔。羔羊早期断奶，断奶后母羊立即配种，充分利用母羊最佳繁殖年龄，快速更新，实现商品肉羊批量生产，均衡供应市场。

8. 快速强度育肥　规模化养羊采取羔羊超早期（1~3 日龄）或早期（30~45 日龄）断奶，实行集约化强度育肥或放牧育肥；以精料、干草、添加剂组成育肥日粮（不喂青饲料）进行舍饲育肥。按育肥体重或育肥日期，成批育肥，定时出栏，每年育肥4~6批，每批育肥60天，轮流供应市场。

（三）规模化养羊的作用及要求

1. 规模化养羊的作用

（1）加强优质种羊的繁育和推广：规模化养羊建立饲养基地，利用胚胎移植技术、人工授精技术等引进优质纯种种羊或直接引进冻胚，进行优质种羊的选育。

(2) 加强羊产品生产系列高新技术的配套和应用：规模化养羊建立标准化、规范化的核心育肥场，发展专业化的肉羊育肥，以统一品牌、统一销售渠道进入市场，能获取最优育肥技术效果和最佳经济效益。规模化养羊引进国内外先进设备，利用高科技如信息技术、光电技术、真空技术、膜分离技术、挤压膨化技术、微波技术、超微粉碎技术、超高压灭菌技术、低温杀菌技术等，对产品进行精深加工，提高产品附加值，如对羔羊血、羔羊骨、羊胎羔、羊脑、胆汁等原料利用生物技术进行开发。

(3) 具有完善的保健、防疫制度：规模化养羊是依靠良种及杂交繁育体系建立起来的集约化生产体系，全部采取舍饲，具有饲养密度较高、应激性强等特点。开展肉用种羊、杂交羊和育肥羊常见疾病的研究，探索积极有效的预防和治疗措施。严格制订检疫、免疫、防疫程序，规范实施办法，以保证规模化养羊的健康发展。

(4) 加强信息技术的应用：规模化养羊能整合信息网络资源，进行信息采集、加工分析工作，真正发挥信息网络和信息资源的作用。利用信息技术及时、准确地了解国内外最新的市场信息，做出科学的市场分析和市场预测，并以此为依据，调整自己的产业结构、产品结构、生产经营方向和发展战略，指导产业化健康发展。

2. 规模化养羊的要求

(1) 开展规模化养羊必须具有能全舍饲、高密度饲养、高繁殖性能、高泌乳性能、高产肉性能、性成熟早、四季发情、生产性能稳定、生长发育快、肉质好、适应性强的品种。

(2) 确保规模化养湖羊成功，必须有完全成熟的饲料加工技术、繁育技术、饲养管理技术和疫病防治技术。

(3) 规模化养羊必须依靠集成的养羊工程技术得以实现。

(4) 必须有可满足规模化养羊的饲草、饲料资源。

(5) 养羊市场前景看好，规模化养羊与其他行业对比，利润率优势突出、社会效益显著。

四、河南省规模养羊发展优势及路径分析

（一）河南省养羊产业评估

据统计，2003 年羊存栏 3 688.78 万只，到 2013 年羊存栏 1 830.3 万只，下降了 50.38%。2010—2013 年，存栏 100 只以上的羊场存栏占总存栏的百分比从 8%上升到 11.82%。截至 2013 年，河南省年出栏 1 000 只以上的羊场数量达到 380 个。一、二级种羊场从 2010 年的 3 个增加到 2013 年的 56 个。虽

然全省羊存栏量下降，但是规模化养羊场的比例在上升。主要原因有：一是通过科学规划设计以及畜牧工程技术的推广，解决了湖羊全舍饲，小尾寒羊舍饲加运动场饲养的技术问题；二是通过测算，湖羊规模养殖收益良好，以年产万只的湖羊场为例，投资回收率在25.6%，每只基础母羊收益1 430元，每出栏一只羊收益545元；三是国内羊肉市场一直供不应求，生产量一直不能满足人们对羊肉的需求。以上三方面推动了小尾寒羊、湖羊规模养殖的快速发展。

（二）河南省发展规模养羊的优势

（1）绵羊的规模养殖，可利用大量的青贮玉米秸秆，而河南省最大的优势就是秸秆过剩，但没有被资源化利用，大部分被焚烧，造成环境污染。

（2）河南省是除江浙地区以外，第一个推广湖羊规模化养殖的省份，积累了一定的规模养羊经验。

（3）河南省为小尾寒羊原产地之一，经过多年的本品种选育，具有一定的品种质量和数量优势。

（4）河南省畜牧规划设计研究院解决了规模养羊过程中的工程技术问题，为河南省发展规模养羊提供了坚实的技术支撑。

（三）河南省规模养羊存在的问题

（1）规模化全舍饲养羊养殖发展的时间短，配套的粗饲料调制、精料配合、疫病防治、繁育技术细化研究不够，但是能否解决这些问题恰是规模化全舍饲养羊成功与否的关键。

（2）规模化全舍饲养羊形成时间短，技术人才极度短缺。目前有很多企业老板投资建成了规模化羊场，但由于专业养殖技术人员的缺乏或技术水平低，导致项目失败。

（3）行业对科学规划设计的认识不够，导致私搭乱建，建设成本加大，不能满足羊的生长发育需要。

（4）由于规模化养羊刚刚开始，智能化、现代化设施设备远落后于规模化养羊发展需要。

（5）制种体系跟不上规模化养羊快速发展的需要。

（四）河南省养羊发展路径

1. 品种定位及产业布局　有条件的地方可适度推广山羊放牧饲养。山羊采食能力强，易放牧，适于小规模有放牧条件的地方饲养。

黄河以北地区，有一定的养殖小尾寒羊的经验和技术，利用小尾寒羊作母本，以杜泊羊等国外进口的大型肉羊品种作父本进行杂交生产，当然同时也要纯种繁育，以保证自繁自养体系的稳定性。

在河南省全省推广湖羊的全舍饲规模生产。既可纯种繁育，也可进行杂交繁育生产。

在广大平原农区秸秆资源丰富的市县推广山羊短期育肥及贸易；在有条件建羊奶加工厂的平原农区，大力推广奶山羊全舍饲加运动场饲养。

2. 技术支撑 加强种羊良种繁育体系建设规划和优良品种选育；建议由河南省畜牧总站、河南省畜牧工程技术协会牵头，开展全省种羊鉴定；推动“产学研”紧密结合，开展养羊新技术、新设备、新工艺的研究推广；强化河南省畜牧规划设计研究院的作用，推进羊场建设规范化、设施和设备现代化。

3. 创新模式 以龙头企业带动，走农牧结合的生态发展模式，建立健全羊产业全链条、全循环式发展生产环节，尤其支持有条件的地方建设活羊屠宰场及羊产品加工厂。

第二部分　肉羊品种及羊的生物习性

一、常见肉羊品种

肉羊品种应具备以下全部条件或部分条件：一是生长发育快，二是饲料转化率高，三是产肉性能好，四是繁殖力强，五是适应性强。

由于产肉性能与繁殖性能具有一定的负相关特性。生产上常采用两品种杂交或多品种杂交的生产模式。常用肉羊品种有国外进口的肉用绵羊品种，集中表现为产肉性能好，但繁殖性能低，如杜泊羊、萨福克羊、无角道赛特羊。国内肉用绵羊品种，集中表现为四季发情，产羔率高。近年有从国外引进奶用绵羊东弗里生羊，与当地母本羊杂交，以提高产奶性能，提高羔羊的成活率及生产效率。山羊品种当数波尔山羊，引入我国已经十几年了，纯种饲养量已较少。由于波尔山羊与当地山羊进行广泛的级进杂交，使各地的波系杂羊数量庞大。在这个群体中已经存在一部分四季常年发情，产羔率高，且产肉性能相对较好的个体，有人已经对这些羊进行横交固定，期望培育出新的品种或品系。由于山羊的生长速度明显低于绵羊，故山羊主要采取放牧的低成本饲养方式，或小规模的饲养。目前规模化饲养的主导品种还是绵羊。

我国养羊业历史悠久，绵、山羊品种资源丰富，据《中国羊品种志》资料记载，我国共有绵羊品种 30 个，山羊品种 23 个，而全国各地的地方品种更为丰富，这里介绍农区养羊生产常见的一些品种。

（一）绵羊品种

1. 小尾寒羊　小尾寒羊（图 2-1）是我国优良的短脂尾肉裘兼用绵羊品种。原产于河南省东北部、山东省西南部、河北省南部的广大平原农区。小尾寒羊是蒙古羊于数百年前南移至黄河中下游地区，后经长期的适应和选育而成的。公羊头大颈粗，有螺旋形大角，善羝斗；母羊头小颈长，仅有角根或无角。鼻梁隆起，耳大下垂。脂尾呈短的圆扇形，尾尖上翻。体躯扁平，侧视略成正方形，肉用体形不十分明显。被毛白色，少数羊眼周围黑色。成年体重：公羊为 115 千克，母羊为 65 千克。周岁体重：公羊为 78 千克，母羊为 49 千克。6 月龄体重：公羔为 38. 5 千克，母羔为 35 千克。周岁公羔屠宰率为

55.6%。剪毛量：公羊为3.5千克，母羊为2.1千克，净毛率为63%，其毛可分为细毛、裘皮和粗毛三种类型。该品种性成熟早，母羊四季发情，1年2胎或2年3胎，每胎2羔以上，平均产羔率达280%，为世界绵羊品种中所罕见。该品种20世纪60年代后曾改成毛用羊。80年代以来，因其体格高大、生长发育快、早熟、四季发情、多胎多产、胴体品质好、性能遗传稳定等特点，深受人们的欢迎。目前已推广至全国20多个省区，表现出很强的适应性。小尾寒羊作为专门化肉羊品种，本身还存在一些不足，需要进一步选育提高，如前胸不够发达，后躯不够丰满，肉用体形不明显；四肢较细；羊毛类型不一致，干死毛多，利用效率较低等。

图2-1 小尾寒羊

2. 湖羊 湖羊（图2-2）原产于浙江、江苏太湖流域，主要分布在浙江的吴兴、嘉兴、海宁、杭州和江苏的吴江、宜兴等地区，以生长发育快、成熟早、繁殖性能高、生产美丽羔皮而著称，是我国南方少见的绵羊品种。湖羊头面狭长，鼻梁隆起，耳大下垂，公、母羊均无角，眼大突出，颈细长，体躯较窄，背腰平直，十字部较鬐甲部稍高，四肢纤细，短脂尾，尾大呈扁圆形，尾尖上翘。全身白色，少数个体的眼圈及四肢有黑褐色斑点。成年公羊体重为50~65千克，成年母羊为40~43千克。产羔率平均为21.2%，湖羊的泌乳性能良好，4个月泌乳期可产乳130升左右。成年母羊的屠宰率为54%~56%。羔羊生后1~2天宰剥的羔皮称为“小湖羔皮”，羔皮毛色洁白，有丝一般的光泽，花纹呈波浪形，甚为美观。羔羊出生后60天内宰剥的皮为“袍羔皮”，皮板薄而轻，毛细柔、光泽好，也是上等的裘皮原料。

图2-2 湖羊

3. 夏洛来羊 夏洛来羊（图2-3）属短毛型肉用细毛羊品种。原产于法国中部的夏洛来地区，引入英国来斯特羊改良当地摩尔万戴勒羊，经长期选育而成。夏洛来羊公、母均无角，额宽，耳大，颈和四肢粗短，肩宽平，胸宽而深，肋部拱圆，背部肌肉发达，肉用体形明显。被毛白色且为同质毛。成年体重：公羊为100~150千克，母羊为75~95千克。毛长平均为7厘米左右，细度为65~68支。羔羊生长发育快，6月龄体重：公羔为48~53千克，母羔为

38~43 千克。胴体品质好，瘦肉多，脂肪少，屠宰率为 55%以上。繁殖率高，初产母羊为 135%，经产母羊为 190%。我国自 20 世纪 80 年代中期开始引入该品种，分别饲养在河北、河南、山东、黑龙江、山西等地，用于改良当地羊品种的产肉性能。实践中发现，该品种对炎热气候条件的适应性差，但利用夏洛来公羊与细毛羊、小尾寒羊、山西细毛羊进行二元杂交，在生长发育速度和产肉性能方面均可得到明显改善。杂交一代羊不仅可生产肥羔肉，还可作为三元和多元经济杂交的母本，也可作为培育肉用羊新品种的育种材料。

图 2-3　夏洛来羊

4. 无角道赛特羊　无角道赛特羊（图 2-4）属肉毛兼用绵羊品种。原产于英国，在澳大利亚、新西兰，以考力代羊为父本，雷兰羊和有角道赛特羊为母本，再以有角道赛特公羊回交，选择无角后代培育而成。该品种公、母羊均无角。面部、四肢及蹄白色，被毛白色。颈粗短，胸宽深，背腰平直，四肢粗短，后躯丰满，体形呈圆桶状，肉用体形明显。成年体重：公羊为 90~100 千克，母羊为 55~65 千克。剪毛量为 2~3 千克，毛长为 7.5~10 厘米，细度为 48~58 支。平均产羔率为 130% 左右。早熟性好，生长发育快，可全年发情。无角道赛特羊具有耐热、耐干旱的特点，在澳大利亚主要用作生产大型羔羊肉的父系品种。我国于 20 世纪 70 年代开始从澳大利亚引进该品种，分别饲养在新疆、内蒙古等地。无角道赛特羊与小尾寒羊等国内地方羊种进行杂交，可取得明显的杂种优势，杂种羔羊生长发育快，具有明显的肉用体形。无角道赛特羊也可以作为肉用羊品种培育的育种素材来源。

图 2-4　无角道赛特羊

5. 萨福克羊　萨福克羊（图 2-5）原产于英国英格兰东南部的萨福克、诺福克、剑桥和艾塞克斯等地。是以南丘羊为父本，以当地体大、瘦肉率高的黑脸有角诺福克羊为母本杂交培育而成。在英国、美国是用作肥羔生产终端杂交的主要父本。萨福克羊具有早熟，生长快，产肉性能好，母羊母性好，产羔率中等的特性。公、母羊均无角，颈粗短，胸宽深，背腰平直，后躯发育丰满。成年羊头、耳及四肢为黑色，被毛为有色纤维。四肢粗壮结实。成年公羊体重为 110~

150千克，成年母羊为70～100千克。3月龄羔羊胴体重可达17千克，而且肉嫩脂少。萨福克羊剪毛量为3～4千克，毛长为7～8厘米，羊毛细度为56～58支，净毛率为60%，产羔率为130%～140%。我国1989年从澳大利亚引入萨福克羊，主要饲养在新疆等地，除进行纯种繁育外，还利用萨福克羊与当地粗毛羊进行杂交以生产肥羔。

图2-5　萨福克羊

6. 杜泊羊　杜泊羊（图2-6）是20世纪40年代初在南非育成的肉用羊品种。该品种是由有角道赛特羊与波斯里羊杂交育成。杜泊羊被毛呈白色，头部分黑头、白头两种颜色。被毛由发毛和无髓毛组成，但毛稀、短，不用剪毛。杜泊羊身体结实，适应炎热、干旱、潮湿、寒冷等多种气候条件，无论是在粗放还是集约放牧条件下采食性能都良好。杜泊羊羔羊生长快、成熟早、瘦肉多、胴体质量好；母羊繁殖力强、发情季节长、母性好、体重大；成年公羊体重为110～130千克，成年母羊为75～90千克。现已被不少国家引入作为肉用羊。

图2-6　杜泊羊

7. 德国肉用美利奴羊　德国肉用美利奴羊（图2-7）原产于德国，是世界上著名的肉毛兼用品种。德国肉用美利奴羊是用法国的泊列考斯羊和英国的莱斯特羊种公羊，与德国原有的美利奴母羊杂交培育而成的。德国肉用美利奴羊的特点是体格大，成熟早，胸宽而深，背腰平直，肌肉丰满，后躯发育良好，公、母羊均无角。被毛白色，密而长，弯曲明显。成年公、母羊体重分别为110～140千克和70～80千克。德国肉用美利奴羊产肉率较高，羔羊生长发育快，在良好饲养条件下日增重可达300～350克，130天屠宰时活重可达38～45千克，胴体重为18～22千克，屠宰率为47%～49%。德国肉用美利奴羊被毛品质也较好，成年公、母羊剪毛量分别为7～10千克和4～5千克，公羊毛长为8～10厘米，母羊为6～8厘米，羊毛细度为60～64支，净毛率为44%～50%。德国肉用美利奴羊具有较

图2-7　德国肉用美利奴羊

强的繁殖力，成熟早，10 月龄就可第一次配种，产羔率为 140%~220%，母羊泌乳性能好，利于羔羊的生长发育。

该品种在气候干燥、降水量少的地区有良好的适应能力且耐粗饲，适于舍饲、围栏放牧和群牧等不同饲养管理条件，对不同气候条件有良好的适应能力，我国曾多次引入该羊，分别饲养在黑龙江、内蒙古、安徽等地。用德国肉用美利奴羊与蒙古羊、西藏羊、小尾寒羊和同羊等进行杂交，其改良粗毛羊的效果显著，杂种后代被毛品质明显改善，同型毛被个体的比例较高，生长发育也比较快。德国肉用美利奴羊是育成内蒙古细毛羊的父系品种之一。

8. 特克赛尔羊　特克赛尔羊（图 2-8）在荷兰育成已有百余年历史，是由林肯羊和莱斯特羊杂交育成，并先后被引入德国、法国、新西兰、美国和非洲一些国家。20 世纪 60 年代初，法国曾赠送我国 1 对特克赛尔羊，在中国农业科学院畜牧研究所饲养，后该所又从新西兰引入。特克赛尔羊身体强壮，适应性强，体形中等，在以饲草为主的条件下，具有较高的肉骨比和肉脂比。该品种被毛白色，头部和四肢无毛，成年公羊体重为 90~130 千克，母羊为 65~90 千克；成年母羊剪毛量为 3.0~4.5 千克，净毛率为 60%~70%，毛长为 7.5~10 厘米，羊毛细度为 46~54 支，产羔率为 150%左右，屠宰率为 55%以上。特克赛尔羊瘦肉率高，胴体出肉率高，是理想的杂交肉用父系品种。

图 2-8　特克赛尔羊

9. 东弗里生羊　东弗里生羊（图 2-9）原产于德国东北部，是目前世界绵羊品种中产奶性能最好的品种，成年母羊 260~300 天的产奶量为 500~810 千克，乳脂率为6%~6.5%。波兰的东弗里生羊日产奶量为 3.75 千克，最高纪录为一个泌乳期产奶量达到 1 498 千克。

图 2-9　东弗里生羊

该品种体格大，体形结构良好。公、母羊均无角，被毛白色，偶有纯黑色个体出现。体躯宽长，腰部结实，肋骨拱圆，臀部略有倾斜，尾瘦长无毛。乳房结构优良、宽广，乳头良好。活重成年公羊为 90~120 千克，成年母羊为70~90 千克。剪毛量成年公羊为 5~6 千克，成年母羊为 4.5 千克。羊毛长度为 10~15 厘米。羊毛同质，羊毛细度为 46~56 支，净毛率为 60%~70%。母羔在 4 月龄达初情期，发情季节持续时间约为5个月，平均正常发情8.8次。欧洲北部的东弗里生羊、芬兰兰德瑞斯羊和俄罗斯罗曼诺夫羊都属于高繁殖率品种，东弗里生羊的产羔率为200%～230%。用此品种公羊与小尾寒羊或湖羊进行杂交，以利用杂交优势，提高母羊的产奶量，此项目正在研究中。

（二）山羊品种

1. 黄淮山羊 黄淮山羊（图2-10）原产于黄淮平原的广大地区，是中原地区的优良山羊代表品种。主要分布在河南周口、驻马店、商丘、开封，安徽北部，江苏徐州、淮阴两地区沿黄河故道及丘陵地区各县。黄淮山羊结构匀称，骨骼较细，身体呈圆桶形，四肢端正，蹄质结实，呈蜡黄色，毛色以纯白为主，占90%左右，也有黑、青、花色者。公、母羊均有髯，额宽鼻直，面部微凹，眼大有神。有角山羊具有三短的特征，即颈短、腿短、腰身短。无角型山羊则相反，颈长、腿长、腰身长。被毛白色，毛短有丝光，绒毛很少。母羊乳房发育良好。黄淮山羊成年公、母羊体重平均分别为36千克和26千克，7～10月龄的羯羊宰前重平均为17.5千克，胴体重平均为8.7千克，屠宰率平均为48.7%；母羊初配年龄一般为5～6个月，产羔率为240%。黄淮山羊板皮品质好，其板皮致密、柔软、韧性和弹性大，分层性好。特别是河南黄淮山羊（槐山羊），每张板皮可分为6～7层，是我国畜产品出口的重要商品，是世界上的高级“京羊革”和“苯胺革”的原料。

公羊

母羊

图2-10 黄淮山羊

2. 南江黄羊 南江黄羊（图2-11）原产于四川省南江县，是经多品种杂交培育而成的肉用山羊新品种。1998年4月，农业部将其正式命名为“南江黄羊”。南江黄羊具有较强的适应性，抗病力特强，特别适宜我国南方各省（区）饲养。南江黄羊被毛黄色，沿背脊有1条明显的黑色背线，毛短紧贴皮肤，富有光泽，被毛内有少许绒毛；有角或无角；耳大微垂；鼻拱额宽；体格高大，前胸深广，颈肩结合良好；背腰平直，体呈圆桶形。公羊颜面较黑，前胸、颈肩、腹部及大腿被毛黑而长，头略显粗重；母羊大多有角，无角个体较

有角个体颜面清秀。南江黄羊性成熟早，母羊最佳初配年龄为6~8月龄，公羊为12~18月龄。群体平均产羔率为205%，群体繁殖成活率达90%。6月龄、周岁、成年公羊体重分别为27.4千克、37.6千克、66.9千克，母羊分别为21.8千克、30.5千克、45.6千克。哺乳期公羔平均日增重为176克，母羔为161克；6月龄公羊平均日增重为139.5克，母羊为109克；周岁前公、母羊平均日增重分别为96.8克和77.8克。南江黄羊羯羊在放牧加补饲条件下，6月龄、8月龄、10月龄、12月龄屠宰，胴体重分别为71千克、10.8千克、11.4千克、15.6千克；屠宰率分别为44%、47.6%、47.7%、49.7%；成年羯羊为55.6%。最适宜屠宰期为8~19月龄。南江黄羊肉质鲜嫩，营养丰富，胆固醇含量低，膻味小。南江黄羊板皮品质优良，质地柔软，弹性较好，适于各类皮革工业利用。南江黄羊现推广到福建、浙江、湖南、湖北、江苏等18个省（区），纯种繁殖表现优异，杂交改良其他山羊品种效果显著，是目前我国培育的一个优良肉用山羊新品种。

图2-11　南江黄羊

3. 波尔山羊　波尔山羊（图2-12）产于南非的干旱亚热带地区，其起源尚未定论。据资料报道是在南非好望角地区，于19世纪初，对原产于荷兰的普通波尔山羊同农场的山羊进行细致的育种工作，选育出个体结实、紧凑匀称和被毛短的波尔山羊。波尔山羊毛色为白色，头颈为红褐色，并在颈部存有1条红色毛带，允许有一定数量的红斑。波尔山羊耳宽下垂，被毛短而稀。腿短，四肢强健，体形好，后躯丰满，肌肉多。波尔山羊性成熟早，可四季发情，初情期为5~6月龄，发情周期平均为21天，妊娠期平均为148天，繁殖力高，一般两年可产3胎。在自然放牧条件下，产羔率在190%左右。羔羊生长发育快，有良好的生长率和高产肉能力，抗寄生虫侵袭能力强，采食能力强，可广泛利用杂草、灌木，并适宜长距离放牧，是目前世界上最受欢迎的肉用山羊品种。波尔山羊的生产性能为：100日龄的公羔体重为22.1~36.5千克，母羔为19~29千克；9月龄的公羊体重为50~70千克，母羊为50~60千克；成年公、母羊平均体重分别为90~150千克和65~75千克。羊肉脂肪含量适中，胴体品质好。体重平均为41千克的羊，屠宰率为52.1%，未去势的公

图2-12　波尔山羊

羊可以达 56.2%。羔羊胴体重平均为 15.6 千克。选择多产个体，结合优良的饲养条件，每胎产羔可达 2.25 只以上，繁殖成活率为 160%～170%。1995 年以来，我国先后从德国、澳大利亚和南非引入波尔山羊，在陕西、河南、山东、江苏、四川、北京等地饲养，其适应性好。该品种的生产性能在我国表现良好，但与资料介绍的性能相比仍有相当大的差距。与我国一些地方品种山羊进行杂交，效果较好。

4. 波杂羊 波杂羊（图 2-13）是由波尔山羊公羊与当地的黄淮山羊、伏牛白山羊、牛腿山羊、河南奶山羊等品种进行杂交而形成的群体。目前群体很大，其中不乏繁殖性能、生长性能俱佳的个体，有必要进行横交固定育成新的品种或品系。杂交羊的毛色样式较多，但只要含有波尔山羊的血统，都表现出不同程度的“耳朵软”的特征。

图 2-13 波杂羊

二、羊的生物学特性及对环境的要求

（一）羊的生物学特性

羊属小型食草性反刍动物，绵、山羊具有许多共同的生物学特性和生活习性，但也有所不同。了解其生物学特性对于提高羊的管理水平和生产效率具有重要意义。

（1）饲料范围广，采食能力强：羊嘴尖，唇薄，上唇灵活，门齿向外有一定的倾斜度，可以啃食很短的草。牛、马等草食家畜不能放牧的短草牧场，羊可以很好地利用。绵、山羊都具有非常强的采食能力，自然界的植物，羊可以利用的占 70%以上，远远高于其他草食家畜。在荒漠、半荒漠地区，牛不能很好利用的大多数种类的植物，羊则可以有效利用。

（2）合群性强，绵羊尤强：合群性比其他家畜强，无论是放牧还是舍饲，群体成员总喜好在一起活动，其中年龄大、后代多、身体强壮的羊只常担任“头羊”的领导角色，带领全群统一行动。除繁殖季节公羊之间偶有因争夺配偶而发生争斗外，一般群内各成员间都可和睦相处。放牧时，大群羊喜欢一起群牧，即使在牧草密度低的牧场上放牧时，也要保持小群一起采食。但羊的群居性有品种间的差异，一般品种比培育品种的合群性强；毛用品种比肉用品种的合群性强。

（3）喜干厌湿：山、绵羊都喜欢干燥，适宜在干燥凉爽的地区生活，在炎热潮湿的环境下羊易感染各种疾病，繁殖能力明显降低。但山羊对高温、高

湿环境的适应性明显高于绵羊。在我国南方夏季高温高湿的气候条件下，山羊仍能正常地生活和繁殖。绵羊怕热，宜在干燥通风的地方采食和卧息，湿热、湿冷的圈舍和低洼潮湿的草场对绵羊的生长发育不利。在夏季炎热天气放牧，常常发生低头拥挤、呼吸急喘、驱赶不散的“扎窝子”现象。

（4）喜好清洁：山、绵羊都喜好清洁，采食前先用鼻子嗅，凡是有异味、污染、沾有粪便或腐败的饲料，或已践踏过的草都不爱吃。羊也喜饮清洁的饮水。在舍饲山羊时，饲草要放在草架里，以减少浪费，饮水要保持清洁，经常更换；放牧饲养时，要定期更换牧场，有条件时最好实行轮牧。另外，羊只的生活环境要保持清洁，减少疾病发生的机会。

（5）绵羊性情温顺，胆小懦弱；山羊活泼好动，喜欢登高：绵羊性情温顺，胆小懦弱，受到突然的惊吓容易发生“炸群”而四处乱跑。大风天气，常常因顺风惊跑而发生累死或冻死现象。山羊生性好动，除卧息反刍外，大部分时间处于走走停停的运动之中。羔羊的好动性表现得尤为突出，经常有前肢腾空、身体站立、跳跃嬉戏的动作。山羊有很强的登高和跳跃能力，一般绵羊不能攀登的陡坡和悬崖，山羊却可以行走自如。舍饲山羊应设置宽敞的运动场，圈舍和运动场的墙要有足够的高度。另外，山羊胆大灵巧，容易调教。

（6）羊的消化特点：羊的消化道较为特殊，胃由瘤胃、网胃、瓣胃和皱胃四部分组成。胃容积甚大，占消化道总容积的2/3。瘤胃最大，其中有大量纤毛原虫和细菌等有益微生物，这些微生物能把经过反刍的饲料中50%~80%的粗纤维分解转变为低级挥发性有机酸，进而被吸收；也能把草料中的非蛋白质的含氮物质合成“菌体蛋白”，进而被消化吸收。网胃也有和瘤胃近似的作用。瓣胃主要起压榨和过滤作用。皱胃能分泌消化液，促进饲料的消化。羊的肠道很长，约为体长的20倍，食料通过消化道的时间也很长，从而提高了羊体对营养物质的吸收能力，经过消化的食物在肠道中被吸收利用。同时，肠中也有微生物繁殖，部分饲料在这里被消化。羔羊早期吃奶时，流质的食物可以通过特殊的通道，不经过前三胃（瘤胃、网胃、瓣胃），直接进入皱胃被消化。

（7）随意排便：大便呈粪球状，山羊的粪球较干燥，绵羊的粪球含水量较高。

（8）其他特性：一是羊具有发达的嗅觉功能，即使在大群饲养的情况下，也可以实现母子准确相识，其中嗅觉起主要作用，听觉和视觉也起一定的辅助作用。一般认为绵羊失群时，可根据粘在草木上的腺体分泌物的气味找群。二是羊具有游牧的特性，放牧时喜欢边走边吃，在放牧情况下，绵羊运动可达5~10千米。放牧锻炼的羊只发病率明显低于舍饲羊只。

（二）繁殖特点

1. 胎生 多为1~2羔/胎，1年2胎或2年3胎。

2. 妊娠期 山羊为142~161天（平均为152天），绵羊为146~157天（平均为150天）。

3. 发情 为季节性多周期发情动物，一般随着光照时间的缩短，可以促进绵、山羊发情，绵羊季节性较山羊明显。羊具有早晨发情交配的习性。在繁殖季节，羊在中午、傍晚和夜间性活动很少，早晨（6：30~7：30）的交配比例最高。

4. 初配 发育较快的为6~8月龄；山羊为10~12月龄，绵羊为12~18月龄。

5. 发情周期 绵羊为15~18天，山羊为18~24天，平均持续周期为30小时。

6. 生长期 较短，7~12月龄性成熟，利用年限为7~9年。

（三）消化特点

1. 采食 清晨和黄昏采食行为最强烈。采食为60~70口/分，连续2小时即可吃饱。

2. 反刍 羔羊生后50~60天开始出现反刍行为。早期补饲能刺激羔羊前胃的发育，使反刍行为提早出现。

反刍多发生在吃草之后，但反刍中可随时转入吃草，反刍时间与采食牧草时间的比值为（0.5~1.0）∶1.0。

3. 生理机制 饲料刺激瘤胃前庭、网胃以及食管部位的黏膜，反射性引起逆呕。反刍姿势多为侧卧式，少数为站立。反刍停止是疾病征兆，易引起瘤胃胀气。

羊食性广，消化道容积大，饲料转化效率高。羊对牧草采食率高，山羊的食性更广，羊食百样草。

羊小肠细长曲折，约为25米，相当于体长的25倍左右，对作物秸秆的利用率可达70%以上。

对水的要求特点：水组成动物体的60%~70%，充足优质的饮水是羊只健康的基本要求，羊每天的饮水量为2~6千克，吃干草多时饮水多，夏天饮水也多。

（四）生长发育特点

绵羊普遍比山羊生长速度快，羊的早期生长速度快，绵羊公羔、母羔6月龄体重分别占成年体重的50%~60%、60%~75%。

（五）羊对环境的要求

1. 温度 绵羊为-3~23 ℃、山羊为0~26 ℃。秋季连续几天的气温下降

有利于波尔山羊发情。

2. 相对湿度　适宜范围为50%~80%。

3. 光照　羊为短日照动物，连续的日照时间缩短有利于羊的发情。自然采光时，采光率为1：（15~25）。

4. 空气质量　空气质量差，特别是冬季为了保温，通风量降低，使舍内硫化氢等有害气体浓度升高，易引起羊的结膜炎、上呼吸道感染等疾病。故要求舍内硫化氢含量应小于20×10^{-6}或人进去不刺眼。

5. 噪声　由于羊胆小，对突然的噪声敏感，易引起“炸群”，导致流产。

第三部分　规模化肉羊场的工艺设计

一、规模化养羊的特点与发展趋势

随着养羊技术的提高，年出栏万只、几万只的羊场的比例逐年增加，生产规模逐渐扩大。河南省2009—2011年不同规模羊场场户数见表3-1。

表3-1　全省不同规模羊场场户数

出栏规模	2009年	2010年	2011年
年出栏数1~29只	2 434 820	2 340 508	1 969 584
年出栏数30~99只	120 513	32 118	50 735
年出栏数100~499只	7 321	7 915	7 128
年出栏数500~999只	296	556	606
年出栏数1 000只及以上	82	168	207

随着机械化、信息化、智能化设备在羊场生产中的应用，人员的劳动生产率显著提高，原来一个存栏1 000只的羊场需要十几个人，现在一个存栏万只的羊场只需要十几个人。

在生产中选用早期生长快的品种，控制存栏时间，充分饲养，使出栏时间缩短，出栏率大大提高。

绵羊生产趋于规模生产，山羊生产趋于小规模低成本生产。

二、养羊生产工艺模式

（一）放牧

放牧主要在北方草原地区，采用划区轮牧，提高每亩地的产草量。农区放牧主要是在草山、草坡、田边地块等放牧，规模较小。

（二）舍饲+运动场体系

对于无放牧条件的地方，饲养运动量大的品种，如山羊、小尾寒羊等，在羊场建设时需要配备运动场，对公羊及母羊保持正常的繁殖能力具有重要意

义。

（三）全舍饲

由于湖羊可以不设运动场，可采用全舍饲方式。既可节约打扫运动场的劳力支出，又可减少基建投资。

三、养羊生产工艺设计

（一）工艺设计的意义

1. 满足羊的需要　充分考虑不同品种羊的生物学习性和行为需求，配置合理的采食条件、饮水条件、运动条件，满足羊对环境的要求，让羊快乐地生长。

2. 按工艺流程组织生产　按照羊的生理阶段的划分及每阶段的时间，配备相应的设施、设备，充分提高设施、设备的利用率，提高人的工作效率，实现全年均衡生产。

（二）工艺设计的流程

1. 确定计划饲养的品种　不同品种的羊对设施、设备、环境的要求不同，因此要确定饲养的品种及商品生产模式。例如，饲养湖羊可建成全封闭式羊舍，而饲养小尾寒羊则需要配置运动场。绵羊喜欢在较低的地方采食，山羊则喜欢在较高的地方采食。

收集此品种羊的有关参数，如初配年龄、发情期、怀孕期、哺乳期、断奶时间、出栏时间、断奶后平均发情时间；胎产羔数、哺乳羔羊成活率、断奶羔羊成活率、母羊年更新率、公羊年更新率、公母比例；各阶段羊的饲料需要量、饮水量、污水产生量、粪便产生量。羊的有关参数见表 3-2、表3-3、表 3-4、表 3-5、表 3-6 和表 3-7。

表 3-2　小尾寒羊生产参数

母羊	参数	母羊	参数
母羊平均年产胎数	1.5 个	妊娠期	150 天
后备母羊饲养天数	60 天	妊娠分娩率	95%
后备母羊留种率	80%	妊娠母羊提前进产房	5 天
断奶至发情平均天数	25 天	母羊平均窝产羔数	2.3 个
发情周期	17 天	泌乳期	60 天
发情期受胎率	85%	基础母羊更新率	25%
确认妊娠配后天数	35 天	母公比	100：1

续表

公羊	参数	生长育肥羊群	参数
后备公羊饲养天数	182天	育成育肥期成活率	95%
后备公羊留种率	50%	其他	参数
种公羊年更新率	33%	产房冲洗消毒时间	5分钟
哺乳羔羊群		空怀栏冲洗消毒时间	5分钟
羔羊存栏天数	60天	妊娠栏冲洗消毒时间	5分钟
哺乳期成活率	92%	育成舍冲洗消毒时间	5分钟
		饲养天数	120天

表3-3　羊群草料饮水需要量

	平均体重/千克	精料/千克	花生秧/千克	青贮玉米秸/千克	干物质/千克	水/升
母羊	65	0.72	0.72	1.45	1.55	20
公羊	115	0.96	0.96	1.20	1.92	24
后备母羊	35~40	0.36	0.36	0.72	0.84	10
后备公羊	38~78	0.60	0.60	0.84	1.30	15
羔羊	2.8~37	0.24	0.24	0.24	0.51	6

表3-4　羊的废弃物产生量

	粪便/千克	污水/升
母羊	1.30	1.5
公羊	1.60	1.5
后备母羊	0.70	0.5
后备公羊	1.10	0.5
羔羊	0.45	0.2

表3-5　羊场占地面积及建筑指标

母羊存栏量/只	精料库面积/米^2	干草库面积/米^2	青贮池容积/米^2	粪场面积/米^2	污水池容积/米^3
500	30	160	840	56	20
1 000	60	320	1 700	110	40
2 000	120	650	3 500	220	80
3 000	200	1 000	5 000	350	120

表 3-6　羊场建设规模

母羊存栏数量/只	种公羊/只	后备母羊/只	后备公羊/只	哺乳羔羊/只	育成羊/只
500	5	26	1	245	455
1 000	10	51	2	492	906
2 000	20	103	4	986	1 815
3 000	30	154	7	1 480	2724

表 3-7　羊群结构（以年出栏万只小尾寒羊繁育场为例）

出栏量/只	母羊/只	公羊/只	后备母羊/只	后备公羊/只	羔羊/只
10 000	3 309	33	170	7	5 223

2. 确定羊场的性质　羊的生产体系由三个群体组成，即种羊群、扩繁群、育肥群。是否要分区设置应根据以下几方面。

（1）生产方式：

1）草料加工：干草可用粉碎机打碎备用，精料要用饲料加工机组粉碎混合，羔羊补充料最好做成颗粒料，也可将草粉与精料混合制成育肥用颗粒料。青贮可用青贮池储存，也可制成青贮包，方便取用。近年来大型羊场多采用 TMR 全日粮混合搅拌车将干草、青贮料、精料进行充分混合，以防止羊只挑食。

2）饲喂方式：一种是精料、干草、青贮料分别饲喂；一种是全混合饲喂，分为固定式 TMR 混合+饲喂车饲喂、自走式 TMR 混合饲喂。

3）饮水方式：可采用水槽、自动饮水器、自动饮水碗等方式。

4）尿液排出方式：设置排尿沟排入集污池，与粪便一起由刮粪板刮出。

5）粪便清理方式：有人工清扫、高床集中清粪、刮粪板刮出等方式。

6）污水处理方式：多采用半厌氧池或厌氧池进行无害化处理，用于农田施肥。

7）羊粪处理方式：羊粪经堆积发酵，经过 60～70 ℃的高温杀灭有害菌及虫卵，用于农田。

（2）设备的配置：

1）基本设备：变供电设备、供水设备、通信设备、交通设备。

2）饲料加工饲喂设备：玉米秸秆收割机、粉碎机、碾压设备，精料混合加工机组，饲喂设备。

3）清粪设备：刮粪机、装载机、运粪车。

4）冲洗消毒设备：冲洗机、喷雾消毒机。

5）环控设备：风扇、电热板、烤灯等。

6）配种用兽医设备：采精架、配种架及其他配种用设备；手术床、吊瓶架等。

第四部分　规模化肉羊场的选址及总体布局

一、羊场选址

（一）周边环境条件

周边环境条件要求：一是远离村庄、主干道、养殖场、医院、屠宰场等；二是远离高压线、谷底、山顶等易发生自然灾害的场所（图 4-1）。

主干道

医院

屠宰场

村庄

图 4-1　羊场应远离的场所

高压线　　易发生自然灾害的地区

图 4-1　羊场应远离的场所（续）

（二）自然资源条件

自然资源条件要求：一是饲草资源充足，运输便利；二是水源充足，水质良好，电力、通信配套齐全（图 4-2）。

花生秧　　玉米秆

水源　　电力

图 4-2　羊场应具备的资源及基础设施

（三）生态环保

生态环保要求有足够的土地消纳粪污。

二、羊场总体布局

（一）羊场主要建设内容

羊场主要由羊舍、技术室、青贮池、干草库、精料库、饲料加工间、办公房、宿舍、餐厅、水电房、大门、消毒池、消毒间、堆粪棚、污水处理设施、隔离舍、兽医室等组成。

羊场可分为办公生活区、生产辅助区、生产区和无害化处理区。

（二）羊场总体布局的原则

生活管理区、生产区、粪污处理区严格分开，各区按风向排列，从上风向到下风向排列顺序为生活管理区、生产区、粪污处理区。

各区依地势从高到低为生活管理区、生产区、粪污处理区，利于雨水及污水的排出。

（三）生产区布局

1. 羊舍布局　羊舍间距应考虑多方面因素：防疫、通风、防火、安置配套设施等。

（1）防疫间距要求：为了创造良好的卫生条件，提高畜舍的环境质量，车间群体排列时不仅要考虑日照、通风的要求，还要考虑车间性质特点和布局的要求：种群排列在冬季主导风向的上风口，顺序依次是繁育种群、育肥车间。相同性质车间之间的间距以 8~10 米为宜，不同性质车间的间距以 30~50 米为宜，病畜隔离舍、焚化场一起安排在场区的下风向较远距离的地方。

防疫间距和通风间距的确定有密切关系。防疫要求前栋车间内排出的有害气体、粉尘微粒和病菌不能进入后栋车间，就是要求后排车间应布置在前排车间背风面涡流区之外的适当距离处。

（2）通风间距要求：为了满足畜舍通风和场区排污的要求，各养殖车间必须保持一定的间隔，考虑到自然风较随机性的情况，自然通风的畜舍间距以车间间距等于或大于 5 倍为宜；机械通风的畜舍间距以等于或大于畜舍檐高较为适宜。

（3）防火间距要求：为了防止火灾向相邻建筑蔓延，所以必须留有防火间距。防火间距，即一栋建筑物起火，对面建筑物在热辐射的作用下，没有任何保护措施，也不会起火的距离。防火间距不少于 10 米，相当于 3 倍左右畜舍檐高。

2. 羊舍排列方式　规模养殖场标准化车间的布置一般是根据周边环境状况、地形地貌条件、生产工艺流程、畜种群体性质和管理要求而确定的。

养殖车间栋数较多时，车间按一定的间距依次排列成双列，排成双列式可以缩短纵向深度，布置集中，便于供料路线两列公用，使电网、管网布置路线短，管理方便，节省投资和运转费用。依此类推，可以布置成三列式或四列式。从国外的畜舍建设情况看，多采用单列式或双列式两种形式。

3. 羊舍布局朝向　正确的朝向既有利于通风和调节舍温，又有利于整体布局的紧凑性和节约土地。畜舍朝向的选择与当地的地理纬度、地段环境、局部气候特征及建筑用地条件等多种因素有关。朝向主要是根据太阳辐射和主导风向两个因素确定的。设计朝向时主要考虑日照条件和通风条件。羊舍朝向坐北朝南或南偏东不大于15度。

（四）饲草饲料区布局

饲草饲料区包括青贮池、干草库、精料库、饲料加工间。

可设置草垛或草料库，布置在距棚圈20米以上的侧风向处，占地面积按每100只羊20平方米计算。羊群规模在500只以下时，若不设单独的草料库，可考虑在棚圈内临时堆放部分草料，其棚圈建筑面积可在原有基础上给以适当增加。

（五）粪污及无害化处理区布局

羊场一般宜在距棚圈50米以上的下风向处设堆粪场，对粪便进行集中处理，经自然堆沤腐熟后作为肥料使用。

（六）管理区及公用工程布局

1. 办公生活设施布局　略。

2. 厂区给排水、消防、电器、照明布局　略。

3. 场区道路、绿化、围墙要求　工厂化养殖场的运输比较繁忙，主要是羊只、饲料、粪便和生产生活用品的运输。为了防疫安全，在规划道路时，必须分工明确，防止交叉感染。一般将运输饲料、羊只和进行消毒等的道路称为净道，出粪道路称为污道。要求总体布局时，将净道和污道分开布置，互不相通，也不交叉，一般应在一侧不可避免的交叉处设路栏或隔离带。

工厂化养殖场场内道路，宜按郊区型道路设计，采取净道、污道分离。场区内净道为人、车、料、畜禽通道，污道为出粪和病畜禽通道。主要干道为5.5~6.0米宽的中级硬化路面，当有回车场时道宽3.5米，一般道路宜为2.5~3.0米宽的低级路面。主干道承载力为20~30吨。

第五部分　规模化肉羊场建筑工程设计

一、羊场建筑工程设计的原则

羊场建筑设计是羊场整个建设过程中的重要部分，羊舍的建筑应遵循环境适宜、工艺合理、满足防疫、经济可行等原则。

（一）创造适宜的环境

一个适宜的环境可以充分发挥羊的生产潜力，提高饲料利用率。因此，修建羊舍时，必须符合羊对各种环境条件的要求，包括温度、湿度、通风、光照和空气质量等，为羊创造适宜的环境。羊舍建筑应适应当地的气候和地理条件，我国幅员辽阔，各地的自然条件不一，因而对羊舍的建造要求也各有差异。南部地区，雨量丰富、气候炎热，主要是注意防潮防暑；北部地区，高燥寒冷，应考虑保暖；沿海地区多风，要加强畜舍的坚固性和注意防风；山高、风大、多雪地区，应考虑抗风雪能力，畜舍屋顶要坚固耐用。

（二）符合生产工艺要求

羊舍的建设要符合生产工艺要求，保障生产的顺利进行和畜牧兽医技术措施的实施。生产工艺是指畜牧生产上采取的技术措施和生产方式，包括羊群的组成和周转方式，运草料、喂饲、饮水、清粪等。此外，还包括称重、防疫注射、采精输精、接产护理等技术措施。修建羊舍必须与本场生产工艺相配合，否则，必将给生产造成不便，甚至导致生产无法进行。为便于畜禽养殖的科学饲养管理，在建筑畜禽车间时，应充分考虑到建筑空间和安装机械设备的操作方便性，降低劳动强度。特别是随着劳动用工成本的不断增加，要减少劳动用工人数、减少劳动费用的支出，充分提高劳动安全性和实施劳动保护。

（三）符合防疫要求

严格卫生防疫，防止疫病传播。通过合理修建羊舍，为羊创造适宜的环境，将会防止或减少疫病发生。此外，修建羊舍时还应注意卫生要求，以利于兽医防疫制度的执行。例如，确定羊舍的朝向、准备消毒设施、合理安置污物处理设施等。

（四）经济合理、技术可行

在满足以上几项要求的前提下，羊舍修建还应尽量降低工程造价和设备投资，以降低生产成本，加快资金周转。因此，在满足畜禽养殖功能需要的前提下，应考虑建筑材料的选取、要素配置的相对经济性和生产实践的实用性，完善其养殖功能。修建羊舍要尽量利用自然界的有利条件（如自然通风、自然光照等），尽量就地取材，采用当地建筑施工习惯，适当减少附属用房面积。此外，羊舍设计方案必须是能够通过施工实现的。否则，方案再好而施工技术上不可行，也只能是空想的设计。

二、羊场建筑工艺要求

（一）占地面积及建筑面积要求

养羊场的饲养规模和羊群结构是决定不同饲养阶段羊只羊舍面积的决定性因素，首先要根据生产目标推算出各类羊只的存栏数量，再根据相关标准计算出同类羊舍建筑面积，然后根据生产流程合理布局。

1. 占地面积估算 按存栏基础母羊计算：占地面积为 15~20 米^2/只，羊舍建筑面积为 5~7 米^2/只，辅助和管理建筑面积为 3~4 米^2/只。按年出栏商品肉羊计算：占地面积为 5~7 米^2/只，羊舍建筑面积为 1.6~2.3 米^2/只，辅助和管理建筑面积为 0.9~1.2 米^2/只。

2. 羊舍建筑面积 羊舍应有足够大的面积，使羊在舍内不感到拥挤，可以自由活动。羊舍面积过小，会使舍内潮湿、污脏，空气较差，有碍羊的健康，而且管理也不方便；面积过大不但浪费，而且管理也不方便，亦不利于冬季保温。各类羊只羊舍所需面积见表 5-1。

表 5-1 各类羊只羊舍所需面积 （单位：米^2/只）

类别	面积	类别	面积
春季产羔母羊	1.1~1.6	成年羯羊和育成公羊	0.7~0.9
冬季产羔母羊	1.4~2.0	1 岁育成母羊	0.7~0.8
群养公羊	1.8~2.25	去势公羊	0.6~0.8
种公羊（独栏）	4~6	3~4 个月的羔羊	占母羊面积的 20%

3. 运动场面积要求 全舍饲羊舍不需要运动场。

半舍饲羊舍，运动场面积一般为羊舍面积的 2.0~2.5 倍。成年羊运动场面积可按 4 米^2/只计算。

4. 肉羊场的规模 按年终存栏数来说，大型场为 5 万~10 万只，中型场为 1 万~5 万只，小型场为 1 万只以下。

（二）羊舍建筑尺寸要求

羊舍屋顶跨度不宜过小：单坡屋顶的跨度以 6 米左右为宜；双坡、不等坡屋顶的跨度以 9 米左右为宜；拱形屋顶的跨度以 9 米、12 米为宜。如采用高床饲养，床面距地面及距屋架下弦以 1.7~1.8 米为宜。棚舍长度可根据场地的地形走势、建筑结构材料、饲养规模来综合考虑。羊舍的高度根据羊舍类型及所容羊数决定，羊数愈多，羊舍可适当高些，以保证足量的空气，但过高则保温不好，建筑费用亦高，一般高度为 2.5 米左右。双坡式羊舍净高（地面至天棚的高度）不低于 2 米。在修建单坡式羊舍时，前墙高度不低于 2.5 米，后墙高度为 1.8 米左右。南方地区的羊舍防暑、防潮重于防寒，羊舍应适当高些。

（三）羊舍门窗要求

如舍门太窄，羊进出舍门时容易拥挤，就可能使怀孕母羊受挤压而流产，因此一栋羊舍开一个门时，门就应适当宽一些，一般门宽 3 米、高 2 米左右。饲养其他羊只或羊数较少的羊舍，舍门可宽 1.5~2.0 米。寒冷地区的羊舍，为防止冷空气直接侵入，可以在大门外添设套门。当羊舍前面为运动场，羊舍内和运动场都有隔栏时，可在每一个隔栏开一个门通往运动场。由于每一个隔栏内饲养的羊数较少，所以门可开得小一些，宽 0.8 米、高 1.2 米即可，在门的上边可开窗户。

羊舍内应有足够的光照，以保证舍内卫生。窗户面积一般为地面面积的 1/15，窗应向阳，距地面 1.5 米以上，以防止贼风直接吹袭羊体。南方高温、多雨、潮湿，为使羊舍通风干燥，门窗以大开为宜；羊舍南面或南北两面可以修筑高 90~100 厘米的半墙，上半部敞开，以保证空气流通。

（四）羊舍采暖与通风要求

北方冬季采暖，夏季通风。南方主要是通风换气。

一般羊舍冬季温度应保持在 0 ℃以上，羔羊舍温度不超过 8 ℃，产羔室温度以 8~10 ℃为宜。舍内空气相对湿度不宜超过 75%。为了保持羊舍干燥和空气新鲜，必须有良好的通风换气设备。为满足采光、冬季保温排湿、夏季降温及排除舍内污浊空气的需要，应加强通风换气，棚圈不宜封闭，宜在南墙和北墙开设窗户。南墙可通风面积不宜低于舍内地面面积的 10%，北墙可通风面积取南墙的 50%~60%。羊舍的通气装置，既要保证有足够的新鲜空气，又要能避贼风。可以在屋顶上设通气孔，孔上有活门，必要时可以关闭。在安设通气装置时要考虑每只羊每小时需要 3~4 立方米的新鲜空气，对南方羊舍夏季的通风要求要特别注意，以降低舍内的高温。

在产羔舍内附设产房，房内要有取暖设备，必要时可以加温，使产房保持稳定的温度。产房面积根据母羊群的大小决定，在冬季产羔的情况下，一般可占羊舍面积的 25%左右。

母子舍需要考虑的是冬季保暖问题，对于羔羊来说，低温和冷风威胁是致命的。

（五）羊舍采光要求

皮肤中的骨化醇在受日光照射时，在紫外线的作用下能合成维生素 D，可促进机体对钙的吸收。阳光的沐浴不仅可以让羊感觉到舒爽，同时又有一定的杀菌和促进细胞成熟的作用，对某些喜阴性寄生虫也有一定的杀灭或抑制作用。尤其在种羊方面，阳光可以促进种羊体内维生素 E 的吸收及性功能的正常发挥，促进正常发情。在实际生产中发现，长期舍饲采光不良的羊只皮肤病发生率很高。

目前双列羊舍跨度一般达到 8 米以上，如果还按传统的南北面向，羊舍内的采光面积相对比例很小，饲养在南面栏里的羊群可以接受到阳光照射，而饲养在北边的羊群终生不能沐浴阳光。从羊舍的实际利用及生长需要方面出发考虑，东西朝向的羊舍要比传统的南北朝向的羊舍更利于羊群的生长需要，只要房檐高和窗高适当，两列羊床分别在上午、下午沐浴阳光。窗户有效采光面积与舍内地面面积之比为 1：（15~25），羊舍光照入射角应不小于 25°，透光角不小于 5°。

从羊舍的保暖降温方面来说，南北朝向的羊舍接受阳光直射的面积更大、时间更长。尤其在夏季，中午前后阳光最强烈的时段，南面的墙壁几乎全部暴露在阳光的直射下，羊在中午前后最需要避光时阳光却透过窗户直射到栏内地面及羊身上。不仅如此，墙壁有时都被晒得烫手，墙壁吸收的热量又直接辐射散发到舍内，而墙壁蓄积的热量到了晚上仍像暖气片一样散发着热量，散热时间可能一直持续到凌晨。说起冬季，冬季的阳光辐射热已经相当微弱，除了透过窗户的阳光羊可以利用外，墙壁基本上不可能蓄积热量。而东西面向的羊舍却能更好地避开中午前后阳光直射到舍内，同时受到阳光直射的墙壁也仅是一堵面积很小的山墙；在夏季中午前后阳光直射最强的几小时，羊群却刚好能避开——可以在房顶的遮护下享受阴凉。

三、羊舍建筑方案设计

（一）羊舍类型

羊舍形式按其封闭程度可分为开放式、半开放式及封闭式羊舍。从屋顶结构来分：有单坡式、双坡式及钟楼式。从平面形式来分：有长方形、正方形及半圆形。从建筑用材来分：有砖混结构、土木结构及钢结构等。

单坡式羊舍的跨度小，自然采光好，适用于小规模羊群和简易羊舍选用；双坡式羊舍跨度大，保暖能力强，但自然采光、通风差，适合于寒冷地区选用，是最常用的一种类型。天气炎热潮湿地区可选用钟楼式羊舍。

在选择肉羊舍类型时，应根据不同类型肉羊舍的特点，结合当地的气候特点、经济状况及建筑习惯全面考虑，选择适合本地、本场实际情况的肉羊舍形式。

1. 开放式羊舍　开放式羊舍是指一面（正面）或四面无墙的肉羊舍（图5-1）。前者也叫前敞舍（棚），敞开部分朝南，冬季可保证阳光照入舍内，而在夏季阳光只照到屋顶，有墙部分则在冬季起挡风作用；四面敞开的叫凉棚。开放式肉羊舍只起到遮阴、避雨及部分挡风作用，其优点是用材少、施工易、造价低。适合于我国长江以南、天气较热地区肉羊的饲养。

图5-1　开放式羊舍

（1）单坡开放式羊舍（羊棚）：这类羊舍建筑简便、实用，东、西、北有墙，北边有窗，南边开放，设有运动场，运动场可根据分群饲养需要隔成若干圈。羊棚深度为4.0~4.5米，供羊只遮阴、避雨、避风、挡雪之用。饲槽、水槽一般设在运动场内。此种羊舍造价低，结构简单，建设容易。缺点是保暖性差，防疫难度大，适合中小规模的羊场。

（2）双坡开放式羊舍：也称为凉棚，起到遮阴、避雨及部分挡风作用，其优点是用材少、施工易、造价低。适宜于长江以南，天气较热的南方地区肉羊的饲养。既可用于中小规模肉羊的饲养，也适合于规模化肉羊的饲养。缺点是防疫难度大。

（3）钟楼式羊舍：这种羊舍分上下两层，通风、防潮、防热性能好，气候炎热、多雨、潮湿的夏、秋季，可把羊放在上边，通风、凉爽、干燥；寒冷多风的冬、春季，下边经清理消毒即可养羊，上边储存饲草。楼板建成漏缝式，可使用木条或竹片等铺设，间隙1~1.5厘米，楼板距地面2米左右，这种羊舍卫生条件好，设有运动场，适用于湿热多雨地区，舍饲和半舍饲的羊场均可用。

2. 半开放式羊舍　半开放式羊舍是指三面有墙，正面上部敞开，下部仅有半截墙的肉羊舍（图5-2）。肉羊舍的敞开部分在冬天可加以遮拦形成封闭状态，从而改善舍内小气候。半开放式羊舍适合于中部和西部部分地区肉羊的饲养，具有建设成本低、在不同季节可以进行调整等优点。

（1）单坡半开放式羊舍：前墙高1.8~2.0米，后墙高2.2~2.5米。羊舍宽度5~6米，长度依羊数而定。门高1.8~2.0米，宽1.0~1.5米，妊娠后期、哺乳羊、大型种公羊门宽1.5~2.0米。窗高0.6~0.8米，宽1.0~1.2米，窗间距不超过窗宽的2倍。窗的采光面积宜为地面面积的1/20~1/10；前窗距地面高度为1.0~1.2米，后窗为1.4~1.5米。

图5-2　半开放式羊舍

（2）双坡半开放式羊舍：屋顶中间由起脊的两坡组成，西、东、北面有墙，北面留窗，南面墙高1.2~1.5米，留有舍门。紧靠北墙舍内留有1.7米宽的操作通道。这种羊舍面积大（舍深10米），造价较高，饲养管理条件好，适合各种肉羊的饲养。

3. 封闭式羊舍　封闭式羊舍是指通过墙体、屋顶、门窗等围护结构形成全封闭状态的肉羊舍，具有较好的保温隔热能力，便于人工控制舍内环境（图5-3）。密闭式羊舍包括有窗封闭式羊舍和无窗封闭式羊舍。主要适合北方寒冷地区肉羊的饲养。窗户采用可开启的窗户或卷帘窗，可以调整窗开启的大小，控制舍内温度。

图5-3　封闭式羊舍

（1）单坡封闭式羊舍：舍内布局同单坡半开放式羊舍。

（2）双坡封闭式羊舍：羊舍屋顶由中间起脊的双坡组成，羊舍四周有墙，北墙留有窗，南墙留门通往运动场；舍内饲养设备齐全，饲养操作全在室内。这种羊舍密闭性好、跨度大，也可设计增温、通风设备，但造价高，是寒冷地区工厂化养羊的理想圈舍，特别适用于待产母羊。

（二）羊舍平面、立面、剖面设计

1. 羊舍平面设计　羊舍平面设计的主要依据是肉羊场生产工艺、工程做法和相关的建筑设计规范与标准。其内容主要包括圈栏、舍内通道、门、窗、排水系统、粪尿沟、环境调控设备、附属用房，以及羊舍建筑的平面尺寸确定等。

（1）圈栏的布置：根据工艺设计确定的每幢羊舍应容纳的肉羊占栏只数、饲养工艺、设备选型、劳动定额、场地尺寸、结构形式、通风方式等，选择栏圈排列方式（单列、双列或多列）并进行圈栏布置。单列和双列布置使建筑跨度小，有利于自然采光、通风和减少屋架等建筑结构尺寸，但在长度一定的

情况下，单幢舍的容纳量有限，且不利于冬季保温。多列式布置使羊舍跨度较大，可节约建筑用地、减小建筑外围护结构面积，利于保温隔热，但不利于自然通风和采光。南方炎热地区为了自然通风的需要，常采用小跨度羊舍；而北方寒冷地区为了保温的需要，常采用大跨度羊舍。

（2）舍内通道的布置：舍内通道包括饲喂道、清粪道和横向通道。饲喂道和清粪道一般沿羊栏平行布置，两者不应混用；横向通者垂直布置，一般是在羊舍较长时为管理方便而设的。通道的宽度也是影响羊舍的跨度和长度的重要因素，为减小建筑面积，从而降低工程造价，在工艺允许的前提下，尽量减少通道的量。通道的宽度要求不同，饲喂道一般为1.2~1.4米，清粪道宽度一般为0.9~1.2米，采用三轮车推粪时宽度为1.2~1.5米。横向通道一般较宽，为1.2~2.0米。

（3）附属用房和设施布置：羊舍一般在靠场区净道的一侧设值班室、饲料间等，有的羊舍在靠场区污道一侧设羊体消毒间。这些附属用房，应按其作用和要求设计其位置及尺寸。大跨度的羊舍，值班室和饲料间可分设在南、北相对位置；跨度较小时，可靠南侧并排布置。青贮饲料间和块根饲料间等，可以突出设在羊舍北侧。

（4）羊舍平面尺寸确定：羊舍平面尺寸主要是指跨度和长度。影响羊舍平面尺寸的因素有很多，如建筑形式、气候条件、设备尺寸、走道、肉羊饲养密度、饲养定额、建筑模数等。通常，需首先确定围栏或笼只、羊床等主要设备的尺寸。如果设备是定型产品，可直接按排列方式计算其所占的总长度和跨度；如果是非定型产品，则须按每圈容羊头（只）数、肉羊占栏面积和采食宽度标准，确定其宽度（长度方向）和深度（跨度方向）。然后考虑通道、粪尿沟、饲槽、附属房间等的设置，即可初步确定羊舍的跨度与长度。最后，根据建筑模数要求对跨度、长度做适当调整。

在设计实践中，考虑到设备安装和工作方便，羊舍跨度一般为6~15米，长度一般在50~80米范围内。若采用大群散养模式，羊群规模为200只时，可以建造长度45米、跨度9米的羊舍。

（5）门窗和各种预留孔洞布置：羊舍大门可根据气候条件、围栏布置及工作需要，设于羊舍两端山墙或南北纵墙上。西、北墙设门不利于冬季防风，应设置缓冲用的门斗。羊舍大门、值班室门、圈栏门等的位置和尺寸，应根据羊种、用途等决定。窗的尺寸设计应根据采光、通风等要求经计算确定，并考虑其所在墙的承重情况和结构柱间距进行合理布置。除门窗洞外，上下水管道、穿墙电线、通（排）风口、排污口等，也应该按需要的尺寸和位置在平面设计时统一安排。

2. 羊舍剖面设计　羊舍剖面设计主要是确定羊舍各部位、各种构（配）

件及舍内的设备、设施的高度尺寸。

（1）确定舍内地坪标高：一般情况下，舍内饲喂通道的标高应高于舍外地坪0.3米，并以此作为舍内地坪标高。场地低洼或当地雨量较大时，可适当提高饲喂通道的高度。有车和肉羊出入的羊舍大门，门前应设坡度不大于15%的坡道且不能设置台阶。舍内地面坡度，一般在羊床部分应保证2%~3%的坡度，以防羊床积水潮湿；地面坡向排水沟有1%~2%的坡度。

（2）确定羊舍的高度：羊舍的高度是指舍内地坪面到屋顶承重结构下表面的距离。羊舍高度不仅影响土建投资，而且影响舍内小气候调节，除取决于自然采光和通风设计外，还应考虑当地气候和防寒与防暑要求，也取决于羊舍的跨度。寒冷地区一般以2.2 ~2.7 米为宜，跨度在9.0 米以上时可适当加高；炎热地区为有利于通风，羊舍不宜过低，一般以2.7~3.3 米为宜。

（3）确定羊舍内部设备及设施的高度尺寸：主要是指羊栏、笼具、饲槽、水槽、饮水器等的安置高度，因羊品种、年龄不同而异。具体尺寸可以参照本书的有关规定，或根据设备厂家提供的产品资料确定。

（4）确定羊舍结构构件高度：屋顶中的屋架和梁为承重构件，在建筑设计阶段可以按照构造要求进行构件尺寸的估算，最终的构件尺寸须经结构计算确定。

（5）门窗与通风洞口设置：门的竖向高度根据人、羊和机械通行需要综合考虑。确定窗的竖向位置和尺寸时，应考虑夏季直射光对羊舍的影响，应按入射角、透光角计算窗的上下缘高度。

3. 羊舍立面设计　羊舍立面设计是在平面设计与剖面设计的基础上进行的。主要表示羊舍的前、后、左、右各方向的外貌、重要构配件的标高和装饰情况。立面设计包括屋顶、墙面、门窗、进排风口、屋顶风帽、台阶、坡道、雨罩、勒脚、散水及其他外部构件与设备的形状、位置、材料、尺寸和标高。

羊舍首先要满足“饲养”功能这一特点，然后再考虑技术条件和经济条件，运用某些建筑学的原理和手法，使羊舍具有简洁、朴素、大方的外观，创造出内容与形式统一的、能表现农业建筑特色的建筑风格。

（三）羊舍水、电、暖、通风设置

根据肉羊圈栏、饲喂通道、排水沟、粪尿沟、清粪通道、附属用房等的布置，分别进行水、电、暖、通风等设备工程设计。

1. 给排水系统的布置

（1）羊舍给水系统：饮水器、水龙头、冲水水箱、减压水箱等用水设备的位置，应按圈栏、粪尿沟、附属用房等的位置来设计，在满足技术需要的前提下力求管线最短。

（2）排水系统的布置：羊舍一般沿羊栏布置方向设置粪尿沟以排出污水，

宽度一般为0.3~0.5米，如不兼作清粪沟，其上可设箅子。沟底坡度根据其长度可为0.5%~2%（过长时可分段设坡），在沟的最低处应设沟底地漏或侧壁地漏，通过地下管道排至舍内的沉淀池，然后经污水管排至舍外的检查井，通过场区的支管、干管排至粪污处理池。地面式羊床坡向粪尿沟，坡度为2%~3%，便于排除清洗羊舍的水，同时不影响羊只的采食。值班室、饲料间等附属用房也应设地漏和其他排水设施。

2. 羊舍电器、照明设置　照明灯具一般沿饲喂通道设置，产房的照明须方便接产。

3. 羊舍通风设置　通风设备的设置，应在计算出的通风量基础上进行。

在高密度饲养的羊舍里，会产生大量的有害气体和粉尘微粒，因此羊舍通风是舍内环境调控的主要手段。风机洞口、进排风口等通风洞口的垂直位置和尺寸，应结合羊舍通风系统设计统一考虑。羊舍通风方式分为机械通风、自然通风及机械自然混合通风。

（1）机械通风的通风量根据羊群的类别和不同的季节由工艺设计提出，风机洞口和进排风洞口的大小、形状与位置等需要在剖面设计中考虑。与湿帘配套的羊舍纵向机械通风系统具有风流均匀、旋涡区小、利于防疫、风机台数少、土建造价低、管理方便等一系列优点。

（2）自然通风虽然受外界气候条件影响较大，通风不稳定，但经济实用。为了充分且有效地利用自然通风，在羊舍剖面设计中，应根据通风要求选择适宜的剖面形式并合理布置通风口的位置。根据通风原理的不同，自然通风又分为热压通风和风压通风两种方式。

1）热压通风：效果取决于热压大小，而热压大小取决于舍内外的温差和上下进排风口的中心距离。在温差一定的情况下，要提高热压通风效果，就要在羊舍剖面设计时，设法加大进排风口的中心距。

2）风压通风：它指自然气流遇到建筑受阻而发生绕流现象，致使气流的动能和势能发生的变化。在建筑迎风面形成正压，背风面形成负压。在羊舍剖面设计时，结合当地主导风向，将进风口设置在正压区，排风口设在负压区，可以取得良好的通风效果。如果将进风口设在上风向羊舍墙壁的下部，把排风口设在下风向羊舍墙壁的上部，则可以使风压通风和热压通风叠加。

根据自然通风研究资料，进风口、排风口面积相等时，面积愈大，则进风量愈大，通风效果愈好。因此，在南方炎热地区，为满足夏季通风需要，使进风口、排风口的面积相等；而在冬冷夏热地区，考虑到冬季防寒需要，将位于背风面的排风口面积设计得小一些，但不宜小于进风口面积的一半，此时进风量只减少一半。

四、辅助建筑物建筑方案设计

（一）干草棚

1. 干草储备量的计算　根据肉羊场所在地的资源情况，日常饲喂干草品种、质量和粗饲料条件，按照肉羊正常饲养需求每只每天 1.5 千克计算，一般干草储备量为 6~8 个月的饲喂量。我国南方和北方在肉羊饲养方面由于气候因素、资源条件差异较大，应有所区别。

2. 干草棚建筑　干草棚设计的目的主要是防雨、通风、防潮、防日晒。首先选址应建在地势较高的地方，或周边排水条件较好的地方，同时棚内地面要高于周边地面以防止雨水灌入，一般要高于周边地面 10 厘米左右。

干草棚建筑应临近青贮窖、精料库（料塔），便于肉羊日粮制作。由于干草棚是重点防火单位，所以还要考虑保持一定距离，一般以 30 米左右为宜。如使用行走式或牵引式 TMR 撒料车，还要考虑工艺流程的先后顺序。

干草棚建设形式可分为两种，即南方降水较多和北方降水相对较少的区别。南方干草棚为了防止雨水进入淋湿干草，需要建挡雨墙，为了保证通风还要在墙上装上百叶窗。北方或降水较少的地区，可以考虑建成棚式结构。为了防止雨水淋湿干草，在储备干草时，首先在靠近屋檐 30~50 厘米的地方垛起，垛得要整齐，形式类似墙体形状，高度应达到屋檐的位置。干草使用时要从棚内中间位置开始，然后向屋檐两侧，尽可能保证这个以干草垒起的墙体的完整。当下雨时这个墙体就如同穿了蓑衣一般，雨水只淋湿表面，雨后很快被风吹干，这样可以起到防雨的作用。另外，当干草储备量较大时，为了达到通风效果，垛草时应适当留出 50~100 厘米的通风道。

根据干草品种、数量需求计划，干草供应状况，确定干草常年储备数量，以此为依据计算干草棚建筑面积。干草棚檐要求高度应在 5~6 米为宜，这样可以储备更多的干草，节省建筑费用，另外应考虑运输干草的车辆能够直接进入棚内，以方便干草的装卸。

（二）饲料库

规模较大的羊场应建有饲料库，库内要通风良好、干燥、清洁，夏季防潮、防饲料霉变。饲料库地面及墙壁要平整，四周应设排水沟，建筑形式可以是封闭式、半敞开式或棚式。饲料库应靠近饲料加工车间且运输方便。

（三）青贮设施

青贮饲料是肉羊尤其是产羔母羊的良好饲料，一般在冬春时期给羊补饲。饲料青贮设施主要有青贮池（壕）、青贮窖和青贮塔三种，应在羊舍附近修建。

青贮设施建设规模根据畜牧场全年饲养量、畜群结构、每只每日采食量、

青贮饲料容重、青贮饲料利用率、青贮池年循环使用次数等指标推定。青贮池每年循环使用次数：北方地区按 0.923 次设计，南方地区按 1.5 次设计。

青贮设施构成有青贮池、操作场地和通道、防雨排水设施。青贮池是青贮氨化设施的主体，由底面和墙体构成；操作场地和通道由青贮池周围硬化地面构成，并有防雨排水设施。

1. 青贮池（壕）　一般为长方形。池底及池壁用砖、石、水泥砌成。可做成地上式、半地上式、全地下式。全地下式为防止池壁倒塌，青贮壕应建成倒梯形。青贮池的一般尺寸：青贮池宽度人工取料时宜为 2~5 米，机械化取料时宜为 5~20 米，以 2~3 天能将青贮原饲料装填完毕为原则。青贮池也应选择在地势干燥的地方。在青贮池四周 0.5~1.0 米处修排水沟，防止污水流入。

2. 青贮窖　青贮窖按照窖的形状，可分为圆形窖和长方形窖两种。按照窖的位置，可分为地上式、半地下半地上式和地下式三种。生产中多采用地下式。贮量多时，以长方形窖为好。但在地势低平、地下水位较高的地方，建造地下式窖易积水，可建造半地下半地上式。青贮窖壁、窖底应用砖、水泥砌成。窖壁要光滑、坚实、不透水且上下垂直，窖底呈锅底状。窖的大小根据饲养规模和饲喂量确定。

3. 青贮塔　青贮塔适用于机械化水平较高、饲养规模较大、经济条件较好的饲养场。用砖、石、水泥砌成，分全塔式和半塔式两种形式。半塔式的地下部分必须用石块砌成。塔壁需有足够的强度，表面要光滑，不透水、不透气。塔的侧壁开有取料口，塔顶用不透水和不透气的绝缘材料制成，其上有一个可密闭的装料口。塔的直径为 4~6 米，高为 6~16 米，容量为 75~200 吨。半塔式青贮塔埋在地下的深度为 3.0~3.5 米，地上部分的高度为 4~6 米。青贮塔由于取出口较小，深度较大，饲料自重压紧程度大，含空气量很少，因此，青贮养分损失较少。青贮塔便于实现机械化作业（装填和取料的机械自动化程度高），但造价较高。

（四）药浴池

为了防治疥癣等体外寄生虫病，每年要定期给羊群药浴。没有淋药装置或流动式药浴设备的羊场，应在不对人、畜、水源、环境造成污染的地点建药浴池。药浴池一般为长方形水沟状，用水泥建成，池深为 0.8~1.0 米，长为 5~10 米，上口宽为 0.6~0.8 米，底宽为 0.4~0.6 米，以单羊通过而不能转身为宜。池的入口端为陡坡，方便羊只迅速入池。出口端为台阶式缓坡，以便浴后羊只攀登。

入口端设漏斗形储羊圈，也可用活动围栏。出口设滴流台，以使浴后羊身上的多余药液流回池内。装药液量应不能淹没羊的头部。储羊圈和滴流台大小可根据羊只数量确定。但必须用水泥浇筑地面。在药浴池旁安装炉灶，以便烧水配药。在药浴池附近应有水源。

（五）兽医室

羊场应建有兽医室，以便能及时对羊只进行疾病防治。室内配备常用的消毒器械、诊断器械、手术器械、注射器械和药品等。

兽医室主要承担肉羊的疫病防控，确保持续、健康养殖，并要有相应的检疫制度、无害化处理制度、消毒制度、兽药使用制度等规章制度。兽医室的建造和配套要求符合NY 5149—2002《无公害食品肉羊饲养兽医防疫准则》所规定的条件。

兽医室包括兽药保存室和准备操作室，通常设在隔离区。在建设时，兽药保存室和准备操作室应尽量靠近。要求房屋布局合理，通风、采光良好，便于各种操作；室内具有上下水管道和设施，有能够承受一定负荷的电源；房屋内墙、地板应防水，便于消毒；操作台要防水，耐酸、碱、有机溶剂等。

（六）人工授精室

人工授精室，应包括采精室、精液处理室、输精室。室内要求光线充足，地面坚实。采精室和输精室可合用，面积为20~30平方米，设一个采精台，1~2个输精架。精液处理室面积为8~10平方米。

五、羊场建筑构造设计

羊舍的基本构造包括基础、地基、地面、墙体、门窗、屋顶、顶棚、运动场和消毒池。

（一）基础和地基

基础是羊舍地面以下承受羊舍的各种负载，并将其传递给地基的构件。基础应具备坚固、耐久、防潮、防震、抗冻和抗机械作用的能力。在北方通常用砖石做基础，埋在冻土层以下，埋深厚度应不小于50厘米，防潮层应设在地面以下60毫米处。

地基是基础下面承受负载的土层，有天然、人工地基之分。天然地基的土层应具备一定的厚度和足够的承重能力，沙砾、碎石及不易受地下水冲刷的沙质土层是良好的天然地基。

（二）地面

羊舍地面是羊躺卧休息、排泄和生产的地方，是羊舍建筑中的重要组成部分，对羊只的健康有直接的影响。通常情况下羊舍地面要高出舍外地面20厘米以上。由于我国南方和北方气候差异很大，地面的选材必须因地制宜、就地取材。羊舍地面有以下几种类型。

1. 土质地面　属于暖地面（软地面）类型。土质地面柔软，富有弹性也不光滑，易于保温，造价低廉。缺点是不够坚固，容易出现小坑，不便于清

扫、消毒，易形成潮湿的环境，只能在干燥地区采用。用土质地面时，可混入石灰增强黄土的黏固性，粉状的石灰和松散的粉土按 3：7 或 4：6 的体积比加适量水拌和成灰土地面。也可用石灰：黏土：碎石（碎砖或矿渣）按 1：2：4 或1：3：6 的体积比拌制成三合土。一般石灰用量为石灰土总重的 6%~12%，石灰含量越大，强度和耐水性越高。

2. 砖砌地面　属于冷地面（硬地面）类型。虽然砖的孔隙较多，导热性小，具有一定的保温性能，但成年母羊舍粪尿相混的污水较多，容易造成不良环境，又由于砖砌地面易吸收大量水分，破坏其本身的导热性，故地面易变冷变硬。砖地吸水后，经冻易破碎，加上本身易磨损的特点，容易形成坑穴，不便于清扫消毒。所以用砖砌地面时，砖宜立砌，不宜平铺。

3. 水泥地面　属于硬地面类型。其优点是结实、不透水、便于清扫、消毒。缺点是造价高、地面太硬、导热性强、保温性能差。为防止地面湿滑，可将表面做成麻面。水泥地面的羊舍内最好设木床，供羊休息、宿卧。

4. 漏缝地板　集约化饲养的羊舍可建造漏缝地板，用厚 3.8 厘米、宽 6~8 厘米的木条或水泥条筑成，间距为 1.5~2.0 厘米。漏缝地板羊舍需配以污水处理设备，造价较高。这类羊舍为了防潮，可隔日抛撒木屑，同时应及时清理粪便，以免污染舍内空气。漏缝或镀锌钢丝网眼应小于羊蹄面积，以便于清除羊粪而羊蹄不至于掉下为宜。漏缝地板羊舍需配以污水处理设备，造价较高。国外大型羊场和我国南方一些羊场已普遍采用。

在南方天气较热、潮湿的地区，采用吊楼式羊舍，羊舍高出地面 1~2 米，吊楼上为羊舍，下为承粪斜坡，与粪池相接，楼面为木条漏缝地面。这种羊舍因离地面有一定高度，防潮、通风透气性好，结构简单。通常情况下，饲料间、人工授精室、产羔室可用水泥或砖铺地面，以便于消毒。

（三）墙体

墙体是基础以上露出地面将羊舍与外部隔开的外围结构。墙体对畜舍的保温与隔热起着重要作用，由坚固耐用、防潮、经济实用的结构材料建成，一般多采用土、砖和石等材料。近年来建筑材料科学发展很快，许多新型建筑材料如金属铝板、彩钢板和隔热材料等，已经用于各类畜舍建筑中。用这些材料建造的畜舍，不仅外形美观、性能好，而且造价也不比传统的砖瓦结构建筑高多少，是大型集约化羊场建筑的发展方向。

墙体要坚固保暖。在北方，墙厚为 24~37 厘米，单坡式羊舍后墙高度约为 1.8 米，前墙高为 2.2 米。南方羊舍可适当提高高度，以利于防潮防暑。

墙壁根据经济条件决定用料，全部砖混结构或土木结构均可。无论采用哪种结构，都要坚固耐用。潮湿多雨地区可采用墙基和边角用石头、砖垒一定高度，上边用土坯或打土墙建成。木材紧缺地区可用砖建拱顶羊舍，既经济又实用。

墙体分承重墙和非承重墙，前者除了需要满足构造要求外，还需要满足结构设计要求，后者只需要满足构造要求。墙体的结构材料与结构厚度由结构设计来确定，墙体的构造设计包括建筑材料选择、保温与隔热层厚度确定、防结露和墙体保护措施。

新建的羊舍应该优先选用新型砌体和复合保温板。特别是我国羊舍建设应该逐步采用装配式标准化羊舍，结构构件采用轻型钢结构，维护部分采用新型复合保温板，这样可以加快羊舍建造速度，也可以起到降低造价的作用。

羊舍内的空气相对湿度很大，特别是封闭式肉羊舍，地面水分不断蒸发，轻暖的水汽很快上升而聚集在肉羊舍上部，使上部和下部的湿度均较高。如果地面、墙壁和天棚的隔热性能差，温度会很快低于露点，易在肉羊舍的内表面形成结露，甚至再结成冰。因此，冬季需要特别重视羊舍墙体的防结露。防结露措施主要由建筑热工来计算保温层厚度，确保冬季时墙体和屋面等非透明部分的内表面温度不低于允许值。

墙体保护措施主要是采用墙体防潮层、面层和制作墙裙等。羊舍内表面（墙体、屋顶或吊顶）经常处于潮湿环境当中，也经常需要消毒，所以应该采取水泥砂浆抹面或贴面砖等防潮措施；墙体应该做1.2~1.5米的墙裙进行保护。

（四）门窗

羊舍门窗的设置既要有利于舍内通风干燥，又要保证舍内有足够的光照，也要使舍内硫化氢、氨气、二氧化碳等气体尽快排出，同时地面还要便于积粪出圈。羊舍窗户的面积一般占地面面积的1/15，距地面的高度一般在1.5米以上。门宽度为2.5~3.0米，羊群小时，宽度为2.0~2.5米，高度为2米。运动场与羊床连接的小门，宽度为0.5~0.8米，高度为1.2米。

羊舍外一般要考虑生产管理用车的通行，其宽度应按所用车辆的使用要求来确定，一般单扇门为0.8~1.0米，双扇门在1.2米以上，门宽度在1.5米以上时，应考虑采用折叠门或推拉门；门洞高度一般为2.1~2.4米。仅供肉羊出入运动场的门，可以减小门洞尺寸。肉羊舍门采用木门时应在门扇下部两面包1.2~1.5米高的铁皮，防止肉羊破坏。采用金属门时需要注意保温性和密闭性。

窗的作用是通风和采光，窗洞口尺寸应按照通风和采光要求来设计。平开窗构造简单，外开时不占舍内面积，便于安装纱窗，在羊舍中应用较多，但每一扇都需要人工开启。推拉窗居墙中安装时，通风面积会减少一半，而贴墙内外两侧安装时轨道需要加长才能保证全部开启，且窗两侧空间能使用。转窗分为上悬、中悬、下悬三种，上悬窗开启时不占室内空间；中悬窗开启时占得较

少，在羊舍中常用，而且可以采用机械开窗系统；下悬窗因为要保证窗扇向外倾斜以防雨水落入室内，故占用室内空间较多，一般不用。

（五）屋顶

屋顶具有防雨水和保温隔热的作用。要求选用隔热、保温性好的材料，并有一定厚度，且结构简单、经久耐用、防雨、防火，便于清扫、消毒。其材料有陶瓦、石棉瓦、木板、塑料薄膜、稻（麦）草、油毡等，也可采用彩色压型钢板和聚苯乙烯夹心板等新型材料。在寒冷地区可加天棚，其上可储存冬草，能增强羊舍保温性能。羊舍净高（地面至天棚的高度）为2.0~2.4米。在寒冷地区可适当降低净高。羊舍屋顶形式有单坡式、双坡式等，其中以双坡式最为常见。

屋面也分承重部分和非承重部分，承重部分材料及其尺寸由结构设计确定，构造设计主要解决保温、隔热、防水等问题。屋顶的结构形式有砖混结构、混凝土结构、钢结构和木结构。砖混结构适用于跨度小于6米的羊舍；混凝土结构和木结构适用于跨度小于10米的羊舍；钢结构可适用于大跨度的羊舍。砖混结构和混凝土结构结实耐用，但建设周期长，不适用于大跨度的羊舍；木结构造价低，在潮湿环境下容易腐蚀，而且防火要求高。对于规模化的羊场建设适宜采用钢结构，可以应用于大跨度羊舍，施工速度快，且可以重复使用，但要注意钢构件表面的防锈处理。

（六）顶棚

顶棚又名天棚、天花板，主要用来提高房屋屋顶的保暖、隔热性能，同时还能使坡屋顶内部平整、清洁、美观。吊顶所用的材料有很多种类，如板条抹灰吊顶、纤维板吊顶、石膏板吊顶、铝合金板吊顶等。羊舍内的吊顶应采用耐水材料制作，以便于清洗、消毒。天棚材料要求导热性差、不透水、不透气，本身结构要求简单、轻便、坚固耐久且有利于防火；表面要求平滑，保持清洁，最好刷成白色，以增加舍内光照。

顶棚的结构一般是将龙骨架固定在屋架或檩条上，然后在龙骨架上铺钉板材。

不论在寒冷的北方或炎热的南方，在天棚上铺设足够厚度的保温层或隔热层，是提高天棚保温或隔热性能的关键，而结构严密（不透水、不透气）则是提高保温性能的重要保证。

（七）运动场

运动场是舍饲或半舍饲规模羊场必需的基础设施。一般运动场面积应为羊舍面积的2~2.5倍，成年羊运动场面积可按4米^2/只计算。其位置排列根据羊舍建筑的位置和大小可位于羊舍的侧面或背面，但规模较大的羊舍宜建在羊舍的两个背面，低于羊舍地面60厘米以下，地面以沙质土壤为宜，也可采用三合土或者砖地面，便于排水和保持干燥。运动场周边可用木板、木棒、竹子、石板、砖等做围栏，高 2.0~2.5 米。中间可隔成多个小运动场，便于分群管理。运动场地面可用砖、水泥、石板和沙质土壤，不得高于羊舍地面，周边应有排水沟，保持干燥且便于清扫。同时，应有遮阳棚或者种植绿色植物，以抵挡夏季烈日。

（八）消毒池

消毒池应设在人员消毒间的进口和每幢羊舍的人员入口处。消毒池的进出口处常用 1∶（5~8）的坡度和地面连接，池深一般为 100~150 毫米，消毒池一般要用混凝土浇筑，表面用 1∶2 的水泥砂浆抹面。

六、建筑工程材料

（一）基础及墙体材料

基础是肉羊舍地下承重部分，它承受由承重墙和柱等传递来的一切重量，并将其下传给地基。因此，基础要求具有足够的强度和稳定性，以保证肉羊舍的坚固、耐久和安全。基础的类型较多，按基础所用材料及受力特点分为刚性基础和非刚性基础；按所在位置分为墙基础和柱基础两类。用刚性材料制作的基础称为刚性基础。刚性材料一般是指抗压强度高，而抗拉和抗剪强度低的材料。常用的砖、石、混凝土等均属于刚性材料。

刚性基础常用于地基承载力较好、压缩性较小的中小建筑。非刚性基础也叫柔性基础，常用于建筑物的荷载较大而地基承载力较小的建筑物中。

1. 各种刚性基础的材料和特点

（1）烧结普通砖：主要用于砌筑砖基础，采用台阶式逐级向下放大的做法，称之为大放脚。为满足刚性角的限制，一般采用每两批砖挑出 1/4 砖或每两批砖与每一批砖挑出 1/4 砖，砌筑砖基础前基槽底面要铺 20 毫米厚沙垫层。采用烧结普通砖，具有造价低、制作方便的优点，但取土烧砖不利于保护土地资源，目前一些地区已禁止采用黏土砖，可用各种工业废渣砖和砌块来代替。由于砖的强度和耐久性较差，所以砖基础多用于地基土质好、地下水位较低的多层砖混结构建筑。

（2）毛石：由石材和砂浆砌筑毛石基础。石材抗压强度高、抗冻、耐水和耐腐蚀性都较好，砂浆也是耐水材料，所以毛石基础常用于受地下水侵蚀和冰冻作用的多层民用建筑。毛石基础剖面形式多为阶梯形，基础顶面要比墙或柱每边宽出 100 毫米，每个台阶挑出的宽度不应大于 200 毫米，高度不宜小于 400 毫米，以确保符合高、宽比不大于 1∶1.5 或 1∶1.25 的要求。当基础底面宽度小于 700 毫米时，毛石基础应做成矩形截面。

（3）混凝土：混凝土基础具有坚固耐久、可塑性强、耐腐蚀、耐水、刚

性角较大等特点，可用于地下水位高和有冰冻作用的地方。混凝土基础断面可以做成矩形、梯形和台阶形。为方便施工，当基础宽度小于 350 毫米时，多做成矩形；大于 350 毫米时，多做成台阶形；当底面宽度大于 2 000 毫米时，为节省混凝土，减轻基础自重，可做成梯形。混凝土基础的刚性角为 45°，台阶形断面台阶宽高比应小于 1：1 或 1：1.5，而梯形断面的斜面与水平面的夹角应大于 45°。

2. 柔性基础的材料和特点　柔性基础的材料即钢筋混凝土。利用基础底部的钢筋来承受拉力，可节省大量的土方工作量和混凝土材料用量，对工期和节约造价都十分有利。基础中受力钢筋的直径不宜小于 8 毫米，数量通过计算确定，混凝土的强度等级不宜低于 C20。施工时在基础和地基之间设置强度等级不低于 C10 的混凝土垫层，其厚度应为 60～100 厘米。钢筋距离基础底部的保护层厚度不宜小于 35 毫米。

3. 墙体材料

（1）烧结砖：砖按制造工艺分有经焙烧而成的烧结砖；经蒸汽（常压或高压）养护而成的蒸养（压）砖；以自然养护而成的免烧砖等。砖按孔洞率分有无孔洞或孔洞率小于 15%的实心砖（普砖）；孔洞率等于或大于 15%，孔的尺寸小而数量多的多孔砖；孔洞率等于或大于 15%，孔的尺寸大而数量少的空心砖等。

凡经焙烧而制成的砖称为烧结砖。烧结砖根据其孔洞率大小分为烧结普通砖、烧结多孔砖和烧结空心砖三种。

1）烧结普通砖：黏土、页岩、煤矸石、粉煤灰等原料的化学组成相近，都可用作烧结普通砖的主要原料。因此，烧结普通砖有黏土砖、页岩砖、煤矸石砖、粉煤灰砖等多种，目前一些地区已禁止采用黏土砖。烧结普通砖的长度为 240 毫米，宽度为 115 毫米，厚度为 53 毫米。烧结砖是以上述原料为主，并加入少量添加料，经配料、混匀、制坯、干燥、预热、焙烧而成。

烧结普通砖根据 10 块砖样的抗压强度平均值和强度标准值，分为 MU30、MU25、MU20、MU15、MU10 和 MU7.5 共 6 个强度等级。烧结普通砖有一定的强度，较好的耐久性，可用于砌筑承重或非承重的内外墙、柱、拱、沟道和基础等。

2）烧结多孔砖：是以黏土、页岩、煤矸石等为主要原料，经焙烧而成。烧结多孔砖为大面有孔的直角六面体，孔多而小孔洞垂直于受压面。砖的主要规格为 M 型 190 毫米×190 毫米×90 毫米，P 型 240 毫米×115 毫米×90 毫米。

烧结多孔砖孔洞率在 15%以上，表观密度约为 1 400 千克/米^3。虽然多孔砖具有一定的孔洞率，使砖受压时能减小有效受压面积，但因制坯时受较大的压力，使砖孔壁致密程度提高，且对原材料要求也较高，这就补偿了因有效面积减小而造成的强度损失。故烧结多孔砖的强度仍较高，常被用于砌筑 6 层以下的承重墙。

3）烧结空心砖：是以黏土、页岩、煤矸石等为主要原料，经焙烧而成。烧结空心砖为顶面有孔洞的直角六面体，孔大而少，孔洞为矩形条孔或其他孔形，平行于大面和条面，在与砂浆的接合面上应设有增加结合力的深度 1 毫米以上的凹线槽。

烧结空心砖，孔洞率一般在 35%以上，表观密度为 800~1 100 千克/米^3，自重较轻，强度不高，因而多用作非承重墙，如多层建筑内隔墙或框架结构的填充墙等。多孔砖、空心砖可节省资源，且砖的自重轻、热工性能好，使用多孔砖尤其是空心砖和空心砌块，既可提高建筑施工效率，降低造价；还可减轻墙体自重，改善墙体的热工性能等。

（2）蒸养（压）砖：是以石灰和含硅材料（沙子、粉煤灰、煤矸石、炉渣和页岩等）加水拌和，经压制成型、蒸气养护或蒸压养护而成。我国目前使用的主要有灰砂砖、粉煤灰砖、炉渣砖等。

1）灰砂砖：是由磨细的生石灰或消灰粉、天然砂和水按一定配比，经搅拌混合、陈伏、加压成型，再经蒸压（一般温度为 175~203℃、压力为 0. 8~1. 6 毫帕的饱和蒸气）养护而成。实心灰砂砖的规格尺寸与烧结普通砖相同，其表观密度为 1 800~1 900 千克/米^3，导热系数约为 0. 61 瓦/（米^2 · 开）。按砖浸水 24 小时后的抗压强度和抗折强度分为 MU25、MU20、MU15、MU10 共 4 个等级，每个强度等级有相应的抗冻指标。

2）粉煤灰砖：是以粉煤灰、石灰为主要原料，添加适量石膏和骨料经坯料制备、压制成型、常压或高压蒸气养护而成的实心砖。

粉煤灰砖可用于工业与民用建筑的墙体和基础，但用于基础或易受冻和干湿交替作用的建筑部位必须使用一等砖与优等砖。粉煤灰砖不得用于长期受热（2 000℃以上），受急冷、急热和有酸性介质侵蚀的建筑部位。用粉煤灰砖砌筑的建筑物，应适当增设圈梁及伸缩缝，或采取其他措施，以避免或减少收缩裂缝的产生。粉煤灰砖出釜后宜存放 1 周后才能用于砌筑。砌筑前，粉煤灰砖要提前浇水湿润，如自然含水率大于 10%时，可以干砖砌筑。砌筑砂浆可用掺加适量粉煤灰的混合砂浆，以利于黏结。

3）炉渣砖：又名煤渣砖，是以煤燃烧后的炉渣为主要原料，加入适量石灰、石膏（或电石渣、粉煤灰）和水搅拌均匀，并经陈伏、轮碾、成型、蒸气养护而成。

炉渣砖呈黑灰色，表观密度一般为 1 500~1 800 千克/米^3，吸水率为 6%~18%。炉渣砖按抗压强度和抗折强度分为 MU20、MU15、MU10 共 3 个强度等级。

炉渣砖可用于一般工程的内墙和非承重外墙。其他使用要点与灰砂砖、粉煤灰砖相似。

（3）砌块：是用于砌筑的人造块材，外形多为直角六面体，也有各种异形的。系列中主规格的高度大于115毫米而又小于380毫米的砌块，简称为小砌块。系列中的主规格的高度为380~980毫米的砌块，称为中砌块。系列中主规格的高度大于980毫米的为大型砌块，使用较多。砌块按其空心率大小分为空心砌块和实心砌块两种。空心率小于25%或无孔洞的砌块为实心砌块。空心率等于或大于25%的砌块为空心砌块。砌块通常又可按其所用的主要原料及生产工艺命名，如水泥混凝土砌块、粉煤灰硅酸盐砌块、混凝土砌块、多孔混凝土砌块、石膏砌块、烧结砌块等。制作砌块能充分利用地方材料和工业废料，且制作工艺不复杂。砌块尺寸比砖大，施工方便，能有效提高劳动生产率，还可改善墙体功能。

1）混凝土小型空心砌块：是由水泥、粗细骨料加水搅拌，经装模、振动（或加压振动或冲压）成型，并经养护而成；其粗、细骨料可用普通碎石或卵石、砂子，也可用轻骨料（如陶粒、煤渣、煤矸石、火山渣、浮石等）及轻砂。混凝土小型空心砌块可用于低层和中层建筑的内墙和外墙。使用砌块作墙体材料时，应严格遵照有关部门所颁布的设计规范与施工规程。这种砌块在砌筑时一般不宜浇水，但在气候特别干燥炎热时，可在砌筑前稍喷水湿润。砌筑时尽量采用主规格砌块，并应先清除砌块表面污物和芯柱所用砌块孔洞的底部毛边。采用反砌（即砌块底面朝上），砌块之间应对孔错缝搭接。砌筑灰缝宽度应控制在8~12毫米，所埋设的拉结钢筋或网片，必须放置在砂浆层中。承重墙不得用砌块和砖混合砌筑。

2）粉煤灰硅酸盐中型砌块：是以粉煤灰、石灰、石粉和骨料等为原料，经加水搅拌、振动成型、蒸气养护而制成的密实砌块。通常采用炉渣作为砌块的骨料。粉煤灰砌块原材料组成间的互相作用及蒸养后所形成的主要水化产物等，与粉煤灰蒸养砖相似。

粉煤灰砌块可用于一般工业和民用建筑的墙体和基础。但不宜用于有酸性介质侵蚀的建筑部位，也不宜用于经常处于高温影响下的建筑物，如铸铁和炼钢车间、锅炉房等的承重结构部位。砌块在砌筑前应清除表面的污物及黏土。常温施工时，砌块应提前浇水湿润，湿润程度以砌块表面呈水印为准。冬季施工砌块不得浇水湿润。砌筑时砌块应错缝搭砌，搭砌长度不得小于块高的1/3，也不应小于15厘米。砌体的水平灰缝和垂直灰缝一般为15~20毫米（不包括灌浆槽），当垂直灰缝宽度大于30毫米时，应用C20细石混凝土灌实。粉煤灰砌块的墙体内外表面宜做粉刷或其他饰面，以改善隔热、隔音性能并防止外墙渗漏，提高耐久性。

3）蒸压加气混凝土砌块：是以钙质材料和硅质材料以及加气剂、少量调节剂，经配料、搅拌、浇注成型、切割和蒸压养护而成的多孔轻质块体材料。原料中的钙质材料和硅质材料可分别采用石灰、水泥、矿渣、粉煤灰、砂等。根据所采用的主要原料不同，加气混凝土砌块也相应有水泥—矿渣—砂、水泥—石灰—砂、水泥—石灰—粉煤灰三种。加气混凝土砌块可用于一般建筑物的墙体，可作多层建筑的承重墙和非承重外墙及内隔墙，也可用于屋面保温。

4）预应力混凝土空心墙板：是以高强度低松弛预应力钢绞线、水泥及砂、石为原料，经张拉、搅拌、挤压、养护、放张、切割而成的。使用时按要求可配以泡沫聚苯乙烯保温层、外饰面层和防水层等。其外饰面层可做成彩色水刷石、剁斧石、喷砂、釉面砖等多种式样。预应力空心墙板可用于承重或非承重外墙板、内墙板、楼板、屋面板、雨罩和阳台板等。

5）轻型复合板：轻型复合板除上述的钢丝网水泥夹心板外，还有用各种高强度轻质薄板为外层、轻质绝热材料为芯材而组成的复合板。外层板材可用彩色镀锌钢板、铝合金板、不锈钢板、高压水泥板、木质装饰板、塑料装饰板及由其他无机材料、有机材料合成的板材。轻质绝热芯材可用阻燃型发泡聚苯乙烯、发泡聚氨酯、岩棉和玻璃棉等。这类板的共同特点是质轻、隔热、隔音性能好，且板外形多变、色彩丰富。例如，面层采用镀锌彩色钢板，隔热夹心板采用轻质阻燃型发泡聚苯乙烯作芯材［板重量为 10~14 千克/米^3，导热系数为 0.031 瓦/（米^2·开）］，且具有较好的抗弯、抗剪等力学性能和良好的防潮性能，安装灵活快捷，还可多次拆装，重复使用。这种板可用于一般工业与民用建筑，还可用于加层、组合式活动房、室内隔断、天棚、冷库等。

（二）屋顶材料

随着现代畜牧业的发展，畜牧建筑的内部环境调控要求也在不断提高，而屋面是建筑物重要的围护结构，目前我国用于猪舍建筑屋面的材料有各种材质的瓦和复合板材。

1. 黏土瓦　黏土瓦是以黏土为主要原料，加适量水搅拌均匀后，经模压成型或挤出成型，再经干燥、焙烧而成的。制瓦的黏土应杂质含量少、塑性好。黏土瓦按颜色分为红瓦和青瓦两种；按用途分为平瓦和脊瓦两种，平瓦用于屋面，脊瓦用于屋脊。

2. 混凝土瓦　混凝土瓦的标准尺寸有 400 毫米×240 毫米和 385 毫米×235 毫米两种。单片瓦的抗折力不得低于 600 牛顿，抗渗性、抗冻性应符合要求。混凝土瓦耐久性好、成本低，但自重大于黏土瓦。在配料中加入耐碱颜料，可制成彩色瓦。

3. 石棉水泥瓦　石棉水泥瓦是用水泥和温石棉为原料，经加水搅拌、压滤成型、养护而成的。石棉水泥瓦分大波瓦、中波瓦、小波瓦和脊瓦四种。石

棉水泥瓦单张面积大，有效利用面积大，还具有防火、防腐、耐热、耐寒、质轻等特性，适用于简易工棚、仓库及临时设施等建筑物的屋面，也可用于装敷墙壁。但石棉纤维对人体健康有害，现在多采用耐碱玻璃纤维和有机纤维生产的水泥波瓦。

4. 彩色压型钢板　彩色压型钢板是指以彩色涂层钢板或镀锌钢板为原料，经辊压冷弯成型的建筑用围护板材。彩色涂层钢板的各项指标应符合GB/T 12754 的规定，建筑用彩色涂层钢板的厚度包括基板和涂层两部分，压型钢板的常用板厚为0.5~1.0毫米，屋面一般为瓦楞性，常见的规格为750型、820型。

5. 轻型复合板　同见墙面板部分。

6. 聚氯乙烯波纹瓦　聚氯乙烯波纹瓦又称塑料瓦楞板，它是以聚氯乙烯树脂为主体，加入其他配合剂，经塑化、压延、压滤而制成的波形瓦，其规格尺寸为2 100毫米×（1 100~1 300）毫米×（1.5~2）毫米。这种瓦质轻、防水、耐腐、透光、有色泽，常用作车棚、凉棚、果棚等简易建筑的屋面，另外也可用作遮阳板。

7. 玻璃钢波形瓦　玻璃钢波形瓦是用不饱和聚酯树脂和玻璃纤维为原料，制成的波形瓦，其尺寸为：长1 800~3 000毫米、宽700~800毫米、厚0.5~1.5毫米。这种波形瓦质轻、强度大、耐冲击、耐高温、透光、有色泽，适用于建筑遮阳板及凉棚等的屋面。

8. 沥青瓦　沥青瓦是以玻璃纤维薄毡为胎料，以改性沥青为涂敷材料而制成的一种片状屋面材料。其特点是质量轻，可减少屋面自重，施工方便，具有互相黏结的功能，有很好的抗风能力。制作沥青瓦时，表面可撒以各种不同色彩的矿物粒料，形成彩色沥青瓦，可起到对建筑物装饰美化的作用。沥青瓦适用于一般民用建筑的屋面，彩色沥青瓦宜用于乡村别墅、园林宅院、斜坡屋面工程。

第六部分　规模化肉羊场养殖设备

规模化肉羊场设备的选择应根据羊场规模确定养殖工艺、饲养方式，应在确定的工艺流程基础上选择合适的设备设施。设备设施应满足规模肉羊场生产技术要求，有利于减少疾病的发病率，便于清洗消毒及安全卫生，满足防疫要求，便于粪污减量化、无害化处理及环境保护，有利于舍内环境的控制，同时要力求经济实用，有利于提高劳动生产率。

一、规模化肉羊场主要养殖设备选型

规模化肉羊场常用的主要生产设备有栏杆、羊床、饲喂设备、饮水设备等。

（一）栏杆

羊舍栏杆（图 6-1）是规模化养羊设施的重要组成部分，栏杆的布局应按照不同品种设定不同的高度及间距。常用的有外围栏、隔栏、母子栏、分群栏、分娩栏、羔羊补饲栏等。

1. 外围栏及隔栏　外围栏及隔栏是羊场用量最多的栏杆，主要用来对羊群进行分栏管理，使羊只只能在栏内活动，防止羊只随意活动。

舍外围栏

舍内隔栏

图 6-1　羊舍栏杆

2. 母子栏　主要用于供母羊产羔时用，是分娩室的必需设备。有活动和固定两种。一般多采用活动栏板。用木材或钢材制成高 50~100 厘米、长120~150 厘米的栅板，每两块栅板用合页连接，随时可移动搭成面积为 1. 5~2. 25

平方米的临时隔栏。一般 200~300 只母羊需配备 15~20 个母子栏。

3. 分群栏　在进行鉴定、分群及防疫注射工作时，常需将羊分群，可在适当的地点修筑永久性的分群栏，或用栅栏临时隔成，设置分群栏有利于工作的顺利进行并可节省抓羊的劳动力。分群栏有一条窄而长的通道，通道的宽度比羊体稍宽，羊在通道内只能单行前进。通道的长度根据实际需要来定，一般为 6~8 米，在通道的两侧可视需要设置若干个小圈，圈门的宽度和通道等宽，由此门的开关方向决定羊只的去路。

4. 分娩栏　主要用于母羊分娩。

5. 羔羊补饲栏　主要用于羔羊补饲。可设置在母子栏内或者两个母子栏之间，补饲栏需做到羔羊可以自由进出，母羊不能进入，补饲栏内设置料槽，用于给羔羊补饲。

（二）羊床

羊床是指羊舍漏缝地板，羊床材质有竹制、木制、水泥、塑料等几种形式（图 6-2）。羊床缝隙的宽度不能太宽也不能太窄，要做到能够使羊粪顺利漏下，但又不至于损伤羊蹄。

木制羊床　竹制羊床

塑料羊床　水泥羊床

图 6-2　不同材质的羊床

（三）饲喂设备

1. 饲槽　羊用饲槽多种多样（图6-3）。可用砖、水泥砌成固定饲槽，也可用木料制成活动饲槽，还可用荆条编成筐子代替饲槽。砖砌的固定饲槽，中央为长条形，周围留有采食孔，一般孔高为50~70厘米。

地上饲槽

地面饲槽

图6-3　饲槽

规模化养羊，特别是全舍饲养殖，目前多采用地面食槽。食槽高度依照羊的生物学特性及生活习性进行设置，建造时羊床高度、围挡高度、食槽高度应按一定比例科学设计。地面食槽便于机械化饲喂，便于清洗，使用方便。

2. 补草架　羊的补草架多种多样（图6-4）。可用砖砌一堵墙，将数根1.5米以上的木棍或木条竖在墙边，下端埋入墙根地内，上端向外倾斜25度，再用一横棍固定，横棍两端分别固定在墙上即成固定补草架。也可先用木条做成一个高1米、长1.5米的长方形立框，再用1.5米长的木条制成相隔10~15厘米的“V”形装草架，最后将装草架固定在立框之间即成活动补草架。

固定补草架

活动补草架

图6-4　补草架

3. 喂料车　喂料车常用的有人工小推车、TMR 搅拌站加电瓶车、TMR 自走喂料系统、自动行车喂料系统（图 6-5）。人工推车灵活，但费人工，人工成本高。TMR 搅拌站加电瓶车喂料，饲草、饲料混合均匀，方便实用、效率高、节省人工。TMR 自动喂料系统使用方便但投资较高，自走车辆噪声大，会在一定程度上影响羊只。自动行车喂料系统分为地上行车和地面行车，该种饲喂方式及设施目前处于试验阶段。

人工饲喂推车

自动式TMR取料撒料车

TMR自动饲喂系统

图 6-5　饲喂设施

（四）饮水设备

规模化养羊饮水设备一般有饮水槽、饮水碗、鸭嘴式饮水器等几种形式（图 6-6）。

饮水槽

自动饮水槽

饮水碗

鸭嘴式饮水器

图 6-6 饮水设备

二、规模化养殖场辅助养殖设备选型

规模化肉羊场常用的辅助性生产设备主要有消毒防疫设备，采暖、通风设备，清粪设备，以及其他设备，等等。

（一）消毒防疫设备

羊场消毒防疫设备主要分为三类：一是人员防疫消毒，二是车辆消毒，三是设备、设施消毒。

1. 人员消毒 人员进出厂区通过消毒通道消毒，消毒通道内通常设置紫外线消毒、喷雾消毒、地面消毒。目前多采用自动喷雾消毒，地面采用消毒脚垫。人员进入消毒通道时自动开启消毒设备，待消毒结束后自动开启出口，同时关闭消毒设备，人员可以进入厂区。

2. 车辆消毒 车辆一般采用自动消毒通道消毒，车辆通过消毒通道时，车轮通过消毒池消毒，整个车体由自动喷雾消毒器进行消毒。

3. 设备、设施消毒 包括各种设备、设施消毒（图 6-7、图 6-8）。

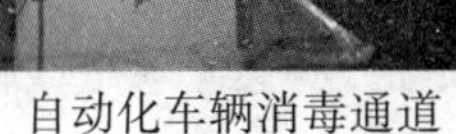

自动化车辆消毒通道　　人员自助喷雾消毒系统

图 6-7　消毒设备

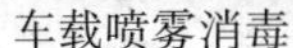

车载喷雾消毒　　手推式喷雾消毒

图 6-8　环境消毒设施

（二）采暖、通风设备

根据全国各地气候情况，羊舍应考虑安装采暖、通风设备，北方主要考虑保暖设备，南方主要考虑通风、降温设备。目前使用的通风设备主要有屋顶通风器、湿帘风机、冷风机、接力风机、通风窗等。采暖设备主要有电加热板、热风炉、地暖、热风机等（图 6-9）。

屋顶通风窗　　风机

图 6-9　采暖、通风设备

水冷空调

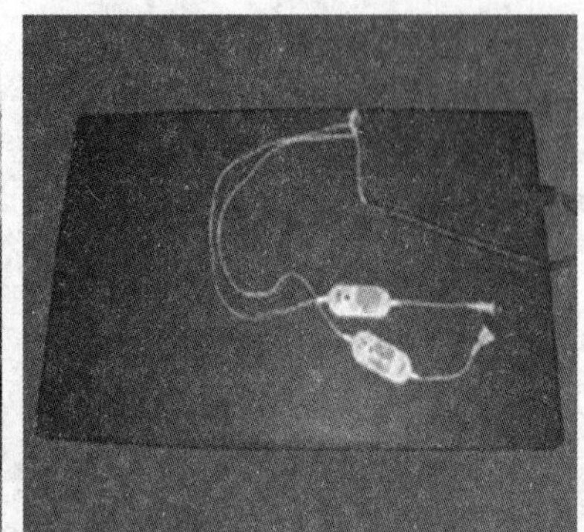
电热板

取暖灯

地暖管

热风炉

水暖系统（散热器风机）

图6-9　采暖、通风设备（续）

（三）清粪设备

规模化羊场清粪方式目前采用的主要有集中清粪和及时清粪两种，清粪设备主要有清粪车、刮粪板、输粪带等（图6-10）。

自走式清粪车

清粪推车

刮粪板

输粪带

刮粪板电机驱动系统

图6-10　清粪设备

(四) 其他设备

1. 检化验设备　检化验设备（图6-11）包括兽医化验室、药房等。

2. 剪羊毛设备　剪羊毛设备（图6-12）常用的有手动羊毛剪和电动羊毛剪，手动羊毛剪速度慢、效率低，不适用于规模化养羊场，电动羊毛剪剪毛速度快，质量好，效率高，可为手动剪毛速度的3~4倍，适用于养羊较多的农牧场、种羊场。

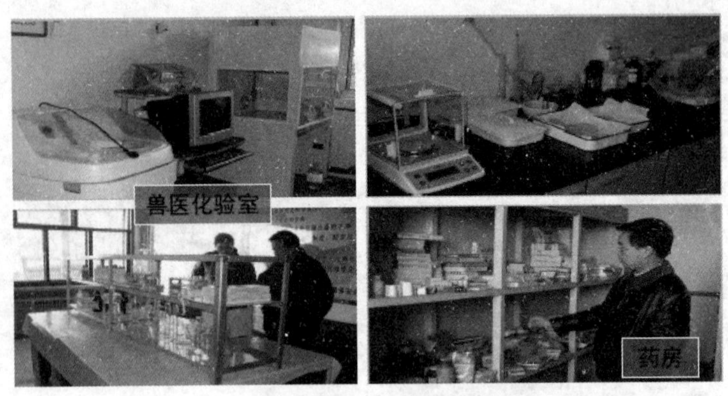

图6-11　检化验设备

剪毛器

剪毛操作

图6-12　剪羊毛设备

3. 装羊台　装羊台主要用于羊只装卸，常用的有固定式和移动式（图6-13）两种。固定式一般用砖混结构；移动式一般用钢制的，可以根据车辆的高度自动升降。

图6-13　移动式装羊台

第七部分　规模化肉羊场饲草收获加工设备

一、饲草收获加工机械

（一）牧草机械发展现状

1. 国外牧草机械发展现状　国外牧草机械已有100多年的发展历史，经历了从使用以畜力作为动力到与拖拉机动力配套，从单项作业机具到成套机具，从分段作业机具到联合作业机具等发展过程。20世纪60年代是欧美各国牧草机械发展的高峰期，其间完成了由畜力机械和割、搂草等基本作业机具向与动力机械配套的更新换代。新型的割、搂机具和各类联合作业机具及成形机具相继研制成功并迅速推广。机具保有量迅速上升的美国，牧草捡拾压捆机的保有量达70万台。

20世纪70年代以来，部分服役机具趋于饱和，产量和保有量保持稳定或略有下降，各公司致力于开发新产品，改进原有产品的性能，以保持竞争能力。苏联牧草机械发展较慢，产品以老式的割、搂、集、垛、运等收获工艺的配套机具为主，机型比较落后，到20世纪70年代末才完成了产品的更新换代。

目前，欧美各国几乎所有的农机公司都生产牧草机械。产品品种齐全，系列完整，能满足各种收获条件下全面机械化的需要。但机具的主要结构、技术性能指标至今没有大的变化，只是在操作舒适和电子计算机应用等方面有所改进。

2. 国内牧草机械发展现状　我国从20世纪60年代初开始生产牧草机械，到20世纪80年代，已形成一定生产规模。通过引进、吸收国外先进技术，填补了一些国内的空白，产品品种显著增加。但是，我国的牧草收获机械化总体水平还相当低，我国的草场面积与美国大体相同，但牧草机械保有量却少得可怜。如割草机、搂草机的保有量仅为美国的1%；20世纪60年代，美国方捆机的保有量即达到70万台；20世纪80年代，日本方捆机的保有量为2.3万台，而我国20世纪90年代初方捆机的保有量仅为美国的0.07%，日本的

0.2%。20世纪70年代中期美国圆捆机的保有量为10万台，而我国2015年圆捆机的保有量仅为美国的0.1%。

（二）我国发展牧草收获机械化的基础和意义

1. 我国发展牧草收获机械化的基础 我国是一个以天然草场为主要牧草源的国家。据有关统计，我国有草原面积3亿公顷，可用于牧草收获的草原面积为0.1亿~0.2亿公顷，主要分布在东北、华北和西北等地。每年平均生产牧草约25吨/公顷。此外，随着我国西部大开发和畜牧业的迅速发展，人工种植草场面积也在逐年增加，这些均为我国发展畜牧业和牧草收获机械化奠定了良好的基础。

2. 牧草收获机械化的意义

（1）牧草具有营养丰富、色泽鲜绿、气味芳香、适口性好等特点，特别是经调制或加工处理后的牧草（如制成草粉、压制成草块或草粒、化学处理等）可以加工成各种配合饲料，用其代替精饲料。所以，利用牧草发展畜牧业，对于我国走发展节粮型畜牧业的道路具有非常重要的意义。

（2）牧草收获是一项季节性强、劳动强度大的作业项目。由于我国的草原多数分布在北方高寒地带，牧草适时收获期短，所以要做到保质、保量对牧草进行适时收获，改善劳动环境，降低劳动强度，提高劳动生产率，提高牧草的产量和质量，降低生产成本，实现牧草收获机械化，这具有极其重要的现实意义。

（3）牧草收获实现机械化与人工收获相比，可提高劳动生产率25~50倍，降低作业成本40%~60%，减少牧草中的营养损失60%~80%。

（三）牧草收获工艺

1. 牧草收获工艺要求

（1）适时收获。

（2）割茬高度要合适。

（3）收获时牧草的湿度要适宜。

（4）牧草的损失和污染要少。

（5）因地制宜制定收获工艺，正确选择机具系统。

2. 散长草收获法

（1）由割、搂、集、垛和运等工序组成，采用分段作业方式。

（2）收获工艺特点。所用机具简单，价格低，对操作人员技术要求低，生产率低，但牧草损失大，劳动强度大，劳动力消耗多，运输和储存空间大，适合于小型天然草场的牧草收获。

3. 压缩收获法

（1）方草捆收获工艺：①包括割、搂、捡拾集垛收获和田间压块；②生

产率高，牧草损失少，便于远距离运输，但成本高，对操作人员技术要求高，对配套动力要求较高。

（2）圆草捆收获工艺：①由割、搂、捡拾压圆捆和运输工序组成；②生产率高，牧草损失少，作业成本低，对操作人员技术要求低，草捆易于在田间或露天存放，适宜于大型农场。

（3）固定压捆收获工艺：①由割、搂、集、运、固定压捆和运输工序组成；②提高了草捆的密度，便于远距离运输。

（4）捡拾集垛收获工艺：①由割、搂、捡拾集垛、运垛等工序组成；②生产率高，牧草损失少，作业成本低，所形成的草垛表面平整光滑，形状规整，可就地存放，但压垛后对后续作业机具配套性要求高，不易远距离运输。

（5）田间直接压块收获工艺：① 由割、搂、田间捡拾和压块等工序组成；②机械化程度高，便于远距离运输，生产率和牧草收获工艺低，设备价格昂贵，对操作人员技术要求高。

4. 青饲料收获法

（1）分段收获：①由割、搂、运、切、储等工序组成；②各工序所用设备简单，对运输设备无特殊要求，对操作人员的技术要求不高，劳动力消耗多，劳动强度大，机械化程度低。对动力要求不高，有些作业可由人工来完成，主要适于小型畜牧场进行青贮或青饲收获。

（2）联合收获：①一次性完成青饲料的收割、切碎和装载等作业工序；②机械化程度高，劳动强度小，劳动力消耗少，生产率高，对动力及作业设备要求高，对操作人员的技术要求较高，多用于大中型畜牧场的青饲料收获。

各种牧草收获工艺比较见表 7-1。

表 7-1　各种牧草收获工艺比较

序号	作业名称	设备投资	牧草损失	生产率	作业成本	劳力消耗
1	散长草收获	最低	15%	最低	最低	最多
2	方草捆收获	次高	7.5%~3%	次低	最高	中等
3	圆草捆收获	次低	7.5%~3%	次高	中等	中等
4	捡拾集垛收获	最高	7.5%~3%	中等	中等	最少

（四）牧草收获加工机械

1. 割草机

（1）割草机的技术要求：①较高的切割速度；②切割器应尽量接近地面，且具有良好的仿形能力；③设置安全保护装置，保护切割器；④割后的牧草应均匀地铺放在割茬上，尽量减少机器对牧草的打击和碾压；⑤结构简单，使用、维修方便，技术经济指标先进。

（2）割草机的分类（图 7-1～图 7-5）：①按与动力的连接方式分为牵引式、悬挂式、半悬挂式和自走式；②按切割器的类型分为往复切割器式割草机和旋转切割器式割草机；③按用途分为普通割草机和割草压扁机。

（3）割草机：①往复切割器式割草机：牵引往复式割草机、悬挂往复式割草机；②旋转切割器式割草机；③割草压扁机：往复切割器式割草压扁机、旋转切割器式割草压扁机。

图 7-1　9YG-130 型割草机

割草机与 8.8～14.7 千瓦小四轮拖拉机配套，适用于牧草的切割与铺条作业。具有结构合理、工作可靠、性能稳定、操作方便等优点，适合于牧场和牧草专业户使用。

图 7-2　旋转式割草机

割草机（扁机）用途广泛、功能强大，它可一次性完成三道工序：切割、压扁和铺条。

割幅：2.1 米；工作速度：5 千米/时；配套动力：12～55 马力。

备注：另有 1.8 米、1.4 米割幅可选配。

图 7-3　725 割草压扁机

图 7-4　9GJ-2.1 型机引割草机

图 7-5　92GQJ-2.1 牵引胶轮割草机

2. 搂草机　见图7-6~图7-9。

（1）搂草机的技术要求：①搂集要干净，牧草损失少；②搂集的草条应清洁，草条中的陈腐草和泥土等杂物要少；③搂集的草条应连续、均匀；④搂集的草条应蓬松，以便于均匀干燥；⑤搂草机对牧草的作用强度要小。

（2）搂草机的分类：按机器前进方向与草条形成方向之间的关系分为横向搂草机和侧向搂草机。

图7-6　9GBL-18系列割搂草机

图7-7　JD 705型搂草机

3. 集草器

（1）分类：分畜力、机力。机力：又分前悬挂、后悬挂。

（2）组成部件（前悬挂为例）：集草台、左右推杆、支架、滑轮架等。

（3）工作过程：集草器工作时，集草齿倾斜贴着地面滑行，并靠缓冲弹簧仿形。拖拉机前进时，草条聚集在集草齿上，并逐渐装满整个集草台，装满后，拖拉机驾驶员操纵液压分配器手柄，使升降臂向上移动，直至集草齿尖端离地300毫米左右，然后将草送到堆草处，卸草时放下集草台，拖拉机后退即可。

图 7-8　HS 360 型摊草搂草联合作业机

图 7-9　CZ 330 型超级搂草机

4. 垛草机

（1）应用最广的垛草机是液压推举式垛草机：由主梁架、支柱、大臂、集草台、液压控制系统等组成，与东方红-28型拖拉机配套使用。

（2）工作过程：垛草机工作时，先将集草齿插入草堆中，在拖拉机驾驶员的操纵下向集草台装草，装满后使披罩闭合，大臂抬起，将拖拉机开向草垛，打开披罩，推草板向前移动，并将集草台的牧草推到草垛上，从而完成了一次垛草动作。

5. 捡拾捆草机

（1）捡拾捆草机的技术要求：①捡拾压捆时牧草的损失少，遗漏率：牧草小于3%，农作物秸秆小于6%；②捆成的草捆密度和尺寸一致，便于运输储存；③草捆长度和密度应能根据需要进行调整，草捆宽度为600~1 200毫米，密度为60~200千克/米^3；④草捆落地时散捆现象少，成捆率大于98%~99%；⑤捆草机适应能力强；⑥捆草机及捆草作业的技术经济指标先进。

（2）捡拾捆草机的分类：按捆草作业方式分为田间捡拾压捆机和固定式压捆机；按草捆形状分为方草捆捡拾压捆机和圆草捆捡拾压捆机；按草捆密度可分为高密度捆草机、中密度捆草机和低密度捆草机；按草捆大小，方草捆捡拾压捆机可分为小方草捆捡拾压捆机、大方草捆捡拾压捆机，圆草捆机可分为小圆捆捡拾压捆机、中圆捆捡拾压捆机、大圆捆捡拾压捆机。

（3）几种典型捡拾压捆机：

1）方草捆捡拾压捆机（图7-10~图7-13）：

图7-10　JD 348型小型方捆机

a. 组成部件：捡拾器、输送喂入器、压缩机构、传动机构、打捆机构、草捆密度调节器、草捆长度调节器等。

b. 适用对象：适用于对侧向搂草机或割草压扁机集成的草条进行捡拾压捆作业，也可根据用户需要与谷物联合收割机配套使用，将铺放在田间的农作

图 7-11　方捆打捆机

图 7-12　伊朗产 ICM349-T 型方捆打捆机

物秸秆捡拾并压制成捆。

c. 工作过程：工作时，拖拉机的动力经动力输出轴传给捡拾压捆机的传动机构，而且拖拉机牵引该机沿草条前进，捡拾器的弹齿将草条捡拾起来，并

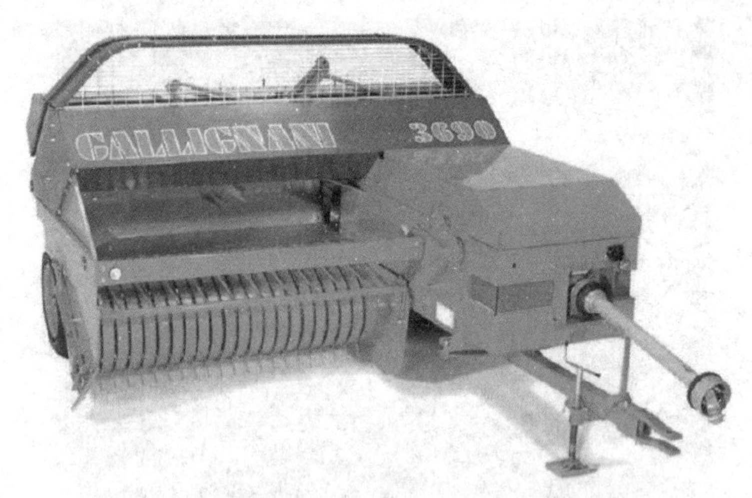

图7-13　意大利产GALLIGNANI 3690型方捆打捆机

直接送到输送喂入器的下部，在压缩活塞空行程时，输送喂入器将牧草从压缩室的侧面喂入压缩室，在曲柄连杆机构的带动下，压缩活塞做往复运动，将压缩室内的牧草压缩成型。根据预先调节好的草捆长度，打捆机构定时工作，自动完成捆束与结扣等动作，从而将压缩成型后的牧草捆成草捆。捆好的草捆被后面陆续成捆的牧草不断推向压缩室出口，经放草板落在地面也可直接经滑槽或草捆抛扔器装入拖车车厢内。

2）圆草捆捡拾压捆机（图7-14、图7-15）：

背面

侧面

图7-14　大型圆草捆压捆机及草捆运输

a. 优点：①结构简单，使用调整方便，使用中故障少；②生产率高，生产率可达7.5~12.5吨/时；③草捆便于饲喂，散食时很容易铺开，损失少；④可长期露天存放，不怕风吹雨淋；⑤对捆绳要求低，捆绳用量低。

图 7-15 小型圆草捆打捆机

b. 分类：内卷绕式、外卷绕式。

c. 组成部件：捡拾器、卷压室、打捆机构、卸草后门、传动机构、液压操纵机构。

d. 特点：卷压室大小固定不变，开始卷压时，对牧草没有压力，等到牧草充满整个压缩室时，对压缩室内的牧草进行加压。草捆草芯疏、外部紧实，草捆直径不变。

（4）捡拾压捆收获工艺中的其他作业机械：包括方草捆捡拾装载机械、圆草捆装载运输机械。

6. 捡拾集垛机（图 7-16）

图 7-16 捡拾集垛机

（五）青饲料收获加工器械

1. 青饲料收获机械的种类 青饲料收获机械分滚刀式和甩刀式两种。

2. 对青饲料收获机的作业要求

（1）收获中的损失少，一般干物质损失小于3%。

（2）收获的青饲料的污染少。

（3）切碎段长度均匀，应符合饲喂要求。

青饲料收获机应有足够的抛送能力，最小的抛送范围应大于6~9米。

3. 几种典型的青饲料收获机械

（1）甩刀式青饲料收获机：

1）组成部件：旋转甩刀切碎器、抛送导管、传动机构、牵引行走装置等。

2）特点：结构简单，价格低，切碎段较长，切碎质量低，有斜茬，泥土污染较严重，切碎器转速高，功率消耗大。

3）工作过程：该机工作时，拖拉机的动力通过动力输出轴传给青饲料收获机的传动机构，驱动甩刀转子高速旋转，拖拉机牵引青饲料收获机沿被收获物料前进，甩刀将物料切断，并通过导管抛送到车厢内。装满车厢后，将其运送到青贮点。

（2）通用型青饲料收获机：

1）配置：通用型青饲料收获机一般在同一主机上配置三种附件，以满足不同类型青饲料收获的需要：全幅割台、中耕作物割台、捡拾装置。

2）分类：牵引式、悬挂式、自走式。

3）工作过程：工作时，青饲料收获机沿被收获的高秆作物前进，物料首先由切割器切割，然后由夹持机构夹持并向主机输送，在挡禾机构的作用下，物料根部向后平卧并进入主机，经切碎机切碎后，由抛送器抛送到车厢内。

（3）自走式玉米联合收获机（图7-17、图7-18）：该机主要由割台、升运器、排杂器、果穗箱、粉碎器、自走底盘及液压操纵系统等部分组成，可一次性完成玉米摘穗、果穗输送、果穗装箱积堆、茎秆粉碎还田等全过程作业。

采用立式割台，不对行作业，使用1204型拖拉机正半悬挂；需要对拖拉机进行一点改装（加一个方向盘和两个踏板，变化一下坐垫等），将拖拉机倒开，驾驶员朝向保持与机具前进方向一致，操作像自走机型一样方便；该机无行距要求，不用开道，用途广，收割根茬高度可调，青贮切碎长度可调，装有过载离合器。

（4）饲草液压打包机（图7-19）：饲草液压打包机是一种将松散的干牧草压缩后打成紧包（亦可用于其他纤维形物料，如皮棉、短绒、稻、麦、玉米秸秆等的打包压缩），以方便储存、运输的融机械、电子、液压等技术于一体的先进设备。它主要由底盘、压料箱、液压系统、电控系统、行程控制装置及

压料、出料装置构成，具有压紧力大、密度高、自动化程度高、工作可靠、操作简单、维修方便等特点。

图 7-17　XDNZ 2008 型自走式青贮饲料收割机

图 7-18　自走式玉米收割机

图 7-19　饲草液压打包机

二、饲草混合加工机械

（一）精饲料粉碎机

精饲料粉碎机见图 7-20。

图 7-20　精饲料粉碎机

（二）饲草加工及饲料混合机械

1. 简易饲草加工机械　简易饲草加工机械见图 7-21、图 7-22。

图 7-21　青贮切碎机

饲草切碎机

饲草揉搓机

图 7–22　饲草切碎及揉搓机

（1）铡草机：可分为大、中、小三型，按切割部件的形式可分为圆盘式、滚刀式、轮刀式，按固定方式可分为移动式和固定式。但作为以制作玉米秸青贮为主要用途的铡草机，无论选用哪种都需注意以下问题：切割长度在 3~100 毫米范围内可以调整，通用性能好，能把粗硬的作物茎秆压碎切短，切面平整，没有斜茬。如果不能把作物茎秆压碎切短，在利用青贮饲料喂羊的过程中，就易造成羊的挑食，使大量粗大草粒剩下，造成浪费。利用铡草机进行青贮，虽然分青饲料的收割、运输、切短几个阶段进行，时间较长，制成青贮的质量也往往会受一定的影响，但因设备简单，成本较低，在我国农村容易采用。铡草机种类很多，有专用铡草机，有铡草、揉草两用机，有铡草、青贮、粉碎精料三用机。

（2）揉草机：揉草机是用来揉碎干花生秧、甘薯秧、树叶等优质干草的机械。在习惯连根拔出收获玉米秸的地区，也可把揉草机用作干玉米秸粉碎前清除沙土的机械。

（3）饲草粉碎机：饲草粉碎机是用来进行干玉米秸、小麦秸、豆秸、稻草等粗劣秸秆粉碎的专用机械。若用普通饲料粉碎机进行粉草，必须更换另外制作的、孔径较大的筛底。

2. TMR 饲草饲料混合机械　TMR（全混合日粮）是一种将粗料、精料、矿物质、维生素和其他添加剂充分混合，能够提供足够的营养以满足肉羊需要的饲养技术。TMR 饲养技术，能保证肉羊每采食一口日粮都是精粗比例稳定、营养浓度一致的全价日粮。目前这种成熟的肉羊饲喂技术在以色列、美国、意大利、加拿大等国已经普遍使用，我国正在逐渐推广使用。

第八部分　规模化肉羊场繁殖及人工授精技术

一、规模化肉羊场繁殖技术

（一）公羊的生殖器官及功能

公羊生殖器官（图 8–1）由外生殖器官和内生殖器官两部分组成。外生殖器官包括阴茎、尿道、包皮和阴囊，内生殖器官有睾丸、附睾、输精管、精囊腺、前列腺和尿道球腺等。

1. 外生殖器官

（1）阴茎：阴茎是公羊的性交器官，兼有排精、排尿双重功能。由坐骨弓开始，经两股之间沿中线向前延伸至脐部。阴茎由两个阴茎海绵体和一个尿道海绵体构成，外包致密结缔组织和皮肤。海绵体内部有与血管相通的腔隙，当这些腔隙被血液充满时，阴茎就勃起。阴茎的前端称为阴茎头或龟头，自左向右扭转，尿道突长 3~4 厘米，呈“S”形弯曲。射精时尿道突可迅速转动，将精液射在子宫颈口的周围。

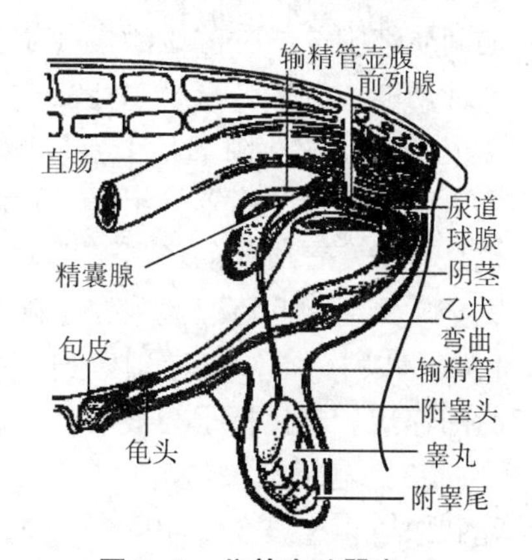

图 8–1　公羊生殖器官

（2）尿生殖道：公畜的尿道兼有排精的作用，所以称为尿生殖道。前端接膀胱颈，沿盆腔底壁向后延伸，绕过坐骨弓，再沿阴茎腹侧向前延伸至阴茎头，开口于外界。尿生殖道可分为骨盆部和阴茎部，两部之间以坐骨弓为界。

（3）包皮：为覆盖于阴茎游离部的管状皮肤套，有保护和容纳阴茎头的作用。

（4）阴囊：位于阴茎根部，是一皱皮囊袋，内藏睾丸、附睾、输精管起始段，中间由阴囊隔将两个睾丸分开。阴囊的皮肤薄而柔软，有丰富的汗腺、皮脂腺，被毛稀少，其壁含有肌肉纤维。阴囊对温度的变化特别敏感，冷时收缩，睾丸提升；热时松弛，睾丸下降，借以调节睾丸的温度，以利于精子的发育与生存。公羊睾丸的温度比体温低4℃。阴囊有保护睾丸和输精管的作用。

2. 内生殖器官

（1）睾丸：睾丸在阴囊内，左右各一，呈卵圆形，胚胎时期，睾丸位于腹腔内，肾脏附近。出生前才通过腹股沟管下降至阴囊中，这一过程称为睾丸下降，如果一侧或两侧睾丸仍留在腹腔内，称为隐睾。隐睾家畜不宜作种公畜用。睾丸是公畜的主要生殖腺，其主要功能有两点。一是生成精子。在睾丸内部，有数千条弯弯曲曲的小管子，叫作曲细精管，一条曲细精管就是一个精子的“生产车间”。在曲细精管的管壁内有许许多多的精原细胞。性成熟前，这些细胞都处于“睡眠状态”。一旦到了性成熟期，它们便开始从“酣睡”中“苏醒”过来，经过分裂、发育的复杂过程而成为精子，其生成能力之强，效率之高是相当惊人的。公羊每克睾丸组织平均每天可产生精子2 400万~2 700万个。在某些病理情况下或受某些物理、化学因素的影响，常可导致精子生成障碍，造成精液中精子数量不足甚至无精子，成为公畜不育症的常见原因之一。二是分泌雄激素。在睾丸内曲细精管之间的结缔组织中，有一种体积较大的间质细胞，能分泌雄激素（主要成分是睾酮），它有促进生殖器官发育、调节性功能、保护公畜第二性征及促进第二性征出现的功能。

（2）附睾：附睾是个半月形小体，也是左右各一，附着于睾丸上面，主要由许多曲折的附睾管组成。管内分泌出使精子发育成熟所需要的营养物质，也是精子发育成熟的场所。睾丸内产生的精子，大约在这里生活20天，才能完全成熟，因此可以说附睾是储存精子的仓库。公羊附睾内储存的精子数量在1 500亿以上。精子在其中处于休眠状态，减少了能量消耗，在附睾内可以长时间存活。老化精子会被吸收。

（3）输精管：输精管左右各一条，一端起于附睾，连接着附睾管；另一端和尿道相连，全长40~50厘米，是输送精子的通道。

（4）精囊腺：精囊腺为长椭圆形的囊状器官，位于膀胱底的后方，输精管外侧，左右各一，长3~4厘米，径粗0.5~1.5厘米。其微碱性分泌液是精液的一部分，有营养并能促使精子活动。

（5）前列腺：前列腺形似栗子，位于膀胱下方，包括尿道的起始部，是一个实质性的肌性腺器官。其分泌物构成精液的主要组成成分，有稀释精液和利于精子活动的作用。

（6）尿道球腺：为一对圆形的实质性腺体。位于尿生殖道骨盆部末端背面的两侧，接近坐骨弓处，为尿道肌覆盖。每个腺体只有一条输出管，开口于尿生殖道背侧的黏膜，交配前阴茎勃起时，尿道球腺排出少量分泌物，冲洗尿生殖中残留的尿液，使精子不受尿液的危害。

（二）母羊的生殖器官及功能

母羊生殖器官（图 8-2）由性腺（卵巢）、生殖道（输卵管、子宫和阴道）和外生殖器官（尿生殖前庭、阴唇和阴蒂）组成。

1. 卵巢　卵巢 1 对，是产生卵细胞和性激素的器官。卵巢近似椭圆形，卵巢表面覆盖一层生殖上皮。在生殖上皮的深面，有一层由致密结缔组织构成的白膜。白膜内为卵巢的实质，实质分外周的皮质和中央的髓质。皮质中含有许多大小不同，处于不同发育阶段的卵泡，按发育程度不同可分为初级卵泡、生长卵泡和成熟卵泡，每个卵泡都由位于中央的卵母细胞和围绕卵母细胞周围的卵泡细胞组成。在卵泡生长过程中，卵泡膜内膜分泌雌激素，引起发情。排卵之后，在原排卵处卵泡膜形成皱襞，颗粒细胞增生形成黄体，黄体为内分泌腺，能分泌孕激素（孕酮），可刺激乳腺发育及子宫腺的分泌，并间接抑制卵泡的生长，维持妊娠；髓质位于中央，为疏松结缔组织，含有丰富的血管和神经等。

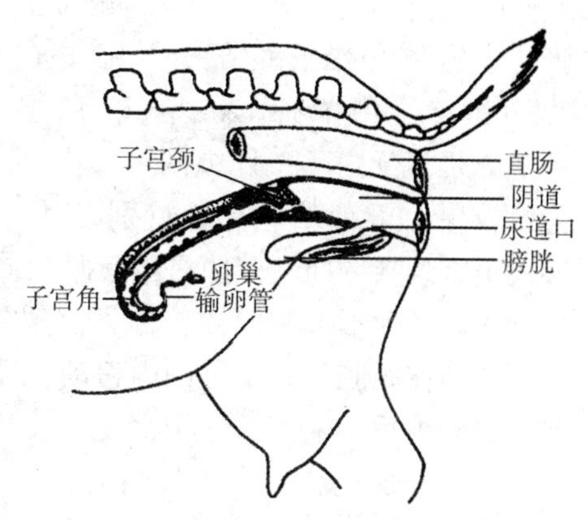

图 8-2　母羊生殖器官

2. 输卵管　输卵管是 1 对细长而弯曲的管道，有输送卵子的作用，也是卵子受精的场所。输卵管上皮分泌物参与精子获能，也是精子、卵子及早期胚胎的培养液和运行载体。

3. 子宫　子宫是一个中空的肌质性器官，富于伸展性，是胎儿生长发育和娩出的器官。成年羊的子宫几乎全在腹腔内，借子宫阔韧带悬吊于腰下区。

（1）子宫的结构：子宫分为子宫角、子宫体和子宫颈三部分。

1）子宫角：1 对，呈绵羊角状扭曲，单角长 10~12 厘米。前端变细，与输卵管之间无明显分界，后部被结缔组织连接；表面覆盖浆膜，从外表看很像子宫体，所以称该部分为伪子宫体。

2）子宫颈：呈短管状，长约 2 厘米，夹于直肠与膀胱之间。子宫颈是子宫的后部，壁厚，触之有坚实感。其后部突出于阴道内，称子宫颈阴道部。该部和阴道壁之间的空隙称阴道穹隆，羊的阴道穹隆仅背侧明显。子宫颈腔称子宫颈管，内有皱襞，彼此嵌合，使子宫颈管呈螺旋状，不发情时管腔封闭很紧，发情时仅稍微开放。其前端通子宫体的口称子宫颈内口，后端通阴道的口称子宫颈外口。宫颈外口为上、下两片或三片突出于阴道中，上片较大，位置多偏于右侧，阴道穹窿下部不太明显。如图 8-3 所示。

3）子宫壁：由黏膜、肌层和浆膜三层构成。黏膜又称子宫内膜，表面形成许多卵圆形的隆起，称子宫阜或子叶，顶部略凹陷，这是妊娠时胎膜与子宫壁相结合的部分。绵羊有80~100个，山羊有120多个。肌层是平滑肌，分内环、外纵两层，内环行肌较厚，子宫颈环行肌特别发达，形成子宫颈括约肌。浆膜是由腹膜延伸来的，被覆于子宫表面。在子宫角背侧和子宫体两侧形成浆膜褶，称子宫阔韧带，将子宫悬吊于腰下区，支持子宫，并使子宫在腹腔的一定范围内移动。怀孕时，子宫阔韧带也随着子宫的增大而伸长，分娩后可缩短，使子宫复位。

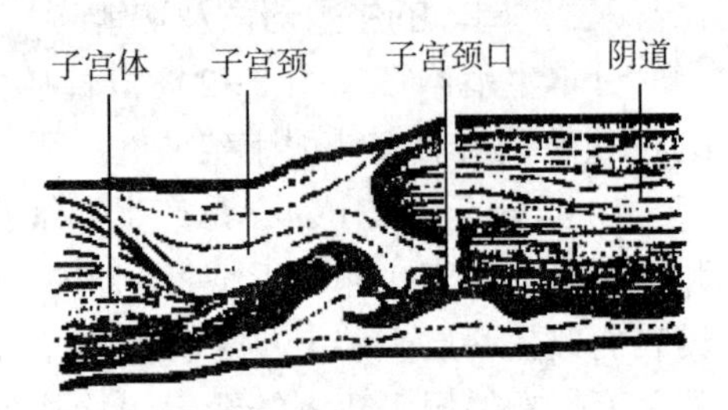

图8-3　羊子宫颈

（2）子宫的作用：①发情时，子宫肌节律性收缩，吸收和运送精子到受精部位，分娩时强力阵缩排出胎儿。②子宫内膜的分泌物可为精子获能提供环境，又可为早期孕体提供营养需要。③子宫角在未孕的情况下，在发情周期的一定时期（山羊第15天）产生前列腺素，对同侧卵巢发情周期黄体有溶解作用，以致黄体功能减退，导致发情。④子宫颈是子宫的门户，在平时子宫颈处于关闭状态，以防异物侵入子宫腔。发情时稍微开张，允许精子进入，同时宫颈大量分泌黏液，是交配的润滑剂。妊娠时子宫颈分泌黏液堵塞子宫颈管，防止感染物侵入。分娩时颈管开放，排出胎儿。⑤子宫颈是精子的“选择性储库”之一。子宫颈隐窝内储存的精子比子宫内其他地方的精子存活时间长。宫颈可以滤剔缺损和不活动的精子，所以它是防止过多精子进入受胎部位的栅栏。

4. 阴道　阴道为交配器官和产道。呈上、下略扁的管状，长8~14厘米。其背侧是直肠，腹侧为膀胱和尿道，前端连子宫，后端接尿生殖前庭。

5. 外生殖器官　尿生殖前庭是交配器官和产道，也是尿液排出的经路。长约3厘米，前端与阴道相连，在二者之间的腹侧有一横行的黏膜褶，称阴瓣。后端以阴门与外界相通，紧靠阴瓣的后方是尿道的外口。阴门是尿生殖前庭的外口，两阴唇的上、下端互相连合，形成上连合和下连合，在下连合中有阴蒂，为母畜交配时的感觉器官。

（三）初情期、性成熟和适配年龄

母羔羊发育到一定年龄，出现第一次性行为称为初情期。此时脑垂体开始有分泌促性腺激素的功能，性腺开始具有周期性生理功能活动。春季所产绵羊羔初情期为7~9月龄，秋季所产绵羊羔为10~12月龄。山羊初情期为5~7月龄。

在初情期，虽然具有发情征状，但这时的发情和发情周期是不正常、不完全的，最初的发情不一定正常排卵。在初情期之后再经过一段时间才达到性成熟时期。性成熟是一个延续的过程，而没有一个截然的时间划分。生殖器官已基本发育完全，具有了繁衍后代的能力，这就是性的成熟。母羊到性成熟时，就开始出现正常的周期性发情，并排出卵子。

当母羊达到性成熟时期，由于受到垂体前叶分泌的促性腺激素，以及性腺所分泌的雌激素的作用，生殖器官的大小和重量均在急骤地增长。垂体前叶分泌的促卵泡素（FSH）经血液运至卵巢促使其卵泡发育；随着卵泡的发育成熟，卵巢的体积和重量亦在增加，卵巢内分泌的雌激素流经血液，又促使母畜生殖器官开始增长发育，母畜表现出发情征状，直至卵泡成熟，排出卵子。

性成熟的年龄受品种、个体、饲养管理条件、气候等因素的影响。早熟品种、气候温暖的地区，以及饲养条件优越，均能使性成熟提早，一般情况下，小母羊在5~7个月已达到性成熟。

母羊达到性成熟年龄，并不等于已经可以允许进行配种繁殖。因为母羊开始达到性成熟的时候，其身体的生长发育还在继续，生殖器官的发育亦未完成，过早妊娠就会妨碍其自身的生长发育，产生的后代也是体质衰弱、发育不良者，甚至出现死胎，而且泌乳能力差，不能很好地哺育羔羊。母羊的适配年龄，以体重达到成年体重的65%~70%为宜。一般母羊在9~13月龄，公羊在13月龄以上开始配种为宜。但是母羊的初配年龄也不应该过分地推迟。母羊最适宜繁殖的年龄为2~6岁，7~8岁时繁殖能力逐渐衰退，10~15岁便失去繁殖能力，但这也与饲养管理水平有很大关系。

（四）繁殖季节

繁殖季节是适于新生幼畜生存的时期，幼畜多出生于春季，营养供给充分，母畜乳汁充足，温度及自然环境适宜，这是长期自然选择，适应于自然环境的结果。野生动物均有一定时期的发情季节。经过千万年的驯化的动物发情季节已趋于不甚严格和明显，甚至全年都可以发情繁殖。山羊、小尾寒羊和湖羊能够常年发情，但以秋季最为集中，春末和夏季发情较少。环境气候条件恶劣的地区具有较强的繁殖季节。

（五）发情周期及产后发情

母羊达到性成熟年龄以后，在非妊娠时期，其卵巢出现周期性的排卵现象，随着每次排卵，生殖器官也周期性地发生了一系列变化，这种变化是按照一定顺序循环，周而复始，一直到性机能衰退以前，都表现为周期性活动。因此把这一次排卵到下一次排卵的这段时间内，整个机体和它的生殖器官所发生的复杂的生理过程称为发情周期。山羊的发情周期平均为20天，范围为18~24天；绵羊平均为17天，范围为14~20天。

一个发情周期可划分为四个阶段：

1. 发情前期 在促性腺激素的作用下，卵巢中的黄体开始萎缩，新的卵泡开始发育，整个生殖器官的腺体活动开始加强，生殖道上皮组织开始增生，分泌开始增多，但还看不到从阴道中排出的黏液，母羊没有性欲表现。

2. 发情盛期 雌激素分泌达到高峰，母羊表现出强烈的性兴奋，有明显的发情表现。卵巢中的卵泡发育很快，在发情盛期结束前后达到成熟，破裂排卵，子宫蠕动加强，子宫颈口张开，可以看见由阴道中排出黏液，表示母羊性欲旺盛。随着卵子排出以后，发情期的这些表现逐渐消失。

3. 发情后期 这时排卵后的卵泡内黄体开始形成，发情期间生殖道所发生的一系列变化逐渐消失而恢复原状，性欲显著减退。发情期结束后，如果卵子受精，便进入妊娠阶段，发情周期也就停止，直到分娩以后，再重新出现发情周期。如果卵子没有受精，就转入到休情期。

4. 休情期 也称间情期，是发情过后到下一次发情到来之前的一段时间。此阶段为黄体活动阶段，并通过黄体分泌孕酮的作用保持生殖器官的生理状态处于相对稳定的状态，使母羊的精神状态正常。

5. 发情持续时间 山羊的发情持续时间一般平均为38小时（24~48小时），比绵羊的发情持续期较长。小母羊的发情持续时间稍短，为30~36小时。绵羊的发情持续时间一般为24~32小时（18~40小时）。大部分母羊夜晚开始发情。

6. 产后发情 繁殖性能好的绵、山羊品种，如小尾寒羊、湖羊、黄淮山羊等，可在产后35~60天内出现第一次发情，大部分品种羊产后第一次发情，需等到下一个发情季节。

（六）发情征状

处于发情期的母羊，全身性的行为变化较显著，表现为精神兴奋，情绪不安，不时地高声咩叫、爬墙、抵门并强烈地摇尾，用手按压其臀部摇尾更甚，泌乳量下降，食欲减退，反刍停止，放牧时常有离群现象，喜欢接近公羊。这种变化随着发情周期的发展由弱变强，然后又由强变弱。初情期母羊的发情表现不太明显，所以应注意观察。发情母羊随着发情时间的发展，表现为有强烈的交配欲，如主动接近公羊、接受爬跨，有时也爬跨其他母羊。发情母羊的外部表现常常在接近公羊时表现得最为明显。同时，公羊对发情母羊具有特殊灵敏的辨识能力，因此在生产实践中，常常采用公羊试情。

发情时生殖道的变化：输卵管在发情期主要的变化为上皮细胞由短变高，同时输卵管上皮细胞纤毛颤动幅度加大，输卵管的管道变粗，分泌物增多，这些变化均有利于卵子和精子的运行与受精；发情期中，子宫的变化主要是为受精卵的发育做准备，如子宫腺体的增长，间质组织增生、充血、水肿等。这表

示子宫血液供应增强，子宫上皮内膜增厚。排卵以后进入黄体期，子宫腺体的变化和分泌功能更为明显；发情期母羊子宫颈的变化主要是为便于精子的通过和运行，如子宫颈变松弛，分泌物大大增加，分泌的黏液由稠变稀，当发情结束时，分泌物又变稠，同时子宫颈口收缩。黄体期间，子宫颈口收缩最紧，如果受胎，子宫颈管道便有黏稠的物质将管道封闭，使之与外界严密隔绝，以利于保护胎儿；发情期母羊阴道发生变化主要是为了有利于接受交配，如阴道黏膜上皮细胞有显著的角质化现象，阴道变松弛、充血，且有大量黏液分泌。此外，阴道黏液的黏稠度、酸碱度也有显著变化，在间情期，阴道的黏液很稠，多为酸性；在发情前期，黏液透明并有牵缕性，量多，流出于阴门外；发情期，黏液量稍减，较混浊而且为碱性，这与刺激精子的活力有密切关系；发情后期，黏液变黏稠，呈白色糊状如猪油。发情结束后的间情期，黏液是像软膏一样的凝块，发情母羊的外阴部变松弛、充血、肿胀，阴蒂也有充血和勃起现象，这些都有利于交配活动。

（七）生殖激素对发情周期的调节

当母畜达到性成熟并处于正常发情季节或适当的环境条件时，某些外界刺激及体内血液中的类固醇激素，可作用于丘脑下部的神经纤维分泌释放激素，这种释放激素通过丘脑下部—垂体门脉循环直接进入垂体前叶的特异细胞，从而促使其分泌促性腺激素。在发情开始前后，垂体的促性腺激素中的促卵泡素（FSH）占优势，它作用于卵巢，促进卵泡的生长发育，卵泡内雌激素的产生增多而引起母羊发情。当卵泡分泌的雌激素在体内达到最高水平（排卵前）时，通过反馈作用抑制垂体分泌促卵泡素（FSH），而刺激促黄体素（LH）的分泌。当 LH 占主导地位时，促进排卵的发生和形成黄体。因此，雌激素分泌量的增加与 LH 量的急剧升高有着非常密切的关系。通过正反馈能引起促乳素（LTH）的分泌。

在 LTH 和 LH 的协同作用下，促使黄体分泌孕酮。孕酮对丘脑下部及垂体具有负反馈作用，以降低其对促性腺激素的分泌。母羊不再有发情表现。在黄体期，LH 的含量一直维持在一个比较低的水平。黄体分泌的孕酮是由这个低值的 LH 和 LTH 来维持的。同时，孕酮又作用于丘脑下部抑制了 LH 的过量释放。对处于黄体期的母羊，若除去黄体则能很快使卵泡发育和排卵。

在未孕的情况下，当黄体分泌的孕酮达到一定程度时，通过反馈作用抑制垂体 LH 的分泌，黄体组织失去了对促性腺激素的感受性，黄体随之萎缩，孕激素的分泌量急剧降低。同时，子宫内膜可产生前列腺素 F2α，通过子宫静脉直接渗透入其相近的卵巢动脉而促使黄体消失。孕酮水平的降低，解除了对丘脑下部及垂体的抑制作用，于是 FSH 的分泌量又开始增加，重新又占优势，母羊再次发情，又开始了一个新的发情周期。当血液中孕激素浓度降低时，母羊经 2~4 天即又有发情表现。如图 8-4 所示。

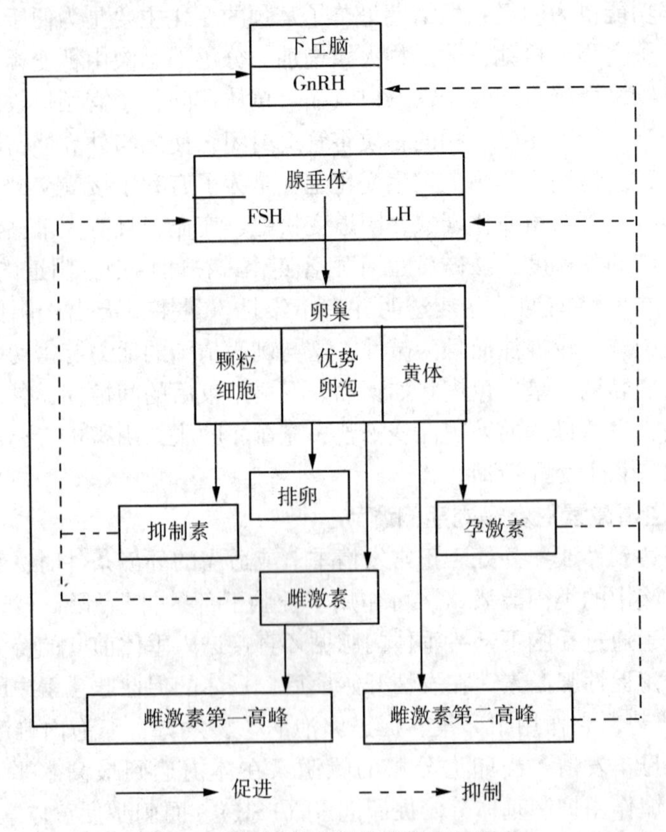

图 8-4　生殖激素对发情周期的调节

（八）乏情与异常发情

1. 乏情　乏情是指初情期后的青年母羊或产后母羊不出现发情周期的现象，主要表现于卵巢周期性的活动处于相对静止状态。引起动物乏情的因素有生理性和病理性两类。

（1）生理性乏情：①季节性乏情。季节性发情动物在非发情季节无发情或无发情周期，卵巢和生殖道处于静止状态。绵羊为短日照动物，乏情往往发生于长日照的夏季。在乏情季节诱导母羊发情的办法，常用的是通过人工逐渐缩短光照，促进促性腺激素的释放。此外，注射促性腺激素也有一定效果。②动物因妊娠、泌乳以及自然衰老所引起的乏情。绵羊的泌乳期乏情持续 5~7 周，虽然有些哺乳母羊会开始发情，但大部分母羊要在羔羊断奶后约两周才发情。

（2）病理性乏情：①营养不良引起的乏情。日粮水平对卵巢活动有显著的影响，因为营养不良会抑制发情，青年母畜比成年母畜更为严重。羊因缺磷

会引起卵巢机能失调，从而导致初情期延迟，发情征状不明显，最后停止发情。缺乏维生素 A 和 E 可引起发情周期无规律或不发情。②各种应激造成的乏情。如畜舍环境条件太差，运输应激等管理上的失误引起的乏情。③黄体囊肿、持久黄体等卵巢机能疾病也能引起乏情。

2. 异常发情　母羊的异常发情多见于初情期后、性成熟前以及发情季节的开始阶段，营养不良、饲养不当以及环境温度和湿度的突然改变也易引起异常发情。常见的异常发情有以下几种。

（1）安静发情：母羊无发情症状，但卵泡能发育成熟并排卵。带羔的母羊或者年轻、体弱的母羊均易发生安静发情。当连续两次发情之间的间隔相当于正常间隔的两倍或三倍时，即可怀疑中间有安静发情。引起安静发情的原因可能是生殖激素分泌不平衡。

（2）假发情：个别母羊在怀孕时仍有发情表现。绵羊在怀孕期中约有30%出现假发情现象。有的绵羊有异期复孕的现象，即两胎相隔数天或一周。

（3）短促发情：主要表现为发情持续时间非常短，如不注意观察，常易错过配种机会。其原因可能是发育卵泡很快成熟破裂而排卵，缩短了发情期，也有可能是卵泡停止发育或发育受阻而使发情停止。

（4）断续发情：母羊发情时续时断，整个过程延续很长，这是卵泡交替发育所致，先发育的卵泡中途发生退化，新的卵泡又再发育，因此产生了断续发情的现象。当其转入正常发情时，配种也可能受胎。

（5）短周期发情和无排卵发情：卵泡因发育不完全而不排卵，或者排卵后没有形成黄体，往往在发情后 6~10 天再次出现发情。前一次发情如果进行了配种，肯定不会怀孕，再次出现发情应及时配种。

（九）母羊的发情鉴定

发情鉴定是一个重要的技术环节，其目的是及时发现发情母羊，正确掌握配种或人工授精时间，防止误配、漏配，提高受胎率。由于母羊发情时间较短，发情鉴定一般采用外部观察法、阴道检查法和试情法等，也可以采取多种方法相结合的办法。

1. 外部观察法　绵羊的发情期短，外部表现也不太明显，发情母羊主要表现为喜欢接近公羊，并强烈摇动尾部，当被公羊爬跨时站立不动，外阴部分泌少量黏液。山羊发情表现明显，发情母山羊兴奋不安，食欲减退，反刍停止，外阴部及阴道充血、肿胀、松弛，并有黏液排出。

2. 阴道检查法　阴道检查法是用阴道开膣器来观察阴道的黏膜、分泌物和子宫颈口的变化来判断发情与否。发情母羊阴道黏膜充血，表面光亮湿润，有透明黏液流出，子宫颈口充血、松弛、开张并有黏液流出。

进行阴道检查时，先将母羊固定好，外阴部清洗干净。开膣器经清洗、消毒、烘干后，涂上灭菌过的润滑剂或用生理盐水浸湿。操作人员左手横向持开膣器，闭合前端，慢慢插入，轻轻打开开膣器，通过反光镜或手电筒光线检查阴道变化，检查完后合拢开膣器，抽出。

3. 试情法 用公羊对母羊进行试情，根据母羊对公羊的行为反应，结合外部观察来判定母羊是否发情。试情公羊要求性欲旺盛，营养良好，健康无病，一般每100只母羊配备试情公羊2~3只。试情公羊需做输精管切断手术或戴试情布。试情布一般宽35厘米，长40厘米，在四角扎上带子，系在试情公羊腹部。然后把试情公羊放入母羊群，如果母羊已发情便会接受试情公羊的爬跨。

4. “公羊瓶”试情法 公山羊的角基部与耳根之间，会分泌一种性诱激素，可用毛巾用力揩擦后放入玻璃瓶中，这就是所谓的“公羊瓶”。试验者可手持“公羊瓶”，利用毛巾上的性诱激素气味将发情母羊引诱出来。

（十）肉羊发情调控技术

1. 诱导发情 诱导发情不但可以控制母羊的发情时间、缩短繁殖周期、增加产羔频率，而且可以调整母羊的产羔季节，使羔羊按计划出栏、按市场需要供应羔羊肉，从而提高经济效益。诱导发情的处理方法与同期发情基本相同，所不同的是诱导发情必须进行孕酮预处理，埋植海绵栓的时间比同期发情长1~4天，孕马血清（PMSG）注射的剂量为100单位。据报道，采用催产素诱导山羊发情，每天早晚各皮下注射5国际单位，可使发情周期由原来的17.5天缩短到6~8天。可采用褪黑激素处理代替短日处理，但处理期至少要持续5周。

泌乳山羊在注射孕马血清的同时再以2毫克/只嗅隐亭（促乳素撷抗剂）间隔12小时做两次肌内注射，诱导发情率可达90%以上。用16~20毫升牛初乳进行肌内注射，也可诱导发情。

当母羔体重达到成年母羊体重的60%~65%及以上，出生7月龄以上时，采用生殖激素处理，可以使母羊成功繁殖。根据幼龄母羊生殖器官解剖的特点，诱导发情的处理方案可采用阴道埋植海绵栓和口服孕酮+PMSG（PMSG的剂量应严格控制在400毫升以下）。

2. 同期发情 同期发情的实质是诱导群体母羊在同一时期发情排卵的方法，在生产中的主要意义是便于组织生产和管理，提高羊群的发情率和繁殖率。在人工授精技术和胚胎移植技术的推广应用中使用同期发情技术，特别是使用冷冻精液进行配种，使用新鲜胚胎进行移植，效果比较好。

同期发情处理方案有：

（1）对青年母羊采用口服孕激素和促性腺激素处理：口服MAP，连续10天。口服MAP第9天肌内注射PMSG。PMSG处理后56小时配种。配种同时

静脉注射 HCG 或 LRH-A_3。配种同时每毫升精液加 1 单位 OXT 精液处理。第二次配种后第 14 天放入公羊开始试情。

（2）对成年母羊采用阴道孕激素和重体促性腺处理：埋植阴道孕酮释放装置（CRID），连续10~12 天。埋植 CRID 后第 12~13 天（撤栓当天）肌内注射 PMSG。PMSG 处理后 56 小时配种。配种同时静脉注射 HCG 或 LRH-A_3。配种同时每毫升精液加 1 单位 OXT 精液处理。第二次配种后第 14 天放入公羊试情。

（3）PGS 子宫、阴唇注射处理：山羊黄体对前列腺素的反应时间在发情周期的第 6~17 天，一般在发情后的 10~15 天，在每只羊颈部肌内注射氯前列烯醇制剂 0.1 毫克，或子宫颈注入氯前列烯醇制剂 0.05 毫克，1~5 天内同期发情率 90%以上。

（4）在繁殖季节，如不能确定被处理羊的发情周期所处阶段，可采用两次肌内注射氯前列烯醇法：第一次全群母羊注射，凡卵巢上有功能黄体的个体，即可在注射后发情，但对发情者不配种，间隔 9~12 天进行第二次注射，羊的发情时间主要集中于第 2 次注射后的 24~48 小时。这样同期发情率和受胎率都较高。

药物的选择是同期发展处理效果的关键环节之一，常用药品主要有：预处理性腺激素、CRID、PMSG、LRH-A_3、催产素、HCG 等。除孕激素外，其余药物必须低温（5℃）保存。野外处理时，避免阳光直射和持续高温。运输中特别要注意温度变化。

（十一）诱产双羔技术

诱产双羔就是利用激素或免疫的方法引起母羊有控制的排卵，提高母羊群产双羔的比例。这项技术与胚胎移植超排不同，不是要求母羊排卵越多越好，而是以群体产双羔率有较大幅度提高为目标。采用的方法和原理，一个是通过外源激素让母羊多排卵，另一个是通过免疫技术增加母羊排卵。

1. 免疫法促进产双羔　澳大利亚最先成功地研制出绵羊双羔素——Fecundin，应用该产品的母羊经过 2 次免疫后，平均产羔率可提高 19%~20%，但对羔羊出生体重无任何影响。后来我国中国农业科学院兰州畜牧研究所等单位研制出与澳大利亚双羔素相似的双羔苗，使用效果达到或超过了澳大利亚双羔素——Fecundin 的水平。兰州双羔苗在甘肃高山细毛羊上使用，产羔率提高 26.56%。

2. 激素法诱导产双羔　该方法对于产单羔品种非常适用。与同期发情采用方法基本相似，但必须使用促进卵泡发育的激素。使用最多的为 PMSG，一般用量为 500~1 000 单位。对于产双羔品种，使用激素让母羊多排卵易产多胎，但死胎率也会增加，一般不提倡。所以直接使用 PMSG 处理繁殖母羊，对不同品种、不同个体差异的适宜用量不好把握。

3. 母羊配种前优饲或补饲催情　通过加强饲养，改进母羊体况以提高母羊的产羔率是非常有效的途径。这种方法在以放牧为主的羊群中效果非常显著。美国将配种前优饲作为安哥拉山羊饲养的一项规程，配种前优饲一方面可使那些体重小不够配种体重的青年羊能够配种，另一方面可使成年母羊多排卵。根据饲养水平的差异，安哥拉山羊的繁殖率为150%～200%。配种前优饲对于常年处于高饲养标准母羊没有效果。对处于低水平饲养条件下的山、绵羊群，配种前优饲很有效，可显著提高双羔率，而且对于提高羔羊初生重和产后母羊泌乳均有好处。

（十二）妊娠诊断

1. 外部观察法　母羊食欲旺盛，被毛光顺，行动稳健，腹围增大，尤以右侧腹壁突出，阴门紧闭，阴道黏膜苍白、分泌黏液浓稠。配种后两个情期内不再发情。常用30天不返情率，即用配种后不再发情的母羊数在配种母羊中所占的百分数来表示。因为有一部分羊胚胎早期死亡，还有个别羊未孕也不再发情，所得数值往往大于实际受胎数值。

2. 摸胎法　配种后60天，可在早晨空腹时进行妊娠诊断。诊断时术者将母羊头颈夹在两腿中间，弯腰将两手从两侧放在母羊腹下乳房的前方，微微托起腹部，左手将母羊右腹向左微推。母羊妊娠60天可摸到胎儿似较硬的小块。当手感仅一硬块时为单羔。如两边各感有一硬块时为双羔。如在胸后方还感有一硬块时为三羔。如在左右肷部上方还感有一硬块时为四羔。诊断时手要轻柔灵活，以免造成流产。

3. 阴道检查法　主要检查黏膜和黏液。用开膣器打开阴道，孕羊阴道黏膜为粉白色，但很快（几秒）变为粉红色，黏液量少而黏稠，能拉成线。空怀的为粉红色或苍白色，并且由红色变为白色的速度较慢。黏液量多，稀薄，或色灰白而呈脓样，多代表未孕。

4. B超检查法　B型超声诊断仪（简称B超）采用的是辉度调制型，以光点的亮暗反映信号的强弱。应用B超能立即显示被查部位的二维图像。在用于妊娠诊断时，它显示一个子宫、胎液、胎儿心脏搏动和胎盘及其附属物的图像，反映该部位的活动状态。

图8-5　B超妊娠诊断

早期妊娠诊断是与绵羊胚胎移植技术相配套的技术。B超能够准确掌握胚胎移植受体母羊的早期妊娠情况，从而对妊娠

母羊与未孕母羊做出相应的处理，达到减少损失的目的。

B超最早应用于判断绵羊是否妊娠（图8-5），因为这对绵羊饲养，尤其是对于种公羊与母羊群的大规模混群放牧饲养（没有配种记录），具有重要的意义。在绵羊的发情季节，应用B超对绵羊进行妊娠诊断，可及时发现空怀母羊，并将它们重新配种或者在市场价格较高时出售。B超在绵羊妊娠的早期就能做出准确的诊断。羊只只需简单保定，并且判断准确率不依赖于操作者是否有经验，检查用时又少（1~2分钟）。所以，应用B超进行绵羊妊娠诊断是一种快速、准确、安全、经济的方法。配种后30~50天是B超通过直肠探查进行绵羊早期妊娠诊断的最佳时期；配种后50~100天，是通过腹壁探查进行绵羊妊娠诊断的最佳时期。B超对绵羊妊娠阳性的诊断准确率几乎为100%，对绵羊妊娠阴性（空怀）的诊断准确率大约为95%。B超与其他妊娠诊断方法，如直肠触诊、腹部触诊、直肠—腹部触诊法、激素测定、X光照相、活组织检查、公羊试情等方法比较，采用B超进行妊娠诊断是最迅速、安全、有效、及时的方法。

B超在绵羊妊娠诊断中的另一个重要运用就是对胎儿数量的判断。母羊的营养水平与胎儿的出生重具有直接关系。因此在妊娠晚期根据孕羊的怀胎数将其分成不同的群，并据此制订相应的饲养计划，这不仅可以降低饲养成本、提高经济效益，还可以避免由于饲养不合理而引起的胎儿窒息死亡及母羊的妊娠毒血症。B超在识别多胎的能力上较之其他超声波技术有明显的优势。区分单胎和多胎的准确率很高（95%以上）。在农场大规模的饲养条件下，最适宜的判断时间为怀孕后45~100天。

在大规模生产条件下，饲养者为了降低饲养成本，不可能进行大群母羊的同期发情配种，因此，就无法判断母羊的妊娠日期。而应用B超对母羊进行定期跟踪监测，不仅能够监测胎儿的发育，而且能够及时地发现死胎或胎儿发育异常等情况，还能够通过测量胎儿的各项指标来确定胎儿的胎龄。这样将不同妊娠日期的母羊分开饲养，将大大降低饲养成本，提高饲养效果，便于生产管理。

5. 激素对抗法　配种后20天肌内注射羊妊娠诊断试剂1支，5天内不发情者为怀孕羊。

（十三）接产和新生羔羊护理

1. 母羊分娩的预兆　母羊临近分娩时，部分生殖器官以及某些行为会发生一系列的变化，以适应胎儿的娩出以及新生羔羊哺乳的需要，这些变化即为分娩预兆。母羊临产前的1~3天，乳房明显膨大，稍显红色而有光泽，能挤出初乳；外阴红肿，有稠黏液；尾根两侧的肌肉松弛、凹陷；阴唇变软，并且开始肿胀，颜色潮红，排尿较频，肷窝下陷，起卧不安，离群，前蹄刨地，鸣叫不食，不时回顾腹部；最后卧地不起，后肢伸直，呻吟。这时要将有预兆的母羊从羊群中分出来，安置在产房内，准备接羔。

2. 接产和助产 分娩是母羊的正常生理过程，一般不需要人的干预，但应给予监视，在出现异常及难产时要及时助产。

（1）产舍准备：环境要进行彻底消毒。冬季注意升温（10~18℃）。

（2）外阴部清洗、消毒，产前和前后都要进行，以防感染（宜用新洁尔灭或高锰酸钾等）。

（3）接（助）产时，遵守卫生操作规则，无菌操作，防止母羊生殖道感染。同时注意自身防护工作，防止感染疾病（可接种人用疾病疫苗）。

（4）正常分娩的胎位是先露出两前蹄，蹄掌向下，接着露出夹在两前肢之间的头嘴部，头颅通过外阴后，全躯随之顺利产出。由开始分娩到完全娩出需时30~40分钟，初产母羊需50分钟，而胎儿实际娩出的时间仅有4~8分钟。羊膜破水后30分钟以上，仍未产出羔羊，要及时助产，母羊努责无力时，可肌内注射催产素5~10单位（胎位和产道必须正常）。胎位不正时，手臂涂淀状石蜡，将胎儿送回产道，进行校正。

（5）假死羔羊救治：生出后有心跳无呼吸的羔羊称为假死。要注意保温、除去羔羊口鼻中的黏液，进行人工呼吸，也可以在羔羊鼻子上涂些酒精，刺激其呼吸。

3. 新生羔羊护理

（1）保护脐带：脐带应于出生后7天左右脱落。在此期间，若发现脐带内滴血，流尿要重新结扎，并做抗感染处理。

（2）保温：早春出生的羔羊，要注意防寒；炎热天出生者则应防暑（2~7日龄羔羊在38℃环境中2小时可致死）。

（3）早吃初乳：产后1~3天的母乳叫初乳，初乳对新生羔羊的存活与正常生长非常重要。新生羔羊未能吃到初乳或初乳的摄入量不足是引起腹泻、增加死亡的重要诱因之一。所以，应尽量让新生羔羊在出生后半小时内吃到初乳，吃足初乳。

（4）诱导哺乳：对于不会自己找乳头的新生羔羊，应人工给予协助。让母羊嗅闻羔羊，建立母子感情。

（5）对失奶羔羊实行人工哺乳，可以饲喂代乳粉，也可以饲喂经过巴氏灭菌的鲜牛奶（要除去奶皮），奶温36~38℃为宜，并做适当的稀释，加入适量的白糖及速溶多维和少许食盐。

二、肉羊人工授精技术

肉羊人工授精技术是先用器械采取公羊的精液，精液经过品质检查和一系列处理后，再用器械将精液输入到发情母羊生殖道内，以达到使母羊授精妊娠的目的。此法优点是可大大提高优秀种公羊的利用率，节约大量种公羊的饲养

费用，加速羊群的遗传进展，并可防止疾病的传播。肉羊人工授精的意义表现在：其一，提高良种公畜利用率，加快改良速度，节省饲养开支。自然交配山羊公、母比例为1∶(30~50)，人工授精为1∶(1 000~2 000)。其二，可以做精液品质和母羊生殖器官状况检查，能够及时发现不孕症，因此可提高受胎率。其三，可预防生殖器官疾病的传播与寄生虫病的传播。如布鲁杆菌病、滴虫等。其四，可克服由于公母体格相差过大，或由于毛色、气味不投而造成的交配困难。其五，运输方便，不受季节、地域等条件限制。

肉羊人工授精分为鲜精人工授精和冷冻精液人工授精。目前，规模羊场鲜精人工授精技术实施较为普遍，冷冻精液人工授精技术仍在实验推广阶段。

1. 鲜精人工授精技术　鲜精或1∶(2~4) 低倍稀释，1只公羊1年可配母羊500~1 000只及以上，比用公羊本交提高10~20倍。用这种方法，将采出的精液不稀释或低倍稀释后，立即给母羊输精，它适用于母羊季节性发情较明显，而且数量较多的地区；精液1∶(20~50)，1只公羊1年可配种母羊1万只以上，比本交提高200倍以上。

2. 冷冻精液人工授精技术　把公羊精液常年冷冻储存起来，如制作颗粒或细管冷冻精液。1只公羊1年所采出的精液可冷冻1万~2万粒颗粒，可配母羊2 500~5 000只。此法不会造成精液浪费，但受胎率较低（30%~40%），成本高。

（一）采精种公羊的选择与管理

1. 种公羊的选择　种公羊应选择来源于双羔羊或多羔羊家族，父本成绩以特级（或一级）为最佳，个体等级优秀，符合种用要求，年龄在2~5岁，体健壮、睾丸发育良好、性欲旺盛的种羊。外观表现：头大、耳宽、拱鼻梁、嘴齐、前胸宽广，体格高大，无生理损征（睾丸发育良好，阴囊紧缩，无单睾、隐睾）。正常使用时，精子的活力在0.7~0.8，畸形精子少，正常射精量为0.8~1.2毫升，密度中等以上。

2. 种公羊的管理　种公羊要单独饲养，圈舍宽敞、清洁干燥、阳光充分、远离母羊圈舍。饲料应多样化，保证青绿饲料和蛋白质饲料的供给。配种季节，配种前半月提高补饲量和营养水平，特别是提高饲养的蛋白质和维生素，以及钙、磷的平衡供应，每天保证喂给2~3个新鲜的鸡蛋（带壳喂给）。配种3天后停配1天，循环进行，严禁过度配种；非配种期采取“放牧为主，补饲为辅”的饲养方法进行饲养，保持中等体况。在饲料日粮中，能量和蛋白质水平不宜过高，以免过肥影响种公羊的性欲和精液品质。同时，加强运动，严格分群单独饲养，禁止与母羊混群饲养。

3. 种公羊采精调教　种公羊性成熟年龄一般为5~6个月，种公羊10月龄左右开始调教采精，有些初次配种的公羊，采精时可能会遇到困难，此时可采取以下方法进行调教：一是观摩诱导法。即在其他公羊配种或采精时，让被调教公羊站在一旁观看，然后诱导它爬跨。二是睾丸按摩法。即在调教期每日定时按摩睾丸10~15分钟，几天后则会提高公羊性欲。三是发情母羊刺激法。用发情母羊当作台羊，将发情母羊阴道黏液或尿液涂在公羊鼻端，刺激公羊性欲。四是药物刺激法。即对性欲差的公羊，每只公羊隔日肌内注射绒促素（HCG）500单位和丙酸睾丸素1毫升，每日定时按摩睾丸15分钟，夏季可用冷水湿布擦拭睾丸。

选择发情好、性情温顺、个体较大的母羊当作台羊，让被调教公羊爬跨，经过几次训练后，用公羊当作台羊也能顺利采精。

（二）器材准备

凡供采精、检查、输精及与精液接触的器械和用具，均应清洗干净，再进行消毒。尤其是新购的器械，应细心擦去上面的油渍，除去一切积垢。器械和用具的洗涤，应用2%~3%的小苏打热溶液，洗涤时可用试管刷、手刷或纱布擦拭。经过上述方法处理的器械、用具，再分别进行煮沸、酒精及火焰消毒。

假阴道用2%~3%的小苏打溶液洗涤后再用温开水冲洗数次（尤其要把内胎上的凡士林及污垢洗干净）后用消毒纱布擦干，再用70%的酒精消毒，当酒精气味挥发完后用1%的盐水棉球擦洗2~3次，即可使用，不用时要用消毒纱布盖好。

集精瓶、输精器、吸管、玻璃棒、存放稀释液和生理盐水等玻璃器皿应煮沸消毒后擦干，一般煮沸时间为15~20分钟，临用前再用1%的盐水冲洗3~5次。在操作过程中循环使用的集精瓶、输精器等器械，可用1%的盐水冲洗数次后继续使用，最好不要与酒精接触。金属开膣器、镊子、瓷盘、瓷缸等均用酒精或酒精火焰烧烤。水温计每次操作前先用酒精消毒，酒精挥发后再用盐水棉球擦洗数次。凡士林每天煮沸消毒1次，每次为20分钟。70%酒精、1%氯化钠溶液、碳酸氢钠溶液、各种棉球置于广口玻璃瓶内备用。种公羊精液品质检查表、母羊配种记录表、精液使用登记表、日常事务记录等准备完备。

（三）采精

1. 假台羊准备 选择发情好的健康母羊当作台羊，后躯应擦干净，头部固定在采精架上（架子自制，离地一个羊体高）（图8-6）。训练好的公羊，可不用发情母羊当作台羊，用公羊当作台羊或使用假台羊等都能采出精液来。

2. 种公羊准备 种公羊在采精前，用湿布将包皮周围擦干净。

3. 安装假阴道 将内胎用生理盐水棉球或稀释液棉球从里到外擦拭一遍，在假阴道（图8-7）一端扣上集精瓶（也要消毒后用生理盐水或稀释液冲洗，在气温低于25℃时，夹层内要注入30~35℃温水）。从外壳中部的注水孔注入150毫升左右的50~55℃温水，拧上气卡塞，套上双连球打气，使假阴道的采

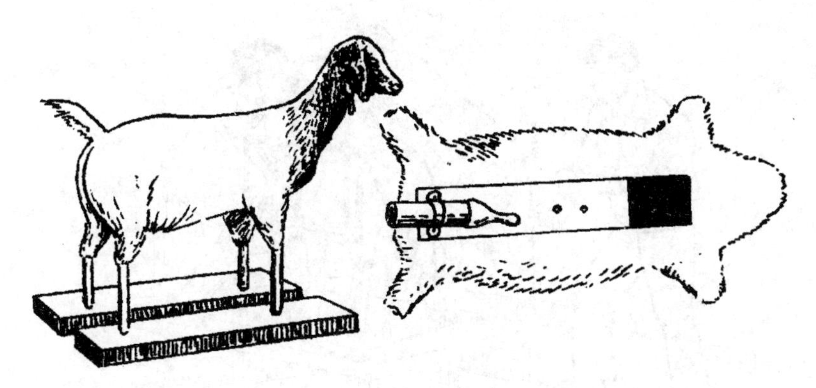

图 8-6　假台羊

精口形成三角形，并拧好气卡。最后把消毒好的温度计插入假阴道内测温，温度以 39~42℃为宜，在假阴道内胎的前 1/3 涂抹稀释液或生理盐水作润滑剂，便可用于采精（图 8-8、图 8-9）。

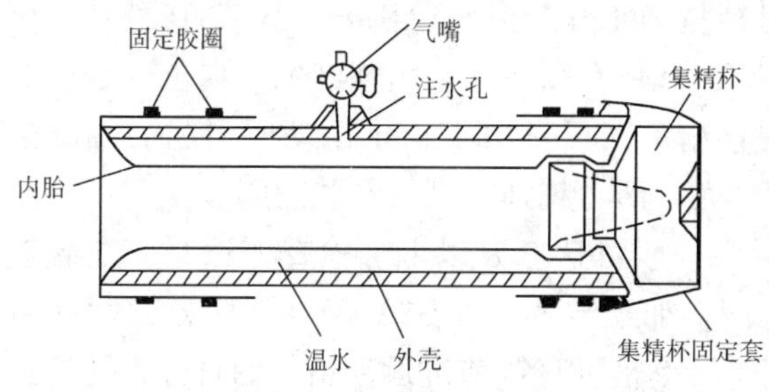

图 8-7　羊用假阴道

图 8-8　采精

4. 采精操作　将公羊腹部的粪便、杂质用毛巾或纱布擦拭干净。采精员蹲在台羊右侧后方，用右手将假阴道横握，使假阴道与母羊臂部的水平线呈 35°~40°角，口朝下。当公羊爬上母羊身上时，不要使假阴道外壳或手碰着公羊的阴茎、龟头，用左手将阴茎轻快导入假阴道内，让公羊自行抽动，握紧假阴道不动，射精后，立即将假阴道口朝上倾斜放气，取下集精瓶，加盖送到检查室。

5. 采精应注意的问题　采精的时间、地点和采精员要固定，有利于公羊养成良好的条件反射。采精次数要合理，种公羊每天可采精 1~2 次，特殊情况可采精 3~4 次。两次采精后休息 2 小时，方可进行第 3 次采精。为增加公羊射精量，不应让公羊立即爬跨射精，应先让公羊靠近数分钟后再爬跨，以刺激公羊的性兴奋。要一次爬跨即能采到精液。多次爬跨虽然可以增加采精量，但实际精子数增加的并不多，容易造成公羊不良的条件反射。保持采精现场安静，不要影响公羊性欲。应注意假阴道的温度。

图 8-9　站立采精

（四）精液品质检查

1. 肉眼观察　公羊的正常射精量为 1.0 毫升，范围是 0.5~2.0 毫升。正常精液为乳白色，无味或略带腥味，凡带有腐败味，出现红色、褐色、绿色的精液均不可用于输精。用肉眼观察精液，可见由于精子活动所引起的翻腾滚动，极似云雾的状态，精子密度越大、活力越强，则云雾状越明显。

2. 精子活率检查　原精液活率一般可达 0.8 以上。检查方法是：在载玻片上滴原精液或稀释后的精液 1 滴，加盖玻片，在 38℃温度下用显微镜（可用显微镜恒温载物台）检查。精子活率是以直线前进运动精子的百分率为依据的，通常用 0.1~1.0（即 10%~100%）的十级评分法表示。

3. 密度检查　正常情况下，每毫升羊精液中所含精子数为 30 亿，范围是 10 亿~50 亿。在检查精子活率的同时进行精子密度的估测。在显微镜下根据精子稠密程度的不同，一般将精子密度评为"密""中""稀"三级（图 8-10）。其中，"密"级为精子间空隙不足一个精子长度；"中"级为精子间空隙有 1~2 个精子长度；"稀"级为精子间空隙超过 2 个精子长度，"稀"级不可用于输精。

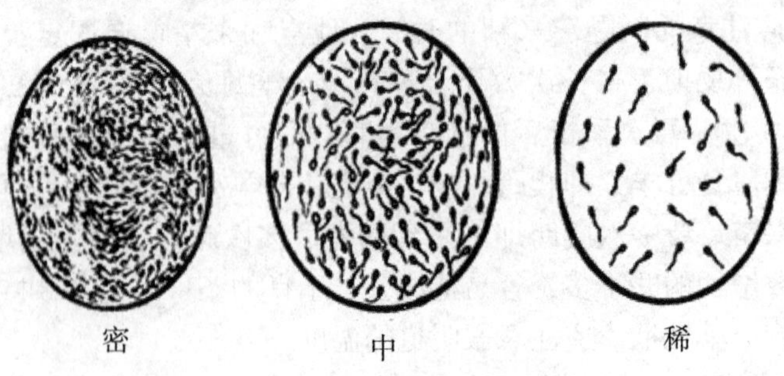

图 8-10　精液品质检查：活力检查

（五）精液稀释与保存

1. 常温保存　常温保存（15~25℃）是指将精液保存在室温条件下，常温保存所需的设备简单，便于普及推广。利用一定范围的酸性环境抑制精子的活动，使精子保持在可逆的静止状态而不丧失受精能力。

稀释液：①RH明胶液。二水柠檬酸钠3克，磺胺甲基嘧啶钠0.15克，后莫氨磺酰0.1克，明胶10克，蒸馏水100毫升，青霉素1 000单位/毫升，双氢链霉素1 000微克/毫升。②明胶奶液。明胶10克，牛奶（羊奶）100毫升，维生素C 33毫克，青霉素1 000单位/毫升，双氢链霉素1 000微克/毫升。③英国变温稀释液（IVT）。二水柠檬酸钠2克，碳酸氢钠0.21克，氯化钾0.04克，葡萄糖0.3克，氨苯磺胺0.3克，蒸馏水100毫升，青霉素1 000单位/毫升，双氢链霉素1 000微克/毫升。④葡萄糖3克，柠檬酸钠1.4克，EDTA（乙二胺四乙酸二钠）0.4克，加蒸馏水至100毫升，溶解后水浴煮沸消毒20分钟，冷却后加青霉素10万单位，链霉素0.1克。若再加10~20毫升卵黄，可延长精子存活时间。

绵羊常温保存常用含明胶的稀释液，在10~14℃下呈凝固状态保存。绵羊精液可保存48小时以上，活率为原精液的70%。在柠檬酸钠—卵黄液中添加柠檬酸，代替充二氧化碳气体以产生弱酸环境，在7~20℃变温条件下保存羊精液2天，受胎率为67.2%~74%。用室温保存的绵羊精液授精，其效果似乎比0~5℃更有希望。

常温保存方法通常将稀释后的精液放在等温的水中，降至室温。也可将储精瓶直接放在室内、地窖或自来水中保存。

2. 低温保存　低温保存主要是在稀释液中添加抗冷物质，防止精子冷休克，缓慢降温至3~5℃保存，利用低温来抑制精子活动，降低代谢和运动的能量消耗。当温度回升后，精子又逐渐恢复正常代谢功能并不丧失受精能力。精子对冷刺激敏感，特别是从体温急剧降至10℃以下时精子会发生不可逆的冷休克现象。因此，在稀释液中需添加卵黄、奶类等抗冷物质，并采取缓慢降温的方法。

稀释液：①葡—柠—卵液。二水柠檬酸钠2.8克，葡萄糖0.8克，蒸馏水100毫升，青霉素1 000单位/毫升，链霉素1 000微克/毫升，卵黄20%；②鲜奶适量，90℃水浴10分钟，冷凉后除去奶皮，每毫升添加蒽诺沙星原粉50微克。

绵羊精液保存效果比其他家畜差。羊精液低温保存时间不应超过1~2天。

3. 分装保存　分装保存有两种方法：一是小瓶中保存，即把高倍稀释精液，按需要量（数个输精剂量）装入小瓶，盖好盖，用蜡封口，包裹纱布，套上塑料袋，放在装有冰块的保温瓶（或保存箱）中保存，保存温度为0~

5℃。二是塑料管中保存，即在精液以1∶40倍稀释时，以0.5毫升为一个输精剂量，注入塑料吸管内（剪成20厘米长，紫外线消毒），两端用塑料封口机封口，保存在用泡沫塑料自制的保存箱内（箱底放冻好的冰袋，再放泡沫塑料隔板，把精液管用纱布包好，放在隔板上面固定好）盖上盖子，保存温度为4~7℃，最高到9℃，精液应于10小时内使用。这种方法，可不用输精器，经济实用。无论哪种包装，精液必须固定好，尽可能减轻震动。

精子发生冷休克的温度是10~0℃，应采取缓慢降温的方法，从30℃降至5~0℃时每分钟下降0.2℃左右为好，用1~2小时完成降温全过程。精液稀释后，在室温下分装至小瓶中用盖密封，用数层纱布包裹，置于0~5℃低温环境中。保存期间尽量维持温度恒定，防止升温。

液态精液保存、运输应注意事项：①保存的精液应附有详细说明书，标明产地、公羊品种和编号、采精日期、精液剂量、稀释液种类、稀释倍数、精子活率和密度等；②包装应妥善严密，要有防水、防震衬垫。运输中维持温度恒定，切忌温度变化。避免剧烈震动和碰撞。

（六）输精

1. 输精量确定　原精液输精每只羊每次输精0.05~0.1毫升，低倍稀释为0.1~0.2毫升，高倍稀释为0.2~0.5毫升，冷冻精液为0.2毫升以上。输精操作时，母羊采取倒立保定法，保定人将母羊头夹紧在两腿之间，两手抓住母羊后腿，将其提到腹部，保定好不让羊动，母羊成倒立状。用温布把母羊外阴部擦拭干净，即待输精。此法没有场地限制，任何地方都可输精（图8-11、图8-12）。

2. 输精　输精方法有以下几种：

（1）子宫颈口内输精法：将经消毒后在1%氯化钠溶液中浸涮过的开膣器装上照明灯（可自制），轻缓地插入发情母羊阴道，打开阴道，找到子宫颈口，将吸有精液的输精器通过开膣器插入子宫颈口内，深度约1厘米。稍退开膣器，输入精液，先把输精器退出，后退出开膣器。进行下只羊输精时，把开膣器放在清水中，用布擦去黏在上面的阴道黏液和污物，擦干后再在1%氯化钠溶液中浸涮；用生理盐水棉球或稀释液棉球将输精器上黏的黏液、污物自口向后擦去。

（2）阴道底部输精法：将装有精液的塑料管从保存箱中取出（需多少支取多少支，余下精液仍盖好），放在室温中升温2~3分钟后，将管子一端的封口剪开，挤1小滴镜检，活率合格后，将剪开的一端从母羊阴门向阴道深部缓慢插入，到有阻力时停止，再剪去上端封口，精液自然流入阴道底部后，拔出管子，把母羊轻轻放下，输精完毕。

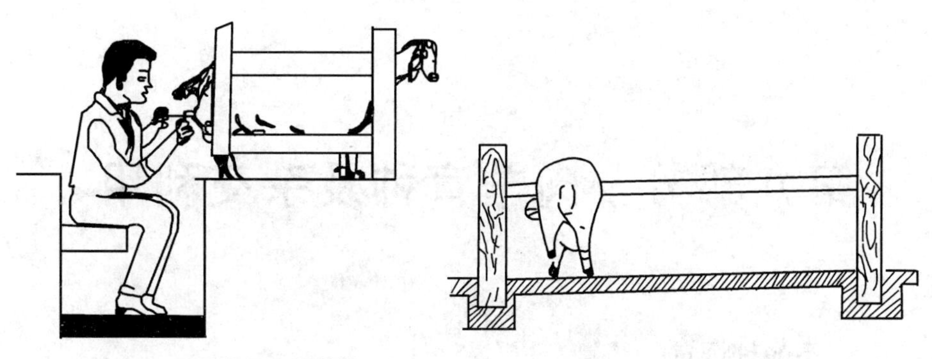

图 8-11　母羊保定架输精　　　　图 8-12　横杠式保定

（3）子宫内输精方法：肉羊人工授精特别是使用冻精，受胎率低，而子宫内输精方法（即腹腔镜子宫深部输精法）则可以提高受胎率。子宫内输精法通过简单的小手术，即采用子宫钳将子宫角部分引导于腹腔外，将精液注入子宫角内输精，输精操作器具较简单，方法便捷，受胎率高，易于推广应用。

第九部分　肉羊育种及杂交利用

一、本品种选育

本品种选育一般是指当地方品种或引进品种基本满足当地需要、无须做重大方向性改变时，在品种内部通过羊群整顿、选优淘劣、精心选配、品系繁育、改善培养条件等措施，逐步提高本品种的生产水平的过程。本品种选育的基本任务是保持和发展品种的优良特性，增加品种内优良个体的比重，克服该品种的某些缺点，达到保持品种纯度和提高整个品种质量的目的。品种选育的基本做法是：

1. 种群筛选，建立核心群　种群筛选是从群体的整体水平寻找特别优秀者，集中成一个优秀育种群。在育种群中建立起生产性能记录制度，通过精心制订配种计划，测定其后代的生产性能，当这些优秀者被确认为具有良好的遗传结构时，便自然而然地形成了本品种选育的核心群。

2. 肉羊的品种内结构　高度培育的新品种，具有明显的品种内结构，为的是把主要的育种工作放到最优秀的羊群上，使生产性能尽快地提高，并有计划地推广扩散。这种结构是由核心群、种畜繁殖群和商品生产群三个等级组成。

二、肉羊选种、选配

（一）选种

在育种过程中，不断地培育出生产性能好的种羊来扩大繁殖，才能达到提高经济效益的目的。因此，选种是选育的前提和基础。

1. 选种的根据　选种主要根据体形外貌、生产性能、后代品质、血统四个方面，在对羊只进行个体鉴定的基础上进行。

（1）体形外貌：体形外貌在纯种繁育中非常重要，凡是不符合本品种特征的羊不能作为选种的对象。另外体形和生产性能方面有直接的关系，也不能忽视。如果忽视体形，生产性能全靠实际的生产性能测定来完成，就需要时间，造成浪费。比如产肉性能、繁殖性能的某些方面，可以通过体形选择来

解决。

（2）生产性能：生产性能指体重、屠宰率、繁殖力、泌乳力、早熟性、产毛量、羔裘皮的品质等方面。

羊的生产性能，可以通过遗传传给后代，因此选择生产性能好的种羊是选育的关键环节。但要在各个方面都优于其他品种是不可能的，应突出主要优点。

（3）后裔：羊本身具备的优良性能是选种的前提条件，但这仅仅是一个方面，更重要的是它的优良性能是不是传给了后代。如果优良性能不能传给后代的种羊，就不能继续作为种用。同时在选种过程中，要不断地选留那些性能好的后代作为后备种羊。

（4）血统：血统即系谱，是选择种羊的重要依据，它不仅提供了种羊亲代的有关生产性能的资料，而且记载着羊只的血统来源，对正确地选择种羊很有帮助。

2. 选种的方法

（1）鉴定：选种要在对羊只进行鉴定的基础上进行。羊的鉴定有个体鉴定和等级鉴定两种，都按鉴定的项目和等级标准准确地进行等级鉴定。个体鉴定要有按项目进行的逐项记载，等级鉴定则不做具体的个体记录，只写等级编号。进行个体鉴定的羊包括特级、一级公羊和其他各级种用公羊，准备出售的成年公羊和公羔，特级母羊和指定作为后裔测验的母羊及其羔羊。除进行个体鉴定的以外都做等级鉴定。等级标准可根据育种目标的要求制定。

羊的鉴定一般在体形外貌、生产性能达到充分表现，且有可能做出正确判断的时候进行。公羊一般到了成年即可进行鉴定，母羊在第一次产羔后对生产性能予以测定。为了培育优良羔羊，在初生、断奶、6月龄、周岁的时候都要进行鉴定，裘皮型的羔羊，在羔皮和裘皮品质最好时进行鉴定。后代的品质也要进行鉴定，主要通过测定各项生产性能来进行。对后代品质的鉴定，是选种的重要依据。凡是不符合要求的应及时淘汰，符合标准的作为种用。除了对个体的鉴定和后裔的测验之外，对种羊和后裔的适应性、抗病力等方面也要进行考察。

（2）审查血统：通过审查血统，可以得出选择的种羊与祖先的血缘关系方面的结论。血统审查要求有详细记载，凡是自繁的种羊应做详细的记载。购买种羊时要向出售单位和个人索取卡片资料，在缺少记载的情况下，只能根据羊的个体鉴定作为选种的依据，无法进行血统的审查。

（3）选留后备种羊：为了选种工作顺利进行，选留好后备种羊是非常有必要的。后备种羊的选留要从以下几个方面进行。一是要选窝（看祖先），从优良的公、母羊交配后代中，全窝都发育良好的羔羊。母羊需要第二胎以上的经产多羔羊。二是选个体，要选留初生重和生长各阶段增重快、体尺好、发情早的羔羊。三是选后代，要看种羊所产后代的生产性能，是不是将父母代的优良性能传给了后代；凡是没有这方面的遗传，不能选留。

后备母羊的数量，一般要达到需要数的3~5倍，后备公羊的数也要多于需要数，以防在育种过程中因有不合格的羊用而使数量不足。

3. 选种标准 要根据育种目标，在体形外貌、生产性能、体尺体重、产肉、产羔率、泌乳量、早熟性、产毛性能、裘用性能上按标准选种。

（二）选配

选配是人们有明确目的地安排公、母羊的配对，以达到培育和利用优良种羊的目的。其实质是让优秀个体得到更多的交配机会，使羊群得到改良和提高。

肉羊选配要坚持以下原则：一是用最好的肉羊选配最好的母羊，但要求公羊的品质和生产性能必须高于母羊。不好或不很好的母羊，也要尽可能与较好的公羊交配，使后代得到一定程度的改善。二是种公羊最好经过后裔测验，在遗传性未经证实之前，选配可先按肉羊外形、生产性能进行。三是要求育种群要有详细和系统的育种记载。

肉羊选配与选种紧密结合起来，选种要考虑选配的重要性，为其提供必要的资料，选配又要和选种相配合，以使双亲有益性状固定下来传给后代。选配分个体选配、等级选配和亲缘选配等。

1. 个体选配 也称选型交配，是一种依据交配双方个体在生产性状、生物学特性、外貌，特别是遗传素质等诸方面的对比情况，而进行选配的方式。可分为同质选配和异质选配。

（1）同质选配：选用性状相同、性能表现一致，或育种值相似的优秀公、母羊相配，以期获得相似的优秀后代。同质选配的作用，主要是使亲代的优良性状稳定地遗传给后代，使优良品质得以巩固、发展，加深。同质选配时应根据林奈提出的“相同的配相同的产生更好的，好的配好的产生好的”这一规则进行。但必须注意，有相同缺点的公、母羊不得交配，以免在巩固、发展优良品质的同时，也加深了缺点。在育种过程中为了保持种羊有价值的性状，增加群体中纯合基因型的频率，多采用同质选配。因此，这种选配方式也称为“定向选配”。同质选配在遗传上缺乏创造性，很难培育出优于双亲的个体。此外长期采用同质选配，会造成羊群遗传变异概率的下降，有时还会出现适应性和生活力的下降。因此，应选择公、母羊体质强壮的、不过度同质的、饲养管理条件较好的、没有亲缘关系的或亲缘关系较远的进行同质选配，则可持续较多世代而不致出现有害的影响。

（2）异质选配：异质选配也称为“异型选配”或“选异交配”，是一种以表型不同为基础的选配。可分为两种情况，一种是选择具有不同优异性状的

公、母羊相配，以期将两个性状结合在一起，从而获得兼有双亲不同优点的后代；另一种是选用同一性状但优劣程度不同的公、母羊相配，即所谓的以好改坏，以优改劣，以期后代能在这一性状上取得较大的改进和提高。但要注意，在选配中绝不能使具有相同缺点或相反缺点的公、母羊相配，以免出现畸形后代。

2. 等级选配　生产群肉羊或较大的育种群一般采取等级选配。首先将基础母羊群按照生产性能、体形外貌的评定结果分成特级、一级、二级、三级、等外五个等级，分别确定与配公羊。公羊也要评定等级。等级选配的原则是公羊的等级一定要高于母羊，对特级、一级公羊应该充分使用，对二级、三级公羊只能控制使用。

3. 亲缘选配　根据公、母羊之间亲缘关系的远近来安排交配组合。如双方亲缘关系较近，就叫作近亲交配，简称近交；反之称作非亲缘交配或远亲交配，简称远交。确定远交与近交的标准是其所生后代的近交系数是否大于0.78%，即共同祖先到交配双方的代数总和不超过6者即为近交，即亲缘交配；超过6者即为远交，即非亲缘交配。

近交有害这是人们早已从实践中总结出来的教训，因此在育种场，特别是在繁殖场和生产场，一般都避免近交。但在育种工作中近交又有它的特殊用途。首先，近交可以固定优良性状，保持优良血统。近交的基本效应就是基因纯合，也就是通过近交可以使优良性状的基因型纯化，从而使其能够比较确定地遗传给后代。一般在培育新品种过程中，当出现了符合理想的优良性状后，往往采用同质选配加近交以固定优良性状，一般都能收到较好的效果。其次，近交使有害隐性基因暴露的机会增多，及早将带有有害性状的个体淘汰，使有害基因在羊群中出现的频率大大降低，有益基因频率增加，从而使羊群的整体遗传品质得到提高。

在羊的育种工作中，对于整个群体来说，单纯的近交是有害的。近交通常会使后代生活力减弱或繁殖力下降，产生近交衰退现象。近交只有与选择结合起来，才能为育种工作做出贡献。当培育一优秀的品种或新品系时，为了巩固那些新的特性，利用近交结合选种、选配，效果是显著的。近交不失为一种有效的育种手段，关键在于灵活运用，变害为利。

利用近交时应注意几个问题：一是加强饲养管理。对近交产生的后代需要较好的饲养条件作为保障。二是严格选择，大量淘汰。对近交后代进行严格的个体鉴定，只选留那些体质结实，健康强壮，符合育种要求的个体作种用，其余全部淘汰。三是近交系数不要太高。实践已证明，企图通过3~4代的嫡亲交配来建立近交系是得不偿失的。近交应适可而止，只要能达到分化固定的目的，不要盲目追求高度近交。在没有一定目的的情况下，一般应避免近交。

三、品系和品系繁育

品系是在同一品种内具有共同特点、彼此有亲缘关系的个体所组成的遗传性稳定的群体。

品系繁育是充分利用卓越公羊及其优秀后代，建立高产和遗传性稳定的羊群的繁育方法。通过品系繁育，丰富品种的遗传结构，有意识地控制品种内部的差异，以此来促进整个品种的发展。

进行品系繁育首先要建立品系的基础群，品系数量的确定应根据实际情况具体而定，如果建立专门化品系，生产商品代肉羊，至少需要父本系和母本系各 1 个；如果要进行品系之间的杂交优势的配合测定，至少要有 3 个系参加；如果开展肉羊合成系育种，可能要 10～20 个系同时选育。肉羊的品系繁育较普遍的是采用群体继代选育法。

其次要进行闭锁繁育，当基础群建成后，羊群必须严格封闭。每个世代的种羊都要从基础羊群的后代中选留，至少在品系建立前的 4～6 代内不能引进外来种羊。但由于羊群规模小，近交系数也会逐渐上升，这就意味着会使基础群各种各样的基因通过分离与重组逐渐趋向纯合。再结合严格的选育，变成具有共同特点的羊群。

最后将各具特点的不同品系进行杂交，以获得生产力高、生命力强、有突出特点的优秀种羊，并从中选出新的系祖，建立新的综合品系，然后又在新品系间杂交，再次获得更为优秀的种羊，从而使整个品种不断得到提高和发展。

四、杂交及杂交利用

杂交是指具有不同遗传基础和结构的羊个体间的交配。杂交的目的是使各亲本的基因配合在一起，组成新的更为有利的基因型个体。通过杂交能将不同品种的特性结合在一起，创造出亲本原来所不具备的特性，并能提高后代的生产力和生活力。

杂种优势是指杂种在一些特定性状上高于杂交组合中纯种亲本性状平均值的超越部分，其构成部分包括父本优势、母本优势和子代个体优势三部分。具有不同遗传结构的亲代所产生的配子相结合，会产生杂交的基因型，从而表现出基因的显性、超显性和互补效应，而形成杂种优势。亲代的遗传结构越有差异，杂种优势越显著，杂交后代的杂合型基因组合就越相似，所表现出的生产性能就越整齐。

两元杂交后代只表现有子代个体杂种优势，达不到最大利用经济杂交潜力的目的。三元杂交时，当父本为两纯种的一代杂种，后代具有父本优势和个体优势；反之，母本为两纯种的一代杂种时，后代则具有母本优势和个体优势。

四品种杂交时，父、母本均为两纯种的一代杂种，这一杂交组合的子代将显示出父本、母本和个体三种杂种优势。这几种经济杂交方案的经济效益，以生产1吨羔羊肉所需的繁殖母羊数量来核算，本品种选育（不存在杂种优势）为100只，两元杂交为93只，三元杂交为72只（有父本优势）和63只（有母本优势），四品种杂交为60只。

（一）经济杂交

不同种群杂交产生的杂交群，在生活力、生长势和生产性能方面，往往表现出优于其亲本纯繁群的现象，称为杂种优势。利用性能、特点各异的不同种群杂交，不但可以提高杂种后代的初生重、断奶重、成年体重等生长发育性状，还可以提高杂种后代的成活率、抗病力、繁殖力等性状。杂种优势的程度一般用杂种优势率表示。不同杂交组合，杂种优势率不同。因此，在利用肉羊的杂种优势时，要通过杂交组合试验，找出最佳组合。

利用品种间的互补效应，提高杂种优势。亲本的选择，特别是杂交母本群的建立和维持，是杂交方案设计的基础，母本应当是能很好适应当地的环境条件、中等体格、高繁殖率（产羔率150%~250%）、母性强。父本品种则应当是早熟、体格大、生长快、胴体瘦肉率高、能适应当地环境，与母本亲和力高，后代成活率高，并且能够将其特性遗传给后代。生产肥羔最好的父本品种为无角道赛特、波德代、特克塞尔、萨福克、德国美利奴、杜泊等优良父本品种。母本品种一般用当地品种，因为当地品种适应性好、数量大，如蒙古羊、小尾寒羊、湖羊等。

1. 二元杂交　也称简单杂交。即两品种杂交一次，所产后代全部出栏，同时也利用了品种间的互补效应。但在杂交上并不太简单，因为始终需要有纯种羊来补充。为此，一个从事这种工作的羊场，除了进行杂交外，还要同时做纯繁工作，以补充杂交用的母本。如果父本也由本场繁殖，还需要有一个父本种群的纯繁群，否则就得经常从外场采购公羊或利用配种站的公羊。另一个缺点是不能充分利用繁殖性能方面的杂种优势，因为用以繁殖的母羊都是纯种。

2. 回交　二元杂交的后代又叫杂一代，代表符号是F1。回交即用F1母羊与原亲本公羊交配，也可以是F1公羊与亲本母羊交配。为了利用母羊繁殖力的杂种优势，实际生产中常用纯种公羊与杂种母羊交配，但回交后代中只有50%的个体获得杂种优势。

3. 三元杂交　三元杂交是三个品种参与的杂交（A×B×C），即先用群体数量大、繁殖性能好、适应当地饲养条件的品种C作第一母本，与第一父本B杂交，产生在繁殖性能方面具有显著杂种优势的母羊，再用第三品种A作父本与之杂交，生产商品羔羊。这一杂交方案可以体现母本和子代个体两方面的优势，同时也利用了品种间的互补效应。问题是连续实施三品种杂交，必须维持三种用途的母羊群，三种母羊分别占母羊总数的比例为7：2：1。如采用黄淮山羊♀×莎能奶山羊♂，所产杂种母羊再与波尔山羊公羊杂交，生产商品羔羊。20世纪80年代以来，三元杂交中的一个母本品种，常选用一个含1/2或1/4血液的多胎品种，以增强母本多胎性的互补效应，进而增强杂种优势的累加性总效应。

4. 四品种固定杂交及双杂交 在三品种杂交的基础上再用第4个品种的公羊杂交，称为四品种固定杂交。双杂交属于四品种固定杂交的特殊形式，即先用4个纯种品种两两杂交，然后再在2个杂种间进行杂交。其共同优点是杂种母羊的杂种优势得到利用。缺点是需要4个品种，组织工作和繁育体系更为复杂。但双杂交能够同时利用杂种公羊的杂种优势，在当前的商品肉羊生产中日益受到重视。

5. 轮回杂交 用两个或两个以上品种依次轮流杂交，称为轮回杂交。在两品种轮回杂交中，基础母羊群与甲品种公羊杂交，生产的甲品种半血后代公羔出售；后备母羊与乙品种公羊杂交，杂种母羔留下，再与甲品种公羊杂交，如此循环连续杂交。

轮回杂交的优点是能保持较高的杂种优势，能显现67%的母本和子代两方面的杂种优势量，同时基础母羊群的补充更新容易解决。缺点是不能利用品种的互补效应，杂交用的两个品种必须符合既是父本又是母本的基本要求。

杂交组合中品种数量增加，显现的杂种优势量也相应提高。三品种轮回杂交显现有86%的最大杂种优势量；四品种轮回杂交为93%的杂种优势量。但品种多，即使是3个品种，都能合乎兼作父、母本品种条件的组合也不易找。美国目前能办到的大致还停留在三品种组合水平。

（二）杂交育种

如果是以提高生产性能为目的的杂交，一般采用级进杂交，即用引进的国外肉羊品种的公羊与当地的母羊进行杂交，杂交公羊淘汰作为肉羊屠宰，优良的杂交母羊留种，继续与国外肉羊进行杂交，这样连续几个世代地进行下去，杂交后代的生产性能越来越接近于父系品种；如果地方品种已基本满足了生产的需要，但是要纠正某个缺点，一般采用引入杂交，即引进少量的外来血液，与当地品种进行一个世代的杂交，在杂交后代中选择合乎标准的公、母羊留种，这些种羊再与当地品种的公、母羊进行回交，从中培育优秀的种公羊。通过引入杂交使当地品种的缺点得到了纠正，又不动摇原有品种的特点，因此也叫导入杂交。用几个不同的绵羊（或山羊）品种杂交，目的是培育一个新的品种，这样的杂交叫育成杂交。

1. 级进杂交育种 要改变一个品种的生产方向，应用级进杂交是比较有效的方法。级进杂交是以两个品种杂交，即从第一代杂种开始，以后每代所产

杂种母羊继续用改良公羊交配，到3~5代其杂种后代的生产性能基本上与改良品种相似。级进杂交并不是将原来的品种完全变成改良品种的复制品，应是创造性地利用。例如，我国有些山羊、绵羊品种的繁殖力很强，肉质很好，这些特性必须保留下来。因此，杂交的代数并不是绝对的，需根据当地的环境、育种目标和杂交效果，到基本上达到育种目标时，杂交就可停止。进一步提高生产性能有待于以后的育种工作。

级进杂交能否育成新品种，与原来品种和改良品种原产地之间的自然条件和饲养条件相关很大，也与选种工作做得好坏有关。当引进的优良品种对饲养管理条件要求较高，或对当地的生态条件适应性较差时，就不能达到预期目的。如杂种羊体质不结实或生活能力弱，就应当重新考虑育种目标和育种方法是否切合实际。认为杂交代数越高越好的看法是不全面的，因为同代杂种羊的各种性能、生产速度、繁殖力等不是完全一致的，所需要的杂交代数也就不同。符合要求的杂种公、母羊可以进行横交，某些不符合要求的母羊还可以用纯种公羊继续杂交一两代。

在生产实践中，级进杂交常用归属的方法进行。即当级进杂交到一定程度，某些经济性状达到育种要求时，可归属为培育品种，然后进行横交固定。达不到育种要求的，继续用改良种公羊进行改进，直至达到要求再行归属。当归属的培育品种达到育种要求，并有足够数量时，即可定为品种，进行纯繁固定。

2. 育成杂交　原有品种不能完全满足需要时，则利用两个或两个以上的品种，创造一个新的品种。用两个品种杂交培育新的品种称为简单育成杂交，用三个或三个以上品种育成新品种，称为复合育成杂交。

育成杂交的目的是要把两个或几个品种的特点保留下来，克服它们的缺点，成为新的品种。也就是说，要争取把所要参与杂交育种的品种优点组合到育成品种身上，把不良的性状去掉，从而使育成的新品种具有几个品种的共同优点。育成杂交过程中所用品种各占的比重可以是均等的，也可以是不等的，要根据具体情况而定。

在育成杂交过程中，改良品种的选择是非常重要的——不仅要注意其生产性能、适应能力，还要特别注意所需要的优良性状的表现情况。同时，由于品种内个体之间也是有很大差异的，所以不仅要注意品种的选择，还应特别注意个体的表现情况。

育成杂交培育新品种，根据育种过程中工作的重点不同可以分为三个阶段，即杂交改良阶段、横交固定阶段和发展提高阶段。但是这三个阶段不是截然分开的，往往是交错进行的。在进行前一阶段工作时，就要努力为下一阶段准备条件，争取使育种工作有计划地连续进行。

（1）杂交改良阶段：杂交是指将遗传基因不同的品种中的某些个体交配，把不同基因型结合在一起，从而使人们需要的各种优良性状结合在一起。

我国的绵羊、山羊主要是地方品种和一些杂种。培育新品种时，选择较好的基础母羊，可以大大缩短杂交过程。一般杂交改良阶段要经过三四代的时间，在这一阶段公羊不仅要选择合适的品种，也要注意选择优秀的个体。在杂交改良的过程中，应不断整顿羊群，按质分群，根据当地情况逐渐改善饲养管理条件。随着级进代数的提高，相关的生产性能也随之提高。但杂种后代往往对环境的适应力降低，出现羔羊毛短皮薄、体温调节能力差、生长速度加快的现象。发病率高，对饲养环境卫生的要求就高，如果不及时改善饲养管理条件，不仅生产性能得不到提高，而且羊只成活率降低。所以，在育成杂交中，特别是进到二三代以上时，要根据羊只的适应性，供给营养平衡的草料，并设置性能良好的棚舍。

在杂交育成过程中，不仅要注意群体经济性状的变化，而且应特别注意个体的变化，及时发现遗传性能优秀的个体。杂交初期，群体出现参差不齐，平均数不可能有很大提高。发现了突出个体，便有可能提高群体性状，然后转入横交固定下来。

（2）横交固定阶段：亦称自群繁育阶段。横交固定的时间，应根据育种方向、横交用的公羊质量、母羊的基础和理想型羊只的数量等来确定。一般要级进到三四代以上才进行横交固定，但以四代横交效果较好。例如，哈萨克羊和蒙古羊都是用细毛公羊杂交到四代，然后进行横交。如果基础母羊的生产性能较好，则达到理想型要求以后即可进行横交，不一定要到四代。

在育种中，进行横交固定的个体，其主要性状必须符合要求，不能以次充好。在开始横交时，个体常发生比较大的分离，要严格进行选择。对经济性状表现明显、遗传稳定的羊只留用，对于尚未达到育种目标的羊只应继续级进。这对遗传力高的性状，效果更好。

（3）发展提高阶段：当通过横交固定，理想型羊达到一定数量时，这个杂交群就可以称为一个品种群。作为一个品种群，不论是质量还是数量都需要提高，特别是数量要增加。发展提高阶段的数量扩大有两条途径：一是横交固定的个体通过纯繁增加后代，二是理想群的横交固定产生优秀个体。主要通过不断选择，才能提高羊群的质量。

有些羊群在横交固定时已建立了品系，则应扩大优秀的品系，尚未建立品系的羊群，应统一类型、建立品系、扩大繁育地区。

五、肉羊繁育体系建设

肉羊良种繁育体系将纯种核心群选育、良种扩繁、杂种优势利用和商品肉

羊高效生产有机地结合起来，最终目的是提升终端产品——商品肉羊的市场价值。建设完善、健康和可持续发展的肉羊良种繁育体系，是实现养羊业持续发展的基本保证。育种在养羊中的贡献率占35%~40%。

在现代养羊生产中，建立健全肉羊的繁育体系，能使肉羊的杂交利用工作有组织、有计划、有步骤地进行，有利于良种肉羊的选育提高和繁殖推广，可使在育种羊群中实现的育种进展逐年不断地传递，并扩散到广泛的商品肉羊生产群中。

在繁育体系中，开展杂交所需的纯种羊，有专门的羊场和科研单位进行选育和提供，杂种种羊也有专门的羊场制种，商品羊有专门的羊场进行繁殖、肥育，在良好的组织管理条件下，就能达到统一经营，充分利用杂种优势，提高产品数量和质量，以取得高额的社会经济效益。

建立羊的繁育体系，是为了在较大范围内提高育种和杂种优势利用的效果。要建立一整套合理的组织机构，包括设置不同生产性质的羊场（如育种场、繁殖场），确定它们的规模、经营方向和任务，互相配合协调发展，从而加快羊群的遗传改良，提高羊群的整体生产性能和经济效益。

在建立繁育体系工作中，应成立品种协会或品种育种委员会，制订育种计划和实施方案，负责技术和组织方面的协调工作。发达国家十分重视家畜良种的选育和家畜良种繁育体系的建立，以充分发挥优良种畜的作用，不断提高畜牧业生产水平。

繁育体系应包括原种场、扩繁场、杂交制种场和商品场（包括经济场和养羊专业户）、人工授精技术服务网点、肉羊性能测定站、育种科研机构等。质量以原种场最高，数量以商品场和专业户最多，呈金字塔形状排列，优秀基因流的方向同样从金字塔的顶端指向底端，不能反向；终端商品肉羊的品质是检验整个繁育体系最好的依据。

第十部分　肉羊营养与饲养技术

一、羊消化器官与消化特点

羊是反刍动物，是多胃的，其消化系统与其他单胃动物有很大的不同。

（一）消化道的特点

羊的消化道（图 10-1）是由口腔到肛门之间的一条饲料通道。包括口、食管、胃、十二指肠、空肠、回肠、结肠、盲肠、肛门。

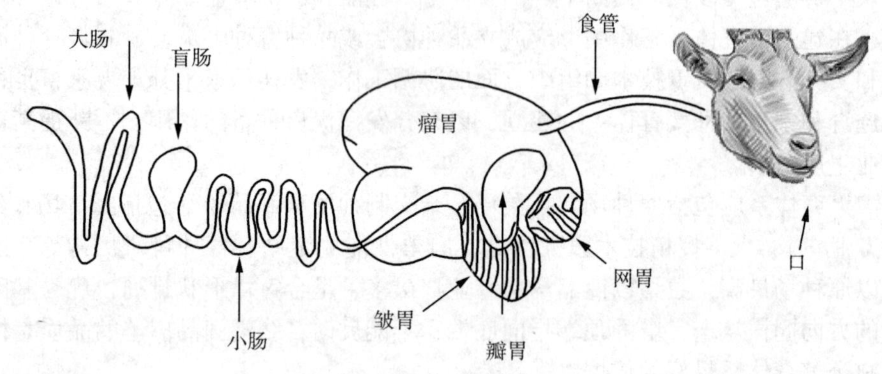

图 10-1　肉羊消化道

1. 口腔　羊没有上切齿和犬齿，在采食的时候，依靠上颌的肉质齿床，即牙床和下颌的切齿，与唇及舌的协同动作采食。

2. 胃　羊与其他反刍动物一样，有四个胃室，即瘤胃、蜂巢胃（亦称网胃或第二胃）、瓣胃（亦称重瓣胃或第三胃）、皱胃（亦称真胃或第四胃）。其中以瘤胃和蜂巢胃的容量最大，成年羊的容量可达到 15~20 升，这个体积相当于皱胃体积的 7~10 倍。瘤胃中有着为数庞大的微生物群落，瘤胃细菌数每毫升容积中多达 250 亿~500 亿个，原生虫数达 20 万~50 万个。因为羊采食的饲料种类不同瘤胃内微生物的种类和数量会发生极大的变化，这些微生物能消化纤维素。因此，羊能利用粗饲料，把纤维素和戊聚糖分解成醋酸、丙酸和丁酸等可利用的有机酸，这些有机酸也称挥发性脂肪酸。挥发性脂肪酸能通过胃

壁被吸收，为羊体提供60%~80%的能量需要。微生物的另一个作用是能合成B族维生素和大多数必需氨基酸，微生物能将非蛋白含氮化合物，如尿素等转化成蛋白质。当这些微生物被羊的消化液消化时，便成为羊体可利用的蛋白质及其他营养物质。

羔羊瘤胃发育可分为：初生至3周龄的无反刍阶段，3~8周龄的过渡阶段和8周龄以后的反刍阶段。羔羊出生时，瘤胃是非常小的，并且不具备发育完全的瘤胃所应具备的功能。而出生时的皱胃是发育很好的，它与瘤胃一样大或者更大一些。反刍动物成熟后，瘤胃大小为皱胃的10倍。3周龄内羔羊以母乳为饲料，其消化是由皱胃承担的，消化规律与单胃动物相似。在这个阶段，皱胃（真胃）和小肠对于消化和吸收扮演了相对重要的角色。羔羊的吮吸反射会引起食管沟关闭，从而使母乳绕过瘤胃，直接进入皱胃，在这里凝结和被初步消化，因而在瘤胃内不能建立起发酵机制。乳蛋白和乳糖在小肠里被迅速消化。羔羊3周龄后才能慢慢地消化植物性饲料。当羔羊生长到7周龄时，麦芽糖酶的活性才逐渐显示出来，8周龄时胰脂肪酶的活力达到最高水平，此时瘤胃已经充分发育，能采食和消化大量植物性饲料。因此，理论上认为早期断奶在8周龄较合理。提早断奶能促进瘤胃尽早发挥消化作用，但刚断奶时对植物蛋白消化不良，要有一定量的动物蛋白，否则早期生长会受一定的影响。

3. 反刍　这是羊的特点，也叫作倒沫或倒嚼，即已进入瘤胃的粗料由瘤胃返回到口腔重新咀嚼的过程。羊采食速度很快，每分钟可采食60~70口草，2小时就能吃饱，然后休息，把吞入的饲草从瘤胃中翻上来进行咀嚼，并与唾液充分混合后再咽到胃里，这有利于瘤胃微生物的活动和粗饲料的分解。羊每日反刍时间约为8小时，分4~8次，每次40~70分钟，食入的粗饲料比例越高，反刍的时间越长。反刍不但能使饲料颗粒变小，提高瘤胃消化吸收能力，而且能刺激唾液的分泌，维持瘤胃正常的pH值，同时为瘤胃微生物的连续发酵提供营养。因此，正常的反刍对羊有很大意义。一旦反刍停止则多为病羊。

4. 嗳气　在瘤胃细菌的发酵作用下，产生大量的二氧化碳和甲烷，在嗳气时可以排出，每小时20次左右；如果不排出就会使羊发生膨胀病。正常情况下嗳气是由口腔排出的，小部分是瘤胃吸收后从肺部排出的。

（二）消化过程

羊消化道的各部位对食入的饲料起着不同的消化作用，这些部位按各自的区段划分为口腔区、咽喉食道区、胃区、胰区、肝区、小肠盲肠结肠区。

1. 口腔区　羊的口腔起采食、咀嚼和吞咽作用。将食物摄入口腔称作采食，羊是靠舌、唇和牙齿的协作进行的；将食物撕裂、磨碎、润湿并拌成食团，再由颊部的唾液掺入酶等进行消化的过程，称为咀嚼；完成咀嚼的食团由舌推送到口腔后部，接触到咽部时，在不随意与随意动作条件反射下关闭喉部呼吸道，推入食道。

（1）牙齿：将食物撕裂并磨碎或碎裂成小片，使之与消化液有尽量大的接触面积。羊是揪住草撕断而进食的，不用牙齿来撕裂食物。因没有犬齿，只有用下门牙抿紧上颌牙床撕断草的茎叶，故不能采食粗劣枝条和纤维化严重的草茎。

（2）羊舌：是采食的主要器官。舌面覆满粗糙的乳状突起，能将牧草卷入口腔并送到臼齿部供咀嚼，在掺入唾液磨细后形成食团。舌面有大量味蕾，在感受食入物的味道后，对不适口的食物，由神经传导停止采食，对适口的大量采食。羊舌的舌尖和舌根部味蕾很发达，而舌体中部分布甚少。当食团送到口腔后部，味蕾感受器对滋润均匀的食团由神经传导产生吞咽动作将其咽下。

（3）唾液腺：这是由腮腺、颌下腺和舌下腺三对腺体组成的。共有六种作用：①滑润，有助于咀嚼、形成食团和吞咽；②缓冲，唾液分泌大量的碳酸氢盐，对食物起中和缓解作用；③唾液中有大量的尿素、磷、镁、氯和黏蛋白为瘤胃微生物提供营养源；④止沫，唾液可起表面活性剂的作用，能防止瘤胃气体的聚积，避免瘤胃膨胀；⑤溶剂，对食物进行溶解，感受其释放的化学物质具有的味道；⑥保护，对口腔黏膜起保护作用。

2. 咽喉食道区　咽部是控制空气和食管通道的交汇部，它开口于口腔，后接食道、后鼻孔、耳咽管和喉部。吞咽时软腭上抬关闭鼻孔，盖住喉孔，防止饲料进入呼吸道。食团进入食道，食道的肌肉组织产生蠕动波，形成一个单向性运动，由平滑肌协调地收缩和松弛将食团推到胃的贲门。

3. 胃区　瘤胃体积最大，其表面积也很大。有大量的乳状突起，起着对食团进行搅拌和吸收的作用。蜂巢胃的内表面呈蜂窝状，食物暂时逗留于此，微生物在这里充分消化饲料，由此产生二氧化碳和挥发性脂肪酸，如醋酸、丙酸和丁酸。当其被瘤胃吸收后，羊得到大量能量。当喂精料过多时，会产生大量乳酸，使瘤胃pH值降低，抑制一些微生物的活动，不利于消化而引起羊停食，形成急性消化病。类脂化合物在瘤胃微生物的作用下分解成脂肪酸和甘油。其中甘油主要转化为丙酸和长链脂肪酸，进入到小肠内被吸收。蛋白质中高度可溶性蛋白质被迅速分解，形成细菌蛋白质；而高度不溶性蛋白质则相对完整地下行，与细菌蛋白质一起进入肠道。在蛋白质分解时产生的氨一部分被胃壁吸收，另一部分为细菌蛋白质的合成提供氨源。如果日粮中糖和淀粉的成分高，氨的浓度就低。瘤胃细菌能合成维生素K和B族维生素，同时产生维生素C，因此，成年羊无须由饲料来提供。羔羊的维生素K和B族维生素是从羊奶中获得的。羔羊的瘤胃不发达，缺乏以上的营养来源。羔羊吸奶时，奶汁通过由瘤胃和蜂巢胃内壁的临时性食管沟，直接流入瘤胃。在皱胃奶汁与凝乳酶接触，被凝固，进而被消化。当羔羊长大时，固体饲料刺激瘤胃发育，才会

改变羔羊的消化特点。瓣胃的生理功能未被全部了解，已知的是有助于磨碎摄入的饲料和吸收水分。皱胃与单胃动物的胃一样，是唯一的含有消化腺的胃室。

4. 胰区　胰区由胰脏和胰管组成。它分泌两种激素：一种是由内分泌腺分泌的胰岛素和胰高血糖素；另一种是由外分泌腺分泌的胰液，是小肠消化所必需的。

5. 肝区　肝区包括肝脏、胆囊和胆管。当养分由胃和小肠吸收后，经过门静脉被送到肝脏。肝脏的功能有：①分泌胆汁；②对有害化合物进行分解；③蛋白质、碳水化合物、类脂化合物的代谢；④储存维生素；⑤储存碳水化合物；⑥破坏红细胞；⑦构成血浆蛋白质；⑧弱化多肽激素。其中胆汁是促进脂肪溶解和吸收的，并排出一些废弃物，如胆固醇和血红蛋白分解的副产物等。胆汁是绿色的，为红细胞破坏的最终产物胆绿素和胆红素所致。胆汁中含有许多钠、钾，与胆酸结合形成盐类，这些胆盐与小肠内的类脂化合物结合成胶态分子团。胶态分子团形成后，类脂化合物就能被消化，脂肪酸和甘油就能穿过小肠黏膜屏障进入淋巴系统。而胆盐在进入肠肝后继续循环，不像类脂化合物那样被消化。胆汁的生成量依动物饥饱情况不同而异，饥饿的个体只生成少量的胆汁，而饲喂脂肪日粮的个体生成大量的胆汁。这种调节是由血流量、个体的营养状况、饲喂日粮的类型和肠肝胆盐循环等因素所决定的。

6. 小肠、盲肠、结肠区　小肠在解剖学上分三段：十二指肠、空肠和回肠。十二指肠自胃的幽门部括约肌至空肠，被一段短的肠系膜紧紧附着在体壁，胆汁和胰汁均流注在此。空肠与回肠之间无明显交界。小肠的管腔表面满布伸展的绒毛，呈手指状凸出，形成网状系统。每个绒毛含有一个称作乳糜管的淋巴管和许多细血管。绒毛表面还具有大量的微绒毛，极大地扩展了吸收的表面积。小肠的终端为回盲瓣，回盲瓣是控制摄入物由小肠流向盲肠和大肠的括约肌组织，可以防止摄入物回流。盲肠和结肠由多层肌肉组成。结肠是以环形肌为基础的，是形成肠蠕动的根本。大肠纵向有三条纵行肌。在结肠整段有一连串的鼓室和囊袋，摄入物在纳入袋状结构中时有水分排出。结肠中还有无数能分泌黏液的高脚杯细胞。盲肠位于结肠的近端，是一个盲袋，其消化作用不大，但能吸收一些挥发性脂肪酸。

二、肉羊的营养

（一）肉羊的营养需要

肉羊的营养需要包括干物质、蛋白质、能量、矿物质及维生素等。

1. 肉羊的干物质需要　干物质（DM）是指各种固形饲料养分需要量的总称。一般用干物质采食量（DMI）来表示。干物质采食量是一个综合性的营养指标。日粮中干物质过高，羊吃不下去；干物质不足，养分浓度低。在配制日粮时，要正确协调干物质采食量与营养浓度的关系，严格控制干物质采食量。肉羊干物质采食量一般为：肉羊体重≤20 千克时，干物质进食量为体重的3%~4%；体重>20 千克时，干物质进食量为体重的4%~5%。

2. 肉羊的能量需要 肉羊的呼吸、运动、体温维持、生长发育等全部生命过程都需要能量。能量是肉羊的基础营养之一，能量水平是影响生产力的重要因素。肉羊对能量的需要，实则是对占饲料90%以上的有机物质的总需要。只要能量得到满足，各种营养物质如蛋白质、矿物质、维生素等才能发挥其营养作用。否则，即使这些营养物质在日粮的含量上能满足需要，但仍会导致肉羊体重下降、生产性能下降、健康恶化。

肉羊从饲料的有机物质（碳水化合物、脂肪和蛋白质等）中获得能量。其中碳水化合物和脂肪是能量的主要来源，碳水化合物包括淀粉、糖和粗纤维。由于羊特殊的瘤胃消化生理特点，通过瘤胃微生物的发酵，可以有效地分解和利用植物性饲料原料中的粗纤维，因而在肉羊的日粮中供给一些优质粗饲料，不仅可以降低饲养成本，也是满足羊的正常消化生理功能所必需的。

饲料中的能量并不能被羊完全利用，没有被消化吸收的有机物的能量，随粪便的排出而流失。饲料中的总能减去粪能的差值称为消化能，也称为表观消化能。消化能减去消化过程中产生的甲烷等气体和由尿排出的能称为代谢能，也称为生理有用能或表观代谢能。代谢能是羊生命活动所必需的。能量与其他营养物质（如可消化蛋白质）必须保持一定的比例，才能保证各种营养物质的有效吸收和利用。

肉羊对能量的需求除与体重、年龄、生长及日粮中能量与蛋白质的比例有关外，还随饲养环境（温度、湿度、风速等）、活动量、肥育强度、妊娠、泌乳等因素而变化，一般放牧羊比舍饲羊消耗热量多，冬季较夏季多耗热能70%~100%；哺乳双羔需要的能量高出维持需要量的1.7~1.9倍。

能量过高对肉羊生产成长也不利，要掌握控制方法，限量饲喂，限制采食时间，增加粗饲料比例等。

3. 肉羊的蛋白质需要 粗蛋白质包括纯蛋白质和氨化物。蛋白质是由多种氨基酸组成的，对蛋白质的需求也就是对氨基酸的需求。它是细胞的重要组织成分。不仅是羊体内各种组织、器官生长发育和修复所必需的原料，也是体内许多酶、激素、抗体以及肉、乳、皮、毛等产品的重要成分。

肉羊对粗蛋白质的数量和质量要求并不严格，因瘤胃微生物能利用蛋白氮和氨化物中的氮合成生物价值较高的菌体蛋白。但瘤胃中微生物合成必需氨基酸的数量有限，60%以上的蛋白质需从饲料中获得。高产肉羊，单靠瘤胃微生物合成必需氨基酸是不够的。因此，合理的蛋白质供给，对提高饲料利用率和

生产性能是很重要的。

能量和蛋白质是肉羊营养中的两大重要指标。日粮中两大指标的比例关系直接影响肉羊的生产性能。日粮中蛋白质适量或其生物学价值高，可提高饲料代谢能的利用，使能量沉积量增加。日粮中能量浓度低，蛋白质量不变，羊为满足能量需要，增加采食量，则蛋白摄取量过多，多采的蛋白转化为低效的能量，很不经济。反之，日粮中能量过高，采食量少，而蛋白质摄取不足，日增重就下降。饲料中蛋白质供应不足时，会造成肉羊的消化功能减退、体重减轻、生长发育受阻、抗病力减弱，严重缺乏时甚至引起死亡。因此，日粮中能量和蛋白质要保持合理的比例，既可以节省蛋白质，也能保证能量的最大利用率。

肉羊对蛋白质的需求量随年龄、体况、体重、妊娠、泌乳等不同而异。幼龄羊生长发育快，对蛋白质的需求量就多。随着年龄的增长，生长速度减慢，其对蛋白的需求量下降。妊娠、泌乳羊、育肥羊对蛋白质需求量相对较高。

蛋白质可以替代碳水化合物和脂肪为机体供应能量。当日粮中的能量供应不足时，羊体可分解体内储备的脂肪和蛋白质来补充机体的能量需要。1 千克蛋白质可产生 18. 8 千焦的热能。但是，用蛋白质代替碳水化合物作为肉羊的能量供应是很不经济的。

4. 对矿物质的需要　肉羊体组织中的矿物质占 3%~6%，是生命活动的重要物质，几乎参与所有生理过程。缺乏时会引起神经系统、肌肉运动、食物消化、营养运输、血液凝固、体内酸碱平衡等功能紊乱，影响羊只的健康乃至死亡。

（1）钙、磷占体内矿物质总量的 65%~70%，长期缺乏钙、磷或由于钙、磷比例不当和维生素 D 不足，幼龄羊会出现佝偻病，成羊发生骨软症和骨质疏松症。

（2）钾、钠和氯主要在维持体液的酸碱平衡和渗透压方面起重要作用。

（3）镁是骨骼的重要成分，也为正常肌肉活动和许多酶系统所必需。60% 的镁在骨骼中，在细胞中镁的浓度占第二位，仅次于钾。缺镁：食欲下降，过分兴奋，肌肉收缩异常，呼吸困难。日粮中钾、钙、磷等含量高时，镁的需要量增加。

（4）碘的功能非常重要，能合成甲状腺素。缺碘：甲状腺肿，母羊产死胎或弱胎，被毛不全。硒能保持细胞膜的完整性。缺硒时会生长发育不良，导致生殖障碍和患白肌病。增重快、体重大的羔羊，严重缺硒时会突然死亡。缺硒也可引起羔羊拉稀或痢疾。土壤中缺硒导致饲料缺硒。缺硒地区补给量：0. 3 毫克/千克日粮。

（5）钴是反刍动物必需的微量元素。缺钴时反刍动物会贫血、降低采食量、严重消瘦。钴补给量：0.2~0.3毫克/千克日粮。碳酸钴和硫酸钴是补钴的常用药品。

（6）锌是多种酶的成分。缺锌时生长发育缓慢或停止，表现为呆小症或侏儒症；影响动物的正常味觉，使食欲降低，异嗜；皮肤角化过度或不全，出现皮炎、皮肤增厚和脱毛现象；导致公、母羊繁殖率降低；免疫功能降低。饲料中高钙、植酸、纤维素、铜、铁等影响对锌的吸收。维生素A、维生素E、蛋白质可提高锌的利用率。葡萄糖酸锌是最佳补充态。用锌碘制剂可治疗癞皮病、异嗜癖。

（7）铜是血红蛋白和酶的重要成分。需要量为10毫克/千克日粮。超过80毫克/千克日粮，会影响瘤胃微生物的增长。铜中毒：突然出现眼白、皮肤黄色、尿中带血的情况。

（8）氟：骨骼和牙齿需要。稍微过量易发生中毒。

（9）锰：体内占0.03%左右。缺锰可导致发情不明显、受胎率下降、关节畸形的发生。

5. 肉羊的维生素需要　维生素的需要量不大，但维生素对机体的调节、能量的转化、组织的新陈代谢却有重要作用。脂溶性维生素A、维生素D、维生素E、维生素K在羊体内不能合成，必须在饲料中补给才能满足羊的维持和生产需要。

青绿多汁饲料富含维生素A、维生素D、维生素E等。日粮中有一定量（1/4左右）的青绿饲料，一般不会发生维生素的缺乏。反刍动物在患某种疾病时，可能发生B族维生素的缺乏，应给予补充。常见症状如下：

①缺乏维生素A：生长停止、夜盲、流眼泪、流鼻液、咳嗽、腹泻、肺炎、步态不协调、瞎眼、上皮角质化、食欲下降、消瘦、被毛粗乱、鳞片皮症、流产、死胎等；②缺乏维生素D：影响钙、磷吸收，引起佝偻病；③缺乏维生素E：导致肌肉营养不良的退化性疾病及生殖障碍，如白肌病和公羊睾丸萎缩症。

（二）肉羊的饲养标准和应用

羊的饲养标准就是羊的营养需要量。它是指根据科学实验结果、结合实践饲养经验，对不同品种、年龄、性别、体重、生理状况、生产方向和生产水平的羊，科学地规定每只每天应通过饲料供给各种营养物质的数量。它是科学养羊的依据，对合理利用饲料，降低饲养成本具有重要意义。在应用中不能生搬硬套，各地应依据羊的品种、生产性能、自然条件和饲养水平等生产实际情况加以调整。

中华人民共和国农业部2004年发布了《肉羊饲养标准》（NY/T816—2004），本标准规定了肉用绵羊和山羊对日粮干物质进食量、消化能、代谢能、

粗蛋白质、维生素、矿物质元素的每日需要量值。本标准适用于以产肉为主，产毛、绒为辅而饲养的绵羊和山羊品种。

三、饲料的营养成分和常用饲料

（一）饲料的营养成分

各种饲料中所含的营养成分种类和数量虽有所不同，但最主要的成分都具备。这些成分是水分、粗蛋白质、粗脂肪、粗纤维、无氮浸出物、矿物质（粗灰分）及维生素等。

1. 水分　各种饲料因种类、生长发育阶段不同而含水量不同，而且差异很大。青绿多汁饲料在新鲜状态时一般含水分为60%~95%，粗饲料为15%~20%，粮谷饲料为10%~15%。

2. 粗蛋白质　粗蛋白质包括真蛋白质（纯蛋白质）和氨化物（即非蛋白态的含氮化合物）两类。真蛋白质是由多种氨基酸组成的复杂化合物。由于饲料种类不同，氨基酸的种类、数量及结合状态也不同，其营养价值也有差别。蛋白质的化学组成，包括氮、碳、氢、氧、硫、磷等元素，但氮素是蛋白质最主要和特有成分，一般含量为15%~17%。蛋白质还可以作为热能来源，当日粮中缺乏碳水化合物或脂肪时，一部分蛋白质则在体内分解，以供应热能。分解产物多以尿素形式排出，损失热能较多，所以在搭配日粮时，应注意不要用过多的蛋白质饲料。

3. 粗脂肪　粗脂肪中的中性脂肪（真脂肪）、磷脂、植物色素类、固醇类和挥发油等可用乙醚浸出，所以这些物质又称为乙醚浸出物。脂肪在谷物籽实和青、粗饲料中含量较少，常在6%以下；而在豆科籽实中含量较高，常在18%以上。脂肪在家畜体内分解后和碳水化合物一样，主要供给热能。单位重量产生的热能，相当于碳水化合物的2.25倍，家畜虽然能利用蛋白质和碳水化合物合成脂肪，但需要由饲料供给一定的数量，否则饲料消化率降低，影响生长。

4. 粗纤维　粗纤维是纯纤维素、木质素、半纤维素（多缩戊糖、聚乙糖）和其他树脂类物质的结合物，是构成植物细胞壁的重要物质；特别是秸秆饲料中含量较多，可达40%左右。粗纤维在特定酶的作用下才能被分解为低糖（如葡萄糖）被畜体利用。粗纤维可以增加饲料体积，在消化道中起填充容积作用，并能刺激胃肠蠕动，有利于粪便排泄，促进代谢机能的加强。各类饲料的粗纤维含量不同，在秸秆饲料中高达30%~45%；禾本科植物籽实中粗纤维含量较低，除燕麦外，一般在5%以内；糠麸类饲料约10%。动物性饲料不含粗纤维。

5. 无氮浸出物　无氮浸出物是指饲料中的可溶性糖和淀粉，一般饲料中含量较高，特别是粮谷饲料。无氮浸出物主要是供给畜体热能，剩余部分转化为脂肪，储存于体内。另一部分转化为糖原，储存于肝脏和肌肉中。糖原可被分解为葡萄糖，最后燃烧成二氧化碳和水。在分解过程中，释放出热能以维持体温和工作之用。

无氮浸出物中的糖是自然界一大类有机物质，是家畜的主要能源。它含有碳、氢、氧三种元素，其中氢和氧的比例为2∶1。糖可分为单糖如葡萄糖，双糖如麦芽糖，多糖如淀粉、纤维素等。

6. 矿物质（粗灰分） 饲料经燃烧后所残余的灰分即粗灰分。饲料中的粗灰分主要有钙、磷、钠、氯、镁、铁、硫、碘、锰、铜、钴、锌等元素。饲料中粗灰分含量一般为1%~5%，但秸秆和树叶中的粗灰分可高达15%左右。矿物质是构成畜体骨骼、组织、器官的重要物质，特别是磷和钙，它们是构成骨骼、牙齿的主要成分。

7. 维生素 维生素是保证家畜正常新陈代谢的一种活性物质，使畜体正常生活。饲料中缺乏某种维生素时，就会使牲畜新陈代谢紊乱，引起各种维生素缺乏症。常用的维生素，根据其溶解性质，可分为脂溶性和水溶性两大类。脂溶性维生素主要有维生素A、维生素D、维生素E、维生素K等。水溶性维生素有维生素B（维生素B_1、维生素B_2、维生素B_6、维生素B_{12}）、维生素C、尼克酸、泛酸、叶酸、生物素等。

（二）羊常用饲料

1. 饲料的种类 主要有青绿饲料、青贮饲料、粗饲料、能量饲料、蛋白质饲料、矿物质饲料、添加剂（微量元素、维生素、缓冲剂等）。

2. 精料的品种及其比例组成 包括：①能量饲料，如玉米、大麦、高粱等，占50%~55%。②蛋白饲料，如豆粕、豆饼、花生粕、花生饼、膨化大豆、棉饼、棉粕、菜籽粕等，占25%~35%。③糠麸类饲料，如麸皮等，占5%~10%。④矿物质饲料，如磷酸氢钙、碳酸钙、骨粉、盐等，占5%~7%。⑤添加剂，如维生素、微量元素，约占1%。

四、粗饲料调制技术

目前，我国农作物秸秆年总产量达6亿多吨，其中稻草1.7亿吨，玉米秸1.5亿吨，麦秸1.3亿吨，豆类及其他秋杂粮秸秆1亿吨，秧蔓类、甘蔗糖渣等0.6亿吨。据报道，我国约有50%的秸秆作为生活能源被烧掉，15%经过农民简单处理还田，另有5%用于造纸、建筑和编织，仅20%的秸秆用于饲喂家畜。最有意义、最有价值的秸秆利用当属“过腹还田”。

农作物秸秆适口性差，消化率低，可以通过碱化、氨化、青贮、微贮、热喷等方法把它转化为优质的粗饲料。由于秸秆碱化处理存在环境污染问题，不

宜推广；秸秆热喷技术工艺复杂，投资较大，也不利于农户大面积推广。而氨化、青贮、微贮操作比较简单，每家每户都可以做，并且成本低，效果好。所以，在这里仅介绍秸秆的氨化、青贮、微贮技术。

花生秧、红薯秧、大蒜秸秆等质地较好，及时晒干，可作为优质粗饲料；刚收割的玉米秸秆宜做青贮保存；稻草、麦秸、干玉米秸秆等，有效能量、蛋白质、矿物质、维生素含量低，适口性差，宜做氨化或微贮处理；豆秸秆、棉秸秆等豆科作物秸秆经揉碎或微贮后可以喂羊。稻草、玉米和麦秸三大作物秸秆年总产量达4.5亿吨，占所有作物秸秆的75%以上。

（一）秸秆青贮

1. 青贮的意义　青贮是调制储藏青饲料和秸秆饲草的有效技术手段，也是发展草食家畜养殖业的基础。饲草青贮有许多好处：饲草青贮能有效地保存青绿植物的营养成分。一般青绿植物在成熟或晒干后，营养价值会降低30%~50%，但经过青贮处理，只降低3%~10%。青贮的特点是能有效地保存青绿植物中的蛋白质和维生素（如胡萝卜素等）；青贮能保持原料青贮时的鲜嫩汁液，干草含水量只有7%~14%，而青贮饲料的含水量为60%~70%，适口性好，消化率高。如同一年四季都能使家畜采食到青绿多汁饲草，可使畜群常年保持高水平的营养状况和最高的生产力；青贮饲料可以扩大饲料来源。一些营养价值高的饲草羊并不喜欢采食，或不能利用，而经过青贮发酵，就可以变成羊喜欢采食的优质饲草，如向日葵、玉米秸、棉秆等。青贮后不仅可以提高适口性，也可软化秸秆，增加可食部分，提高饲草的利用率和消化率；青贮能够灭除有害微生物、农作物害虫和杂草种子；青贮处理可以将菜籽饼、棉饼、棉秆等有毒植物及加工副产品的毒性物质脱毒发酵。

2. 青贮的原理　收获后的青饲料，表面上带有大量微生物，如腐败菌、乳酸菌、酵母菌、酪酸菌、霉菌等。1千克青绿饲料中可达10亿个，如不及时处理，腐败菌就会繁殖，使青饲料发生霉变、腐烂。青贮是一个发酵过程，各种微生物不断发生变化，其中乳酸菌是青贮成功与否的关键性微生物，在青贮时，要促进乳酸菌的形成，抑制其他有害细菌的繁衍。对原料的要求是含糖量不低于2%~3%，水分为60%~75%。

青贮饲料的整个发酵过程中，由封存到启用，一般可以将发酵分三个阶段。

（1）好气性活动阶段：新鲜的青贮原料装入青贮窖后，由于在青贮原料间还有少许空气，各种好气性和兼性厌氧细菌迅速繁殖，使得青贮原料中遗留下的少量的氧气很快耗尽，形成了厌氧环境；与此同时，微生物的活动产生了大量的二氧化碳、氢气和一些有机酸，使饲料变成酸性环境，这个环境不利于腐败菌、酪酸菌、霉菌等生长，乳酸菌则大量繁殖占优势。当pH值下降到5

以下时，绝大多数微生物的活动都被抑制，这个阶段一般维持2天左右。

（2）乳酸发酵阶段：厌氧条件形成后，乳酸菌迅速繁殖形成优势，并产生大量乳酸，其他细菌不能再生长活动。当pH值下降到4.2以下时，乳酸菌的活动也渐渐慢下来，还有少量的酵母菌存活下来，这时的青贮饲料发酵趋于成熟。一般情况下，发酵5~7天时，微生物总数达高峰，其中以乳酸菌为主，正常青贮时，乳酸发酵阶段为2~3周。

（3）青贮饲料保存阶段：当乳酸菌产生的乳酸积累到一定程度时，乳酸菌活动受到抑制，并开始逐渐消亡。由于青贮料处于厌氧和酸性环境中，得以长期保存下来。

青贮饲料失败的原因是：①青贮时，青饲料压得不实，上面盖得不严，有渗气、渗水现象，窖内氧气量过多，植物呼吸时间过长，好气性微生物活动旺盛，会使窖温升高，有时会达到60℃，因而削弱了乳酸菌与其他细菌微生物的竞争能力，使青贮营养成分遭到破坏，降低了饲料品质，严重的会造成烂窖，导致青贮失败。②青贮原料中糖分较少，乳酸菌活动受营养所限，产生的乳酸量不足。③原料中水分太多，或者青贮时窖温偏高，都可能导致酪酸菌发酵，使饲料品质下降。④青贮窖大，人手和机械不够，装料时间过长，不能很快密封。

3. 半干青贮　半干青贮是将青贮原料收割后放1~2天，使其水分降低到40%~55%时，然后再缺氧保存。这种青贮方式的基本原理是原料的水分少，造成对微生物的生理干燥。这样的风干植物对腐生菌、酪酸菌及乳酸菌，均可造成生理干燥状态，使其生长繁殖受到限制。因此，在青贮过程中，微生物发酵弱，蛋白质不分解，有机酸生成量小。虽然有些微生物如霉菌等在风干物质内仍可大量繁殖，但在切短压实的厌氧条件下，其活动很快停止。所以，低水分青贮的本质是在高度厌氧条件下进行。由于低水分青贮是在微生物处于干燥状态下及生长繁殖受到限制的情况下进行的，所以原料中的糖分或乳酸的多少以及pH值的高低对其无关紧要，从而扩大了青贮的适用范围，使一般不易青贮的原料，如豆科植物苜蓿，也可顺利青贮。

4. 青贮设施　青贮设施要选择在地势高燥、地下水位较低、距畜舍较近、远离水源和粪坑的地方。装填青贮饲料的建筑物，要坚固耐用、不透气、不漏水。建筑材料可就地取材，节约成本。有一定饲养规模的养殖场、专业户，应建造长方形的青贮窖，农户可以采用塑料袋青贮。

5. 青贮的具体步骤　青贮是一项具有时限性的突击性工作，一定要集中人力、机械，一次性连续完成。贮前要把青贮窖、青贮切碎机准备好，并组织好劳力，以便在尽可能短的时间内突击完成。青贮时要做到随割、随运、随切，一边装一边压实，装满即封。原料要切碎，装填要踩实，顶部要封严。具

体步骤是：

（1）抓好青贮时机：青贮原料要在成熟阶段进行收割，植物的成熟是有时限的，错过了时机就会老化，营养价值降低，含水量减少，不易成功。参考天气预报，尽量避开阴雨天，避免堆积发热，保证原料的新鲜和青绿。

（2）整理青贮设施：已用过的青贮设施，在重新使用前必须将窖中的脏土和剩余的饲料清理干净，有破损处应加以维修。

（3）适度切碎青贮原料：一般切成长度 2 厘米以下为宜，以利于压实和以后家畜的采食。

（4）控制原料水分：青贮时的含水量以 60%~70%为宜。玉米秸秆在收获玉米穗后，水分为 60%左右。新鲜青草和豆科牧草的含水量一般为 75%~80%，拉运前要适当晾晒，待水分降低 10%~15%后才能用于制作青贮。

调节原料含水量的方法：当原料水分过多时，适量加入干草粉、秸秆粉等含水量少的原料，调节其水分至合适程度。当原料水分较低时，将新割的鲜嫩青草交替装填入窖，混合贮存，或加入适量的清水。

（5）青贮原料的快装与压实：一旦开始装填青贮原料，速度要快，尽可能在 3~4 天内结束装填，并及时封顶。装填时，应在 20 厘米时一层一层地铺平，加入尿素等添加剂，并用履带拖拉机碾压或人力踩踏压实。要特别注意避免将拖拉机上的泥土、油污、金属等杂物带入窖内。用拖拉机压过的边角，仍需人工再踩一遍，防止漏气。

（6）密封和覆盖：青贮原料装满后要高出窖上口 30~40 厘米。压实后，必须尽快密封和覆盖窖顶，以隔断空气，抑制好氧性微生物的发酵。覆盖时，先在一层细软的青草或青贮上覆盖塑料薄膜，而后堆土 30~40 厘米，用拖拉机压实。覆盖后，连续 5~10 天检查青贮窖的下沉情况，及时把裂缝用湿土封好，窖顶的泥土必须高出青贮窖边缘，防止雨水、雪水流入窖内。

6. 青贮饲料添加非蛋白氮　非蛋白氮是指尿素、氨水、磷酸脲等含氮化合物，常用作提高玉米、高粱等禾谷类青贮质量的添加剂，可提高粗蛋白质含量，降低好氧微生物的生长潜力。

（1）尿素是增加玉米、高粱青贮中粗蛋白含量的最好添加剂，添加量为 5 克/千克，能使其蛋白质含量达 12%以上。

（2）磷酸脲可作为青贮料的氮、磷添加剂和加酸剂。添加 0. 35%~0. 40%磷酸脲，可使储存 53 天、63 天和 65 天的玉米茎叶、结籽期红三叶青贮料中的胡萝卜素含量分别提高 55. 59%、61. 02%和 13. 94%，且青贮料的酸味淡、色嫩黄绿、叶茎脉清晰。

7. 青贮饲料的品质鉴定　一般情况下可采用感观鉴定方法来鉴定青贮饲料的品质，多采用气味、颜色和结构三项指标。品质良好的青贮饲料呈青绿色或黄绿色，有醇香气味；品质低劣的青贮饲料多为暗色、褐色、墨绿色或黑色，气味难闻。从结构上来讲，品质良好的青贮料压得很紧密，但拿到手上又很松散，质地柔软，略带湿润。若青贮饲料粘成一团好像一块污泥，则是不良的青贮饲料。

8. 青贮饲料取用 用玉米、向日葵等含糖量高、易青贮的原料制作青贮，3周后就能制成优质的青贮饲料，而不易青贮的原料需2~3个月才能完成。

使用青贮饲料应注意以下问题：第一，要防止二次发酵。青贮饲料的二次发酵，又叫好氧性腐败。在温暖季节开启青贮窖后，空气随之进入，好氧性微生物开始大量繁殖，青贮饲料中养分遭受大量损失，出现好氧性腐败、霉变，产生大量的热。设计青贮窖的时候，截面不要做得太大。下雨时要防止往窖内灌水。第二，青贮饲料含水量大，每天饲喂量不要超过家畜体重的10%。

（二）秸秆氨化

1. 秸秆氨化的定义 秸秆氨化就是在秸秆中加入一定量的氨水、无水氨、尿素等溶液进行处理，以提高秸秆消化率和营养价值。其原理是利用碱和氨与秸秆发生碱解和氨解反应，破坏连接木质素与多糖之间的酯键，提高秸秆的可消化性。氨与秸秆中的有机物质发生化学变化，形成有机铵盐，被瘤胃微生物利用，形成菌体蛋白被消化吸收，提高秸秆的营养价值。氨化还可使秸秆的木质化纤维膨胀、疏松，增加渗透性，提高适口性和采食量。

2. 秸秆氨化的意义 氨化处理可以使秸秆有机物质消化率提高20%~30%，粗蛋白质含量由3%~4%提高到8%或更高，采食量增加20%；氨化可以防止饲料霉变，还能杀死野草籽，能很好地保存高水分含量的粗饲料；氨化处理秸秆成本低，方法简便，容易推广，经济效益高。

3. 秸秆氨化使用的主要氨源 秸秆氨化使用的氨源主要有液氨、尿素、碳酸氢铵、氨水。在此仅介绍尿素的使用。尿素就是农村普遍使用的氮肥，用尿素作为氨化秸秆的氨源，其好处在于可以方便地在常温、常压下运输，氨化时不需复杂的特殊设备，对人、畜健康无害。氨化秸秆时，对封闭条件的要求也不像液氨那样严格，且用量适当，一般为秸秆干物质量的4%~5%，很适合我国广大农村应用。

4. 适宜做氨化处理的秸秆 氨化处理主要适用于晒干后的禾本科植物，如麦秸、稻草、玉米秸秆等。豆科植物秸秆一般不做氨化。

5. 秸秆氨化处理方法 麦秸和稻草是比较柔软的秸秆，可以铡碎成2~3厘米。但玉米秸秆高大、粗硬，体积太大，不易压实，应铡成1厘米左右的碎秸。

边堆垛边调整秸秆含水量。如用液氨作氨源，含水量可调整到20%左右；若用尿素、碳酸氢铵作氨源，含水量应调整到40%~50%。水与秸秆要搅拌均

匀，堆垛法适宜用液氨作氨源。

由于秸秆体积大、数量多，不可能用秤测重，所以往往估算秸秆的重量。一般新麦秸秆垛每立方为 55 千克、旧垛为 79 千克；新玉米秸秆垛为 79 千克、旧垛为 99 千克。均指为未切碎秸秆。

做秸秆氨化时，要把秸秆密封起来，主要有堆垛法，窖、池法和氨化炉法等。堆垛法是指在平地上将秸秆堆成长方形垛，用塑料薄膜覆盖密封。其优点是不需建造基本设施，投资较少，适宜大量制作，堆放与取用方便，适宜我国南方和夏季气温较高的季节采用。主要缺点是塑料薄膜容易破损，使氨气逸出，影响氨化效果；在北方仅能在 6 月、7 月、8 月三个月使用，气温低于 20℃时就不宜采用。当夏季麦收后，正值雨季，秸秆不便储存，可采用堆垛法。

窖、池法是利用砖、石、水泥等建筑材料建成的像青贮窖一样的窖。建造永久性的氨化窖、池，可以与青贮饲料轮换使用，即夏、秋季氨化，冬、春季青贮。也可以 2~3 窖、池轮换制作氨化饲料。永久性窖、池不受鼠、虫为害，也不受水、火、人、畜等灾害威胁，适合我国广大农村小规模饲养户使用。

氨化炉是一种密闭式氨化设备，它可将秸秆快速氨化处理。但氨化炉投资较大，不宜在农户中推广。

6. 尿素氨化秸秆　用尿素氨化秸秆，每吨秸秆需尿素 40~50 千克，溶于 400~500 千克清水中，待充分溶解后，用喷雾器或水瓢泼洒，与秸秆搅拌均匀后，一批批装入窖内，摊平、踩实。原料要高出窖口 30~40 厘米，长方形窖呈鱼脊背式，圆形窖呈馒头状，再覆盖塑料薄膜。盖膜要大于窖口，封闭严实，先在四周填压泥土，再逐渐向上均匀填压湿润的碎土，轻轻盖上；切勿将塑料薄膜打破，以免造成氨气泄出。也可以将秸秆堆垛，用塑料膜覆盖，将四周与底膜连接在一起，用湿土或泥土压好，防止氨气逸出。封闭好后用绳、带在罩膜外横竖捆扎若干条，以防风吹破损。氨化过程中，若发现有破口或漏气，应及时补好。

7. 氨化秸秆取用　秸秆氨化的时间与环境温度有密切的相关性，当环境温度< 5℃时，处理时间应大于 8 周；当环境温度为 5~15℃时，处理时间为 4~8 周；当环境温度为 15~30℃时，处理时间为 1~4 周；当环境温度>30℃，处理时间为小于 1 周；当环境温度>90℃时，处理时间为小于 1 天。

8. 氨化秸秆品质感观评定　氨化后的秸秆质地变软，颜色呈棕黄色或浅褐色，释放余氨后有糊香气味。如果秸秆颜色变为白、灰色，发黏或结块等，说明秸秆已经霉变，不能再喂羊。如果氨化后的秸秆与氨化前基本一样，证明没有氨化好。

9. 饲喂氨化秸秆应注意的问题　第一，喂前摊开秸秆，经常翻动，使氨气挥发。第二，喂量由少到多，喂后不能立即饮水。第三，不要重复使用非蛋白氮，以免发生中毒。第四，用氨化秸秆喂羊需同时添加适量精料，以满足羊的生长、繁殖需要。

（三）秸秆微贮

1. 秸秆微贮的含义 用微生物活干菌发酵储存各种秸秆的过程叫秸秆微贮。利用生物技术筛选培育出的微生物活干菌发酵剂，经溶解复活后，兑入浓度为1%的盐水中，再喷洒到铡短的秸秆上，在厌氧条件下由微生物生长、繁殖完成。秸秆发酵剂在秸秆发酵储存中，可大大促进微生物的生物、化学作用，控制发酵过程，调节各种有机酸的比例，抑制有害微生物的繁殖，有效提高储料B族维生素和胡萝卜素的含量，使储料pH值稳定在4.2~4.5，不发生过酸和霉烂现象，并可预防牲畜酸中毒和酮糖中毒。

2. 常用发酵剂种类 目前市场上出售的发酵剂有许多种，如“微贮王”“EM原露”“生态畜宝”等。这些产品的作用基本大同小异。秸秆发酵剂适用范围广，包括含糖量高的禾本科植物秸秆、含糖量低的豆科秸秆、青绿秸秆及其干秸秆等，均可作微贮原料。

3. 发酵剂在保存和使用过程中应注意的问题 第一，应保存在5~15℃稳定的凉暗处，不能低于5℃，也不能高于50℃，严防冻结和日晒；第二，微生物发酵剂都有一定的有效期，过期产品不能再用；第三，包装密封应完好，放置时间过长或保存不善，发现有臭味就不能再用，开封后尽快用完；第四，微生物发酵剂不能与抗生素和杀菌药物同时使用；第五，使用的水以井水或放置24小时的自来水为好。

4. 微贮设施 微贮设施与青贮设施通用。

5. 微贮的操作步骤 每一个厂家生产的微生物发酵剂的使用方法都有不同之处，不能一一介绍，但每个产品都有详细的使用说明书，用户严格按产品说明书操作就行了。

6. 微贮料品质判断

（1）色泽：优质微贮青玉米秸秆的色泽为橄榄绿，稻、麦秸秆呈金褐色。如果变成褐色或黑绿色则质量低劣。

（2）气味：微贮饲料以带醇香和果香气味，并呈弱酸性为佳。若有强酸味，表明醋酸较多，这是由于水分过多和高温发酵所造成的。若带有腐臭的丁酸味、发霉味则不能饲喂。

（3）结构：优质的微贮饲料，拿到手里很松散，而且质地柔软、湿润。与此相反，拿到手里发黏或者黏成一块，说明质量不佳。有的松散，但干燥粗硬，也属不良的饲料。微贮饲料所用的活干菌属厌氧菌，只要正确操作，掌握好贮料的水分，并将贮料尽量压实，排除多余空气，密封发酵，即可获得满意

的优质微贮饲料。

7. 微贮秸秆的取用　封窖后30天左右即可完成发酵过程。开窖时应从窖的一端开始，先去掉上面覆盖的部分土层、草层，然后揭开塑料薄膜，从上到下垂直逐段取出。每次取完后，要用塑料薄膜将窖口封严，尽量避免与空气接触，以防二次发酵与变质。微贮料在饲喂前最好再用茎秆揉碎机或手工揉搓，使其成细碎的丝状物，进一步提高羊的消化率。开始喂微贮饲料时有一适应过程，可逐步增加饲喂量。

（四）秸秆膨化

秸秆膨化是一种物理生化复合处理方法，其机制是利用螺杆挤压方式把玉米秸秆送入膨化机中，螺杆螺旋推动物料形成轴向流动，同时由于螺旋与物料、物料与机筒以及物料内部的机械摩擦，物料被强烈挤压、搅拌、剪切，使物料被细化、均化。随着压力的增大，温度相应升高，在高温、高压、高剪切作用力的条件下，物料的物理特性发生变化，由粉状变成糊状。当糊状物料从模孔喷出的瞬间，在强大压力差作用下，物料被膨化、失水、降温，产生出结构疏松、多孔、酥脆的膨化物，其较好的适口性和风味受到牲畜喜爱。从生化过程看，挤压膨化时最高温度可达130~160℃。不但可以杀灭病菌、微生物、虫卵，提高卫生指标，还可使各种有害因子失活，提高了饲料品质，适口性好、易吸收，脂肪、可消化蛋白增加近一倍，排除了促成物料变质的各种有害因素，延长了保质期。

（五）秸秆压块

秸秆压块以玉米秸秆、苜蓿草、豆秸、花生秧等为原料，经铡切、混合、高压、高温轧制而成。密度一般为0.6~0.8吨/米^3。该压块饲料适合于牛、羊等反刍类动物的饲养。其特点是：①秸秆压块饲料的密度比自然堆放的秸秆提高10~15倍，便于运输和储存，储运成本可降低70%以上。②秸秆压块饲料在高压下把半纤维素和木质素撕碎变软，从而易于消化吸收，比铡切后直接饲喂的消化率明显提高。③秸秆压块饲料在高温下加以烘干压缩，具有一定的糊香味，其适口性明显提高，采食率高达100%，大大地节约了饲草。④加工后的秸秆压块饲料，由于含水量低，更便于长期存放，在正常情况下长期保存不变质。⑤秸秆压块饲料在饲喂时方便省力，可以直接饲喂，被称为牛、羊的“压缩饼干”。⑥秸秆压块饲草的附加值较高，有较高的综合经济效益、社会效益和生态效益。

五、肉羊日粮搭配技术

羊的日粮是指一只羊在一昼夜内采食各种饲料的总和。饲料配方是根据饲养标准和饲料营养成分，选择几种饲料按一定比例互相搭配，使其满足羊的营养需要的一种日粮方剂。羊的日粮配合是养羊生产中一项技术性很强的工作，传统饲养方式已不能适应现代养羊业发展需求。传统的饲养方式既不能给羊提供营养平衡的日粮，又造成饲料资源的大量浪费。了解和掌握日粮配合的原理与方法，是搞好科学养羊的基础。

羊是反刍动物，饲料应该以粗饲料为主。配合日粮要因地制宜，尽可能充分、合理地利用当地牧草、农作物秸秆和农副加工产品等饲料资源；同时，要根据羊不同生理阶段的营养需要和消化特点，科学选择饲料种类，确定合理的配合比例和加工调制方法。这样既能符合羊的生物学特点，提高饲料转化率，又能节约大量饲料，降低成本，增加经济效益。配合饲料是对饲料按比例进行科学配合而成，由于各营养物质互补和添加剂的调整作用，不仅营养全面、平衡、利用率高，还能增进健康，提高生产率。

（一）肉羊日粮搭配原则

根据肉羊饲养标准和饲料营养成分的价值，选用若干饲料按一定比例配合而成，并能满足肉羊维持与生产需要的日粮，称为全价日粮。全价日粮配合时，应根据以下原则：①饲料要搭配合理。肉羊为反刍动物，配合日粮时，应根据其生理特点，适当搭配精、粗饲料。②注意原料质量。选用优质饲草、饲料，严禁饲喂有毒和霉变饲料。③多种搭配。因地制宜，多样搭配，既能提高适口性，又能达到营养互补的效果。④日粮体积要适当。日粮体积过大，羊吃不进去；体积过小，可能难以满足羊的营养需要，羊也难免有饥饿感。一般每10千克的羊体重搭配0.3~0.5千克青干草或1~1.5千克青草。⑤日粮要相对稳定。日粮改变会影响瘤胃发酵、降低营养物质的吸收，甚至会引起消化系统疾病。

（二）日粮设计方法

1. 手工计算法 利用交叉法、联立方程法、试差法等设计肉羊饲料配方。基本步骤是：查肉羊的饲养标准，根据其性别、年龄、体重等查出肉羊的营养需要量；查所选饲料的营养成分及营养价值表，对于要求精确的可采用实测的原料营养成分含量值；根据日粮精、粗比首先确定肉羊每日的青、粗饲料饲喂量，并计算出青、粗饲料所提供的营养含量；与饲养标准比较，确定剩余应由精料补充料提供的干物质及其他养分含量。配制精料补充料，并对精料原料比例进行调整，直到达到饲养标准要求；调整矿物质和食盐含量。此时，若钙、磷含量没有达到肉羊的营养需要量，就需要用适宜的矿物质饲料来进行调整。食盐另外添加，最后进行综合，将所有饲料原料提供的养分之和，与饲养标准相比，调整到二者基本一致。

手工计算法费工费时，将逐渐被计算机软件代替，但它是最基本的方法，专业营养师应该掌握。

2. 计算机 Excel 法　肉羊场使用计算机运用 Excel 软件配置日粮，利用其具有的极其强大的信息处理和科学运算功能，可免除大量的烦琐运算过程，也可以更改饲料配比或更换因使用的《饲养标准》引起的一系列数据变动，使计算结果与其变化相对应，所以省去了全部的运算过程，达到饲料营养与饲料成本的最大优化。可以从处理的准确性和速度方面使各项工作的效率得到极大的提高，只需对肉羊场技术人员稍加培训即可掌握并加以运用。这种方法在生产中既简便又实用。

3. 饲料配方软件　目前，许多商家推出多款反刍羊饲料配方软件、TMR 全日粮计算肉羊饲料配方软件或在线营养专家系统，各有长短，为肉羊日粮配合提供了便捷，但相对于猪、牛、鸡饲料配方软件还不够完善。随着养羊业规模化程度和肉羊营养科技水平的提高，饲料配方软件和营养专家系统将进一步普及。

（三）饲料配方

1. 预混料和添加剂

（1）预混料：是饲料生产的核心，又称为核心料，是饲料加工生产的基础，预混料由多种添加剂经过基质稀释、混合而成。

（2）添加剂：常用来平衡饲料营养，几种常用的饲料原料不能满足动物的全面营养需要。添加剂包括营养性添加剂和非营养性添加剂：①营养性添加剂主要有钙、磷、食盐、微量元素、维生素、氨基酸、脂肪酸等。②非营养性添加剂主要有益生素、瘤胃素、消化酶、尿酶抑制剂、抗氧化剂等。

4%、5%预混料由钙、磷、食盐、微量元素、维生素、氨基酸和部分非营养性添加剂组成。0.5%、1%预混料由微量元素、维生素、氨基酸和非营养性添加剂组成。

2. 浓缩料和配合料　4%、5%预混料添加适量的蛋白质原料（如鱼粉、豆粕、杂粕如棉粕、菜粕、麻粕、花生粕等）就构成了浓缩料，浓缩料没有添加能量饲料，不能直接饲喂；浓缩料再添加玉米和麦麸就构成了配合料。

3. 精饲料（配合料）配方　玉米（50%~60%）、麸皮（15%~20%）、豆饼（15%~20%）、杂饼或饲料酵母（4%~6%）、石粉（2%~4%）、磷酸二氢钙（0~1%）、碳酸氢钠（0~2%）、微量元素与维生素（0.5%~1%）、食盐（0.5%~1.5%）、其他（益康 XP0.25%、瘤胃素 150×10^{-6}）等。本书仅给出一个精饲料各项原料的大致范围，可以根据自己的原料情况写出一个初步配方，利用计算机 Excel 或饲料配方软件进行验证、优化。

4. 日粮配方　肉羊的日粮配方，秸秆和干草粉占 55%~60%，精料占 35%~40%。

六、肉羊TMR技术

羊用TMR饲料分为颗粒化TMR和散状TMR，两种形式在生产中都有使用。

（一）羊用TMR散状饲料

1. 羊用TMR饲料概念 TMR是全混合日粮的缩写，是根据家畜的全价日粮配方，在配套技术措施和优良机械的基础上，将各精、粗原料均匀混合而成的一种营养浓度均衡的日粮。在生产中加工TMR时，采用配套机械对日粮各组成成分进行搅拌、切割和揉搓，从而保证家畜所采食的每一口饲料都是精、粗比例稳定、营养价值均衡的全价日粮（图10-2）。

TMR在国外已经发展多年，我国推广使用TMR技术较晚。近几年，TMR技术在规模奶羊场、肉羊场得到广泛应用，在养羊业中的应用推广也逐步开展起来。

2. TMR技术的优点和缺点

（1）TMR的优点：各种粗饲料被切碎，再与精饲料及其他添加物均匀混合，改善了粗饲料的适口性，提高了家畜采食量；混合均匀，家畜在任何时间采食的每一口TMR都是营养均衡的。瘤胃内碳水化合物与蛋白质的分解利用更趋于同步，从而使瘤胃pH值更加趋于稳定，有利于微生物的生长、繁殖，改善了瘤胃消化功能，防止消化障碍，促进营养的充分吸收；TMR可以掩盖适口性较差饲料的不良影响，使家畜不再挑食，从而减少了粗饲料的浪费，降低了饲料成本，提高饲料利用效率；可有效解决营养负平衡时期（如冬季）的营养供给问题；TMR搅拌机的使用，使得集约化饲养的管理更轻松，从而提高了养殖业的生产水平和经济效益。

（2）TMR的缺点：TMR搅拌车需与圈舍相匹配，这就需要对圈舍进行一定程度的改造，所以TMR饲喂技术需要一次性大量资金的投入；搅拌时间过长易造成分层；设备需要全套的秤、搅拌机和传送设备，投入昂贵，成本高，推广难度较大；依靠饲料分析和饲养标准进行正确的饲料设计，专业技术要求高；TMR适用于大规模的养殖场，对于小规模的养殖场，不一定能带来经济收益。

3. 羊用TMR散状饲料制作 制作程序：配方设计—取料—自动称量—含水量调节—搅拌混合—出料。

首先，合理设计TMR日粮配方，严格按配方取料，要保证原料称量和投料的准确，原料投放量应记录清楚，每批原料添加量不少于20千克。其次，投料原则是先粗后精，按照干草、青贮、糟渣类、精料的顺序加入原料；调节含水量至45%~50%；在混合过程中，要边加料边混合，一般在最后一批原料

添加完后再搅拌4~6分钟为宜。日粮中粗料长度在15厘米以下时，搅拌时间可以短一些。混合时间过长，会使TMR太细，导致有效纤维不足；时间太短，原料则混合不匀。平时要定期校正计量器具以保证各种饲料成分的量的准确；同时，要定期对TMR日粮进行采样分析，可按照出料的时间顺序抽测，以便了解在混合及喂料时是否存在原料分离现象。

图10-2　羊用TMR散状饲料

（二）羊用TMR颗粒饲料

1. 羊用TMR颗粒饲料（图10-3）概念　它是指根据羊在不同生长阶段对营养的需要，进行科学调配，将多种饲料原料，包括粗饲料、精饲料及饲料添加剂等成分，用特定设备粉碎、混匀而制成的颗粒型全价配合饲料。

2. 羊用TMR颗粒饲料优点

（1）散状TMR如果粒度过细，就会使瘤胃发酵加快，造成瘤胃pH值过低，长期饲喂有酸中毒的危险。羊用TMR颗粒饲料既可以保证羊的正常反刍，又大大减少了羊反刍活动所消耗的能量，并有效地把瘤胃pH值控制在6.4~6.8之间，有利于瘤胃微生物的活性及其蛋白质的合成，从而避免瘤胃酸中毒和其他相关疾病的发生。实践证明，使用数月羊用全价配合颗粒饲料，不仅可降低消化道疾病90%以上，而且还可以提高羊只的免疫力，减少流行性疾病的发生；提高生长速度，缩短存栏期。

图10-3　羊用TMR颗粒饲料

（2）根据羊生长各个阶段所需的不同营养，更精确地配制均衡营养的饲料配方，使日增重大大提高。例如，山羊10~40千克，日增重可达到200克，与普通自配料相比可以缩短存栏期3个月；可提高劳动生产率，降低管理成本。饲用羊用全价配合颗粒饲料，可大大提高人工效率，提高羊肉产品的产量和质量。对于肉羊来讲，饲用羊用TMR颗粒饲料，不仅可以提高屠宰胴体重和胴体级别，而且还能使羊肉口感更加鲜嫩细腻。

（3）TMR颗粒饲料便于应用现代营养学原理和反刍动物营养调控技术，

有利于大规模工厂化饲料生产，制成颗粒后有利于储存和运输，饲喂管理省工省时，不需要另外饲喂任何饲料，提高了规模效益和劳动生产率。

（4）羊用TMR颗粒饲料含水量较低，一般水分≤12%，储存过程中可以防止霉变、酸败，避免饲料因变质而造成的浪费。传统饲料中，如湿豆渣、湿酒糟，养殖户不易储存，易酸败、变质，且易招引蚊、蝇，极不卫生。

（5）研究表明，TMR颗粒化处理改善了日粮适口性，提高了食糜在消化道中的流通速度，增加了羊的干物质采食量，提高了饲料转化率。史清河等将玉米秸碱化处理后的TMR进行制粒，然后饲喂东北细毛羊，试羊的日采食量提高了88.74%，饲料转化率提高了28.01%。林嘉等将湖羊的TMR进行粗饲料碱化处理及颗粒化处理，发现TMR的颗粒化使绵羊的日采食量和饲料转化率分别提高了54.74%和15.52%。皮祖坤等对稻草与精料组成的TMR进行颗粒化处理后饲喂波尔山羊，与黑麦草和精料组成的TMR相比，日采食量和饲料转化率分别提高了50%和30.44%。

（6）TMR颗粒化处理以后，不仅羊的干物质采食量和日粮转化率得到提高，而且羊的日增重也相应提高。Reddy等对TMR的物理形状研究表明，颗粒化TMR较散状TMR可明显提高绵羊氮的存留率。陈海燕试验表明，用稻谷秕壳颗粒化TMR饲喂肉山羊，日增重提高228.24%。史清河等研究表明，与散状TMR相比，颗粒化TMR使羊日增重提高161.92%。林嘉等用粗饲料碱化处理的颗粒化TMR饲喂湖羊，发现TMR的颗粒化使绵羊日增重提高150.87%。近些年的研究表明，饲料在制粒过程中的加热可增加过瘤胃蛋白和糊化淀粉的数量，提高能量和蛋白质用于增重的转化效率。

3. 羊用TMR颗粒饲料制作 羊用TMR颗粒饲料就是把散状TMR饲料压制成颗粒，可以现制现喂，也可以风干后储存一段时间，有利于TMR饲料的商业化，而散状TMR饲料只能现制现喂。

制作程序：配方设计—取料—自动称量—搅拌混合—出料—制粒—风干—储存。

（三）社会化TMR饲料配送服务中心

TMR饲养技术对于小型肉羊场可能并不适用，因为投资大、设备利用率低。但是在肉羊养殖相对集中的地区，可以采取建设社会化TMR饲料配送服务中心的形式，这对于提高当地肉羊生产水平、减少饲料损耗、节约劳动力等具有积极的现实意义。

每个散状TMR饲料配送中心辐射半径在5千米以内，承担1万~2万只肉羊存栏规模饲料供应，投资估算为50万~100万元。社会化TMR饲料配送服务中心与肉羊场户可采取多种合作方式。一是饲料原料完全由配送中心自备，肉羊场户按协议价购买TMR饲料；二是养殖户可以提供全部或部分原材料，

由 TMR 饲料配送中心加工并收取加工费。由于肉羊生产地区的农户一般可以自产、储备部分精、粗饲料，所以可以采取由农户提供部分精、粗饲料，包括秸秆、玉米等，TMR 饲料配送中心提供预混料、水电消耗、人工等，收取加工费。配送中心最好自己有稳定的饲料原料来源，自己生产预混料、青贮饲料、苜蓿或拥有草场。

加强 TMR 的储存和运输技术研究，可以加大散状 TMR 饲料配送中心辐射半径。王晶等用拉伸膜将制成的 TMR 饲料成品进行裹包后存放，结果表明，存放 15 天以内其感官品质良好。张俊瑜等研究发现，在裹包 TMR 中添加防霉剂双乙酸钠（SDA），可以起到防霉作用，并能提高乳脂率和乳脂产量。

此外，配送中心还要有自己的技术力量，包括饲料化验、配合、饲养等专业人才。通过 TMR 饲料配送建设这种形式可以将小农户连接和组织起来，逐渐提高肉羊生产水平和产业集中度，最终在规模上、技术上和机制上发展、过渡到产业化。

TMR 颗粒饲料产品由于可以储存，覆盖范围更大。目前，已经有了 TMR 颗粒饲料的商业化运作，但相关的产品质量标准、规章制度、监管办法制定滞后。

（四）羊用 TMR 饲料饲喂

1. 合理分群 为了能够使羊只均衡地健康生长，保证其生长速度的平衡性，分栏是不可避免的操作步骤。根据羊的性别、年龄、饲养阶段、体重等进行分群。母羊的饲养阶段分为空怀期、妊娠前期、妊娠后期、泌乳期；生长羊的饲养阶段分为哺乳期、育成期、育肥期等。饲养阶段相同的羊群应选择体重相近、个体相差不大、强弱相仿的羊只为一栏。

2. 循序渐进 TMR 饲料喂羊要经过一个过渡期，目的是让羊完全地适应 TMR 饲料。过渡期散状 TMR 饲料配方沿用原来的配方，逐步调整，饲料原料不要有大的变动。不同体重、大小的羊对 TMR 饲料的适应程度不同，因此所需要的转换时期长短也不一样。此期需要 7~10 天，也就是需要 2~3 个消化周期（每个消化周期为 3 天。羊是反刍动物，当天采食的饲料需要 3 天才能完全消化掉）。

开始饲喂 TMR 颗粒饲料之前，同样也需要一定时间段的转换期及适应期。过渡期应先用少量 TMR 颗粒饲料取代原来饲料，逐渐提高 TMR 颗粒饲料所占的比例，直到完全转化为用 TMR 颗粒饲料喂羊。在过渡期，应注意观察羊的采食时间，此时期内便可以确定羊的采食量，而采食量又由采食时间决定（上午定为 30~40 分钟，下午定为 40~50 分钟）。在此期间要保证饲槽干燥、清洁；饮水要充足，否则会明显影响转换的速度和效果。经过过渡期的调理，羊已经基本上完全适应 TMR 颗粒饲料。

3. 投料方式 投料方式分为人工投料和料车投料。一般固定式TMR采取人工投料，利用运载工具把TMR饲料运至羊舍进行人力投喂；料车投料有自走式搅拌投料一体化TMR车，也有与固定式TMR配套的专门投料车。料车投料时，车速要限制在20千米/时以内，并控制放料速度，保证整个饲槽的饲料投放均匀。

4. 投料时间、次数 在羊采食最频繁的时间投料效果最好。大多数牧场采取每天1次的投料方式，在炎热、潮湿的夏季可增加1次投料，以确保TMR日粮的新鲜。

5. 勤推饲料 每天应当经常把TMR饲料推向羊颈夹方向，羊首先采食最靠近自己的饲料，所以必须经常把远处的饲料推向羊头方向，每天至少6次以上，促进羊采食。

6. 观察剩料 采食前后TMR日粮在料槽中的物理特性应基本一致，不应出现分层现象，如有发热、发霉的剩料，要及时清理并给予补饲。每次投料前应保证有3%~5%的剩料量，以达到羊群最佳的干物质采食量，防止剩料过多或缺料。如果剩料中的长纤维饲料明显过多，应当把长纤维饲料切得短些（增加搅拌时间）。空槽时间每天不应超过2~3小时，剩料要及时进行清理。

（五）羊用TMR设备

TMR设备（图10-4~图10-7）有不同的容积，运行方式有固定式、移动式、自走式，外观有卧式、立式，各个羊场在选用时应根据羊场的情况正确地选择。

1. 厂家 国内生产的多为卧式、小容积的固定式TMR设备，其优点是价格经济，零配件便宜；国外产品规格较多，质量稳定，价格较高。

2. 卧式和立式 卧式优点是箱体较低，便于装填饲料，但混合速度慢，易损件（刀片）较多，行走时需要的场地较大。对于已建羊场且羊舍饲喂通道狭窄的，最好选择固定式的卧式TMR搅拌机。因为这种机型装料口位置低，装料方便，混合时间短，比立式搅拌机缩短一半的时间，既可提高效率，又可减少投资；立式行走所需场地较小，可以切割大的草捆，混合速度较快，刀片较少，保养费用低，但箱体较高（2.7~3.3米），装料时需要机械，羊舍需要有相应的高度。立式混合机与卧式机两者中最好选择立式混合机，因为其不仅具有混合均匀度高、搅拌罐内无剩料、机器维修方便和使用寿命较卧式长等优点，而且在相同容积的情况下，所需动力相对较小，价格相对较低。

3. 固定式与移动式

（1）固定式：搅拌车固定在羊场某地方，将饲料原料运至搅拌车内，再把TMR料运至羊舍，由于搅拌车是固定的，可以由电机提供动力，能源费用较柴油经济。在不宜采用机械发料的旧羊舍，可采用固定式TMR，但要增加

一次装料的过程。

（2）移动式：TMR 搅拌车可以行走至青贮窖、干草库、精料库进行装料，直接运到羊舍发料饲喂羊，生产效率高，大大节约了人力成本。

4. TMR 车的容积　在搅拌机容积的选择上，一方面要根据羊场的建筑结构、喂料道的宽度、羊舍高度和羊舍入口选择，另一方面要考虑羊群大小、干物质采食量、日粮种类、每天的饲喂次数等实际情况。其中，最主要的是羊群大小，一般按每日饲喂 1 次，每 100 只羊就应该有 1 平方米的容积。

5. 设备维护　一切先进的技术和先进的理念都必须依靠高素质的人去落实和实施，因此需要加大技术培训工作力度，不断提高工作人员的业务素质。现代化的羊场必须要有与国际接轨的高素质专业人才。

国内某些牧场在使用 TMR 搅拌机的过程中，为了节约刀片，在锯齿完全磨没了的情况下，仍超负荷使用。2 年以后，可致搅龙、叶片和箱体磨损率在50%以上，最终只能以搅龙、叶片以及料箱的更换替代刀片的更换。国内机器的使用寿命只有国外的一半左右，淘汰的主要原因是机器过度磨损，另外大部分的羊场一般都没有备用机器。为了节约 TMR 搅拌机磨损件的更换成本，正确的方法是及时更换刀片。

机器效率、刀片磨损和保养费用主要与工作时间有关，工作的时间越长，费用越高。在总搅拌量不变的情况下，缩短每车的搅拌运行时间可以很好地节约使用成本。因此，必须坚决杜绝过分切碎。进行 TMR 搅拌机日常保养时，在每个轴承的地方，每间隔 50~100 小时都需要润滑一次，并且每间隔一段时间需要将链条用张紧轮重新拉紧。相对于机型来说，立式搅拌机的刀片数量少，成套更换刀片成本低，而且轴承数量少，驱动简单，所需配件和保养次数少。滑槽式的卸料装置比传送式的简单，所需配件和保养次数也少。

图 10-4　颗粒饲料机

图 10-5　固定式 TMR 混合机

图10-6　小型TMR饲料发料车

图10-7　牵引式TMR饲料车

（六）羊的TMR技术有待研究的问题

1. 羊用TMR设备研制　目前，TMR搅拌机的应用对象主要是奶羊等大反刍动物，制作出的TMR粒度一般较大，由于生理结构上的差异，不适宜肉羊等小反刍动物采食。因此，如何在现有TMR搅拌机的基础上加以改进，生产出适宜羊采食的TMR饲料。同时，有待解决的问题还有正确的投料顺序、合理的加工时间和粒度、适宜的水分含量以及机器的保养措施等。

2. 提高粗饲料利用率　在TMR日粮中粗饲料占有较大比例，将粗饲料生物发酵或者碱化、氨化处理，可以提高其营养价值。

3. 建立肉羊TMR饲养标准　要实现肉羊产业化发展的目标，进行舍饲集约化生产是必由之路。但是，TMR与自由放牧相比，羊的运动量减少，采食的自由性降低。因此，如何确定肉羊在这种生理条件和生活环境下的营养需要量，如何进行合理分群，有待于科研工作者的进一步研究。

4. 注重TMR饲料配制和饲槽管理　TMR日粮的配制是以营养浓度为基础的，因此，测定TMR饲料原料的营养成分和奶羊实际的DMI（干物质采食量）是科学应用TMR饲养技术的基础。各原料组分必须计量准确，充分混合，并且注意饲料成分在混合、运输或饲喂过程中容易出现的问题。如饲料原料由于产地、收割时间、调制方法和储存条件的不同，其水分含量和营养水平有很大差异。一些羊场配制TMR日粮前，并没有测定饲料原料的营养成分，导致TMR日粮变成了不平衡的饲料，与配方根本不一致。

如果忽视饲料和饲槽管理细节，就会造成实际饲喂时的饲料组成与配方不同，导致瘤胃功能失调、酸中毒和真胃移位等代谢疾病，严重影响奶羊的生产性能。

5. 重视预混料的使用　给肉羊提供均衡的营养，才能改善体质，增强抗病力和免疫力。其中维生素和微量元素添加剂必不可缺，对维持羊只健康、提高生产性能具有重要作用。矿物质中的一些元素和瘤胃中的HCO_3^-形成缓冲剂，可以预防瘤胃pH值下降，维持瘤胃微生物区系的正常。维生素是机体代

谢关键酶的辅酶或前体物质，不仅可以保证正常代谢的顺利进行，而且还有助于矿物质的消化吸收。

七、肉羊饲养技术

（一）种公羊饲养技术

种公羊在非配种期的饲养，以恢复和保持其良好的种用体况为目的。配种结束以后，种公羊的体况都有不同程度的下降。为了使种公羊的体况尽快恢复，在配种刚结束的1~2个月，种公羊日粮应与配种期基本一致，但对日粮的组成可以做适当的调整，提高日粮中优质青干草或青绿多汁饲料的比例，并根据种公羊体况恢复的情况，逐渐转为饲喂非配种期的日粮。种公羊在非配种期的体能消耗少，对营养水平的要求不高，略高于正常饲养标准已能满足种公羊的营养需要。在有放牧条件的地方，非配种期种公羊的饲养可以放牧为主，适当补喂一定的精料和优质干草，要加强种公羊的运动，使种公羊的体质得到较好的锻炼。种公羊夏季以放牧为主，每天放牧4~6小时，每天每只可补喂精料0.5千克。冬季每日一般补给精料0.5~1千克、干草3千克、胡萝卜0.5千克。每日喂3~4次，饮水1~2次。

配种期饲养可分为配种预备期（配种前1~1.5月）和配种期两个阶段。配种预备期应增加饲料量，按配种饲喂量的60%~70%给予，逐渐增加到配种期的精料给量。配种期日粮中的粗蛋白含量应达到16%~18%，在日粮中增加部分动物性蛋白质饲料（如鱼粉、鸡蛋、肉骨粉、蚕蛹粉、血粉等），以保持种公羊良好的精液品质。如蛋白质数量不足、品质不良，会影响公羊性欲、精液品质和受胎率。配种期每日饲料定额大致为混合精料1.2~1.4千克，苜蓿干草或野干草2千克，胡萝卜0.5~1.5千克，分2~3次给草料，饮水3~4次。

配种期种公羊的饲养管理要做到认真、细致，要经常观察羊的采食、饮水、运动及粪尿排泄等情况。保持饲料、饮水的清洁卫生，未吃完的草料要及时清除，减少饲料的污染和浪费。青草或干草要放入草架内饲喂。

定期检查精液品质，每隔7~10天检查1次，根据精液品质好坏调整饲料营养水平和利用强度。对精液稀薄的种公羊，要加强日粮中蛋白质饲料的比例。当出现种公羊过肥、精子活力差的情况时，要降低能量水平，加强种公羊的运动。

（二）繁殖母羊饲养技术

繁殖母羊是羊群发展的基础。母羊数量多，个体差异大，为保证母羊正常发情、配种、妊娠，实现高产羔率和高成活率，在满足营养需求的基础上节约饲料成本，母羊应分群、分阶段饲养管理。分群是将体况、体质、繁殖性能相近的母羊单独组群饲养。分阶段是将母羊分为空怀期、妊娠期、哺乳期，按不同的营养水平进行饲养。

1. 空杯期和妊娠前期饲养技术 母羊性成熟后至配种成功前的一段时间或产羔到下次配种成功的间隔时间为空怀期。

空怀期营养状况对母羊的发情、配种、受胎以及以后的胎儿发育都有很大影响。

在配种前1~1.5个月要给予优质青草，或到牧草茂盛的牧地放牧，根据羊群及个体的营养情况，给以适量补饲，保持羊群有较高的营养水平。保持中上等膘情，注意蛋白饲料和添加剂的补充。

母羊配种受胎后的前3个月内（妊娠前期），胎儿发育较慢，一般放牧或给予足够的青草，适量补饲（注意提高蛋白水平），即可满足需要。

初配母羊的营养水平应略高于成年母羊，日粮的精料比例为10%左右。

妊娠前期母羊应单独组群，防拥挤、防惊吓，勤观察，不饮冰水，不饲喂冰冻、霉变饲料。

2. 妊娠后期饲养技术 妊娠后期胎儿迅速生长（初生重的90%），若营养不足、母羊膘情差、奶水少，则羔羊初生重小、抵抗力弱且极易死亡。

此时能量和可消化蛋白质应分别提高20%~30%和40%~60%；钙、磷增加1~2倍，钙、磷比例为（2~2.5）∶1。

产前8周，日粮的精料比例提高到20%，产前6周提高到25%~30%，而在产前1周，要适当减少精料用量，以免因胎儿体重过大而造成难产。妊娠后期母羊腹腔容积有限，每次采食量减小，要求饲料营养含量高、体积小、适口性好，适当提高精料比例，少喂勤添。

妊娠后期母羊应防拥挤、防惊吓，勤观察，不饮冰水，不饲喂冰冻、霉变饲料。

3. 哺乳期饲养技术 母羊产羔后泌乳量4~6周达到高峰，10周后逐渐下降；泌乳期必须保证母羊营养，否则会动用母羊体内营养满足泌乳，导致母羊体况瘦弱。

在哺乳前期（2月龄），母乳是羔羊获取营养的主要来源，保持母羊的高泌乳是关键，需加强母羊营养，放牧条件下更应注重补饲。2月龄后泌乳量下降，减少母羊补饲，加大羔羊饲草料补饲量，满足羔羊快速发育的营养需要。

哺乳前期（产后2月），带单羔的母羊，每天补饲混合精料0.3~0.5千克；带双羔或多羔的母羊，每天补饲0.5~1.0千克。

产后1~3天可不补饲或少补饲精料，以免造成消化不良或发生乳腺炎。为调节母羊的消化功能，促进恶露排出，可喂少量轻泻性饲料（如在温水中加入少量麦麸喂羊）。3日后逐渐增加精饲料的用量，同时给母羊饲喂一些优质青干草和青绿多汁饲料，可促进母羊的泌乳机能。

哺乳后期母羊的泌乳量下降，即使加强母羊补饲，也不能维持其高的泌乳量，单靠母乳已不能满足羔羊的营养需要。

泌乳后期羔羊已具备一定的采食植物性饲料的能力，对母乳的依赖程度减小，应逐渐减少对母羊的补饲，到羔羊断奶后母羊可完全采用放牧饲养。对体况瘦弱的母羊，需加强补饲，促进体况恢复，冬季尤其要注意补充胡萝卜等多汁饲料，确保奶汁充足。

（三）羔羊饲养技术

羔羊出生后 6 日以内的主要食物是初乳，初乳养分含量较高，还含有能提高羔羊抵抗力的球蛋白；初乳喂量至少要保证为羔羊体重的 1/5。人工饲喂不熟练时，可在 6 日龄前由母羊哺乳，之后再人工哺乳。出生 6 日后可改喂全奶，直到 40 日龄左右。吮乳期最重要的饲养管理策略是实施羔羊的钻栏补饲。全奶喂量以使羔羊吃饱为度，同时可让羔羊较早地自行采食少量易消化的优质精料和干草，以助于提高羔羊消化能力。健康的羔羊在 10 日龄左右就会对固态饲料感兴趣，虽然在 3 周龄前所采食的固态饲料数量是非常少的，但是这对于刺激瘤胃的发育和培养羔羊采食植物性饲料的行为是很重要的，因而 10 日龄左右开始补饲羔羊是适宜的。钻栏补饲还能使断奶重提高 10%～20%。羔羊补饲栏的空隙宽度和高度只能允许羔羊钻过，而不允许母羊通过。补饲栏内设置灯光以吸引羔羊，地面干燥，除了作为羔羊补饲地点外，还可作为羔羊休闲和睡觉的地方，因而面积应为每只羔羊占用约 0. 2 平方米。补饲栏既要方便羔羊进出，又要使羔羊与母羊能够看得见。

羔羊开食料含粗蛋白 20%～22%，消化能 13～14 兆焦/千克，颗粒料比粉料能提高饲料报酬 5%～10%，并且适口性好、易消化。补饲料的成分应是在瘤胃内能迅速发酵并且不会在瘤胃造成未吸收纤维的集聚。豆粕含有高蛋白并且适口性好，而玉米在瘤胃能够很好地发酵，糖蜜适口性也很好，因而钻栏补饲料应主要由大豆粕、玉米组成，蛋白质含量为 18%～20%。羔羊的开食料不应含有棉籽产品，因为棉籽中含有对羔羊有毒的棉籽酚。羔羊开始采食固态饲料的量是很少的，因而要使饲料保持新鲜、干燥。补饲栏内应有饮水和优质干草供羔羊自由采食。补饲槽的设计要做到不允许羔羊站立到饲槽里面，目的是防止球虫的感染。有条件的地方，应允许羔羊在优质草地放牧。补饲料必须要适口性好，这是非常重要的，因为补饲料要与母乳竞争羔羊的接受性。颗粒料或粗的粉碎精料通常使羔羊的采食量增加，细的粉碎精料通常使羔羊（特别是绵羊羔）的采食量减少。颗粒料要足够细，如果山羊羔的颗粒料大于 5～7 毫米就会使采食量减少。当羔羊习惯于采食开食料后，可以用较便宜的饲料逐渐取代。但是要记住的是，在 3～4 周龄前开食料的适口性是补饲成功的关键因素。从 3 周龄到断奶，每天每只绵羊羔采食 200 克以上的补饲料才能达到高的增重性能。羔羊补饲可达到的饲料报酬为增重1千克需要3.6~6.4千克饲料。

羔羊开食料的配方，仅供参考（以干物质为基础的百分比）：①玉米55%，豆粕30%，小麦麸7%，糖蜜5%，碳酸钙1.5%，食盐1%，微量元素添加剂0.5%；②玉米33%，大豆粕6%，苜蓿叶干草55%，糖蜜5%，微量元素添加剂0.5%，氯化铵0.5%；③玉米63%，大豆荚10%，大豆粕10%，麦麸10%，糖蜜5%，微量元素添加剂0.5%，氯化铵0.5%，碳酸钙1%。

羔羊出生后41~80日，应以奶、草、料并重。草要喂优质豆科干草，精料粗蛋白20%~22%。羔羊出生后81~120日，应以喂草料为主。若有好的优质干草，并有精料补充，可提早到60日龄断奶，不会影响羔羊的发育。羔羊日饲喂精料量见表10-1。

表10-1 羔羊日饲喂精料量参考

日龄（日）	1~6	7~15	16~30	31~40	41~50	51~60
奶或代乳品	初乳	常乳			断奶	
开食料（克）		诱食	60~100	100~150	150~200	200~250

羔羊哺乳期间，一定要供给充足的清洁饮水。哺乳期奶中的水分不能满足羔羊正常代谢的需要，要在圈内设置水槽，任其自由饮水。冬季水温不低于15℃。

（四）羔羊育肥技术

由于羔羊具有生长快、饲料转化率高、产肉品质好、产毛皮价格高、周转快和效益高的特点，所以现代羊肉生产已由原来生产大羊肉转为生产羔羊肉，尤其是以生产肥羔肉为主。

早熟肉用和肉毛兼用羔羊，在周岁内增重速度一般以2~3月龄为最快，日增重可达300~400克。1月龄次之，到4月龄则急剧下降，5月龄以后的平均日增重一般仅维持在130~150克的水平上。因此，羔羊应从3~4月龄开始进行强度育肥，在50日左右的育肥期内具有理想的增重预期，长到4~6月龄达到上市的屠宰标准，即体重达成年羊的50%以上，胴体重达17~22千克，屠宰率达50%以上，胴体净肉率达80%以上。

一般在羔羊育肥的前期，由于羔羊的身体的各个器官和组织都在生长发育，对饲料中的蛋白质含量要求就高：粗蛋白为18%~20%，消化能为11~13兆焦/千克；育肥中期应加大补饲量，增加日粮蛋白质饲料的比例，注重饲料中营养的平衡和质量。由于加大了精料比例，日粮蛋白质水平就会提高，没有必要再增加精料蛋白质水平。如果增加了精料比例，日粮蛋白质水平仍然较低，就要调高精料蛋白质水平；育肥后期主要是脂肪沉积时所需的能量饲料的比例应加大。在加大精料补饲量的同时，增加日粮中的能量，适当减少日粮蛋

白质的比例，以增加羊肉的肥度，提高羊肉的品质。

羔羊育肥一般分为三个时期：育肥前期（10~15 日）、育肥中期（20~30 日）和育肥后期（20~30 日）。

育肥前期（10~15 日），饲养管理的重点是观察羔羊对育肥管理是否习惯，有无病态羊，羔羊的采食量是否正常，根据采食情况调整补饲标准、饲料配方等。

前期育肥的强度不宜过大，一定要等羔羊体重达 30 千克以上，才能进行强度育肥，使其在 4~6 个月就能达到上市的标准。在羔羊体重未达到一定程度时，过早进行强度育肥，常会使羔羊的肥度已达标准，但体重距离出栏要求还相差较远。

凡平均日增重达 200 克以上的羔羊均可转入育肥期。对日增重低于 180 克的，6 月龄前很难达到上市标准羔羊的育肥，由于其增重较慢，必须经过一定时间，等其体重达到 25~30 千克及以上后，方能转入高强度育肥期，其育肥期一般也较长，约为 3 个月。在育肥前期混合精料的喂量一般以控制在 200~400 克范围内较适宜。等到最后的 50 日左右，才能把精料量加到每日 0.6 千克或更多。

精料补饲量的确定应根据体重的大小确定，并适当超前补饲，以期达到应有的增重效果，羔羊体重达 30 千克前，每只羊每天补饲 0.35~0.55 千克；达 30 千克以后，每只羊每天补饲 0.60~0.80 千克。具体每天补饲多少，要按每天给料 1~2 次，每次以羊在 40 分钟内能吃净，以及喂量由少到多逐渐加大的原则来掌握。无论在哪个阶段，都应注意观察羊群的健康状态和增重效果，随时调整育肥方案和技术措施。

第十一部分　规模化肉羊场疫病防控技术

羊病的防治，必须认真贯彻“预防为主、防重于治”的方针，只有这样，才能使羊只少发病或不发病，保证羊只健康地生长发育。特别是随着集约化畜牧业的发展，贯彻“预防为主”的方针显得尤为重要。

预防为主，必须做到科学地选择场址和建设羊场，严格执行检疫制度，科学饲养管理，搞好环境卫生和定期消毒，有计划地免疫接种，定期或不定期驱虫，发生传染病时采取相应的扑灭措施。

一、科学地选择场址和建设羊场

科学地选择场址是避免畜群患病的基础。场址应具备如下条件：①在非疫区建场。如在口蹄疫、布鲁杆菌病等传染病的疫区建场，羊群易感染相应的疾病。②羊场应距离交通主干道或村庄500米以上，避免从其他地区带入病原。③建在地势高燥，土质松软的地方。低湿、泥泞的土地，细菌、真菌及寄生虫虫卵存活时间长，畜群易感染疾病。④水源要充足、水质要优良，水源要清洁无污染，最好为软水，防止发生结石症。⑤舍内地面最好选择漏缝地板式，运动场采用砖铺地面，既利于彻底清扫，又易于雨水渗漏，从而保持干燥的环境，减少疾病的发生。

二、严格执行检疫制度

检疫就是应用各种诊断方法，对羊及其产品进行疫病检查，并采取相应的措施防止疫病的传播和发生。这是一项重要的防病措施，检疫对于生产者来说，可分为引种时检疫和平时生产性检疫。

许多疾病一旦侵入，再想从羊场清除非常困难，因此，应尽量从本地引种，异地引种易患口炎、结膜炎等疾病。必须从外地引种时，应了解产地羊群传染病的流行情况，不要到疫区购买羊只。在引种时对小反刍兽疫、布鲁杆菌病、结核病、口蹄疫、蓝舌病等疾病要认真检疫，开具产地检疫证。运输工具要彻底消毒，开具运输工具消毒证明。引入后应重新检疫，淘汰、扑杀不合格的羊只，对假定健康羊进行防疫、驱虫、隔离观察，确认健康无病后方可混群

饲养或销售。

平时生产性检疫：就是根据当地羊传染病的流行情况和特点，确定检疫时间及检疫内容。一般应把当地流行的传染病及一些没有特征性临床症状、危害较大的传染病作为检疫内容，定期检疫，把检出的病羊淘汰或扑杀。例如，小反刍兽疫、口蹄疫、布鲁杆菌病、结核病、蓝舌病等。

三、科学饲养管理

加强羊只的饲养管理，增强羊只的抵抗力，是预防羊只患病的基础，同时由于饲养管理不当易引起多种疾病。羊采食广泛，耐粗饲，杂草、茎叶、籽实等都能被其采食利用。无论饲喂哪种饲料，都要保证质地优良、无毒、无粉尘、无霉变、无农药污染，并要注意饲草、饲料的合理搭配。不能长期饲喂某种单一饲料，以防引起某种营养物质缺乏症。对舍饲的羊只，要定时、定量喂给草料，不能饥一顿饱一顿，更换草料要逐渐进行，这样可以防止前胃疾病的发生。对放牧的羊群，在春季嫩草萌发时，要防止羊群过食嫩草，特别是过食嫩苜蓿，极易引起急性瘤胃臌气；在霜冻季节，要防止采食带有霜冻的草料，以免羊只发生胃肠疾病。

在饲养中要根据羊的品种、性别以及不同的饲养阶段，合理搭配精、粗饲料。羊的主要营养来源是从乳汁到精料，再到饲草为主的动态过程。因此，在饲料转换时应逐渐过渡，过渡太快，羊只消化不良，易患胃肠疾病；过渡太慢，影响营养的摄入和羊只的正常发育。

在哺乳期，若奶水不足需要补乳时，应尽量选择同一品种羊的奶水，避免因乳汁成分差异引起消化异常。羔羊饮用牛奶易引起腹泻。

精料中除了能量的含量外，对蛋白质、常量元素、微量元素、维生素的要求要倍加重视，这些营养物质尽管有些用量极少，但缺乏时可引起多种疾病，甚至死亡。采食颗粒料羊只的生长发育明显优于采食粉料的羊只。成年羊对食盐的需求非常迫切，除精料中加入适量的食盐外，还应采用盐碗、盐砖长期供应，充分保证羊的食盐需要。

采用先进的加工技术，对粗饲料可进行青贮、氨化、微贮等处理，提高饲料品质，改善适口性，保持羊只良好的消化机能。

随时保证羊能饮到清洁卫生的水，是羊只健康、活泼、发育良好、发挥良好生产潜能的最根本的保证。饮水不足或水质太差，易引发多种疾病。

对羊群的管理，一定要细心周到。要把种公羊、母羊、怀孕母羊、带羔母羊、断奶羔羊、育成羊分圈饲养，编好耳号，建立档案。有条件的可采用计算机管理，记录配种时间，各种疫苗的防疫时间，驱虫时间，疫苗、药物的名称及使用方法等项目，以便随时了解整个群体的配种、怀孕、产羔及防疫驱虫情况，及时合理地安排各项工作。有放牧条件的地方，要加强放牧，以增加活动量。在放牧过程中要防蛇、防狼、防毒草、防惊吓。根据季节变化，安排放牧管理日程，并根据采食情况给予补饲。搞好月称重和生长发育的测量记录，以掌握羊只的生长及健康情况。对舍饲的羊群，要有一定的运动场地，适当运动；要随时掌握每只羊的采食及饮水情况，防止羊只互相抵架和舔食被毛，以防造成外伤及毛球阻塞胃肠。对1~2月龄绵羊公羊进行去势；对山羊的公羔，如不留作种用，要在10~20日龄进行去势、去角基，以防互相爬跨、野交乱配，并能提高公羔的育肥速度及羊肉的品质。

四、搞好环境卫生和定期消毒

（一）搞好环境卫生

羊喜欢干燥卫生的环境，最怕潮湿的牧地和圈舍。潮湿的环境易使羊发生寄生虫病、腐蹄病或感染其他疾病。要使羊生活得健康、活泼，圈舍最好采用漏缝地板；若用一般地面，必须每天及时清除粪尿，垫上干土或其他干燥、松软的垫料。在阴雨潮湿的天气，更要随时清除粪尿，打扫圈舍，及时通风换气，使圈舍始终保持干燥、空气新鲜、温度适宜的环境条件。在潮湿和不卫生的环境中，羊表现出不安、鸣叫，食欲下降，易患呼吸道疾病及腐蹄病。羊喜欢吃干净的饲草，饮清洁的水，宁愿忍饥受渴也不愿吃脏草、饮脏水。所以，饲料槽、草架、草筐等用具要经常清洗，保持干净，用后及时清扫余下的饲草、饲料，并将其翻转，以防羊只跳到上面拉粪、拉尿或卧在上面将其弄脏。饮水槽或饮水盆要每天清洗，还要定期用0.1%的高锰酸钾溶液进行消毒，使其经常保持卫生清洁，应有清洁、新鲜的饮水，以便羊随时饮用。

（二）科学处理羊粪

规模饲养畜禽中，羊粪的收集、粪尿分离最为方便。散养农户的羊群规模较小，可通过每日清扫一次、每周冲洗消毒一次收集粪便，然后集中堆沤处理。冬春寒冷季节为了加快产热，可在粪堆底部垫3~5厘米厚的剩草、树叶、稻秸或麦秸，并在粪堆中掺入适量羊尿、人尿。夏秋多雨季节，应注意定期检查，以防雨水过多时四处流淌。

规模较大的羊场在设计羊舍时应注意围舍的长度和地面坡降，并采用雨污分离、粪尿分离的排水系统，以保证粪尿的收集和雨水的收集利用。推荐的羊舍长度为40米以内。地面处理以中部高、两端低，坡降以1%为佳。漏粪板下的粪槽自中间向两端降低；坡度同样为1%。羊圈两端的山墙外设双联沉淀池，通过沉淀避免滚入尿槽的粪便进入尿液收集池。羊粪在地面应做硬化处理、防渗漏处理，四周有低矮围墙的贮粪场，应集中堆放处理。可参照小型农户羊场底部加垫草的办法，也可向堆粪喷洒菌液，以保证发酵产热，灭杀寄生虫卵和

病原微生物。

不论是小型农户羊场，还是大型的规模饲养羊场，粪尿在处理后均应就近返田利用。

（三）病死羊无害化处理

病死羊携带大量的病原体，需经无害化处理。否则，不仅会造成严重的环境污染，还可能引起羊的重大疫情，危害养羊业生产，甚至引发重大公共卫生安全事件。病死羊无害化处理工作是重大动物疫病防控的关键环节，对促进养羊业，乃至整个畜牧业可持续发展，确保“国家中长期动物疫病防控规划”的有效落实，保障畜产品质量安全意义重大。重视并切实做好病死羊的无害化处理工作，防止其对公共卫生和环境造成新的危害。确保食品安全，已经成为新闻媒体和整个社会关注的热点，必须认真做好。

病死羊无害化处理应按照《病死及死因不明动物处置办法》和《病害动物和病害动物产品生物安全处理规程》（GB 16548—2006）两个规范操作。现阶段，在病死羊无害化处理中，应用较为广泛、技术较为成熟的方法主要包括深埋法、焚烧法、堆肥法、化尸窟处理法、化制法、生物降解法等。结合病死羊的特点，易于应用的方法为深埋法、焚烧法、化制法和生物降解法（化尸池处理法）。

（四）圈舍定期消毒

羊的圈舍要定期消毒，可将热草木灰、生石灰粉撒在圈舍内，也可以用如下药品消毒圈舍和用具。

1. 0. 5%过氧乙酸溶液　用于喷洒地面、墙壁、食槽等。

2. 1%~2%的氢氧化钠溶液　用于被细菌、病毒污染的圈舍、地面和用具的消毒。但本品有腐蚀性，消毒圈舍时应驱出羊只，隔半天后用净水冲洗饲槽、地面后方可让羊进圈。

3. 优氯净（有机氯消毒剂）　0. 5%~1%水溶液，用于畜舍、排泄物和水消毒。2. 5%~10%水溶液，用于杀死芽孢。

4. 益康（二氧化氯消毒剂）　按 1∶（400~800）稀释，喷洒圈舍、地面等。

蚊蝇季节还要喷洒消灭蚊蝇的药液，如氯氰菊酯、灭蚊灵、灭蝇灵等。但要注意安全，以防误伤羊群。

五、有计划地进行免疫接种和药物预防

免疫接种是激发动物机体产生特异性抵抗力，使易感动物转化为不易感动物的一种手段，是预防和控制羊传染病的重要措施。根据免疫接种进行的时机不同，可分为预防接种和紧急接种两类。药物预防是为了预防某些疫病，在羊

饲料或饮水中加入某种药物进行群体药物预防，在一定时间内可以使受威胁的易感动物不受疫病的危害，这也是预防和控制羊传染病的有效措施之一。

（一）预防接种

预防接种是指在经常发生某些传染病的地区，或疑有某些传染病潜在的地区，或受到邻近地区某些传染病经常威胁的地区，为了防患于未然，在平时要有计划地给健康羊群进行免疫接种。

预防接种应当有的放矢，应当对各地传染病的发生和流行情况进行调查了解，弄清过去曾发生过哪些传染病，在什么季节流行，针对所掌握的情况，拟订每年的预防接种计划。

如果某一地区从未发生过某种传染病，也没有从别处传进传染病的可能性，就没有必要进行该传染病的预防接种。

预防接种前，应对被接种的羊群进行详细的检查和了解，特别注意其健康状况、年龄、怀孕和泌乳情况，以及饲养管理条件的好坏等。成年的、体质健壮的、饲养管理条件较好的羊群接种后会产生较强的免疫力。反之，年幼的、体质弱的、有慢性病的或饲养管理条件不好的羊，接种后的抵抗力就差些，也可能引起较明显的接种反应。怀孕母羊，特别是临产前的母羊，在接种时由于驱赶、捕捉等影响或由于疫苗所引起的反应，有时会导致其流产或早产，或可能影响胎儿发育。所以，对那些年幼的、体质弱的、患慢性病的和怀孕后的母羊，如果不是已经受到传染病的威胁时，最好暂时不要接种。阉割后未消肿，或反刍、采食未恢复正常的羊，均不宜接种。待恢复正常后再行接种。

疫（菌）苗在使用前，要逐瓶检查。发现包装的玻璃瓶（塑料瓶）或瓶颈破损、瓶塞松动、没有瓶签或瓶签不清、过期失效、色泽和性状不符或者没有按规定方法保存的，都不能使用。接种时，注射器械和针头事先要严格消毒，吸取疫苗的针头要固定，做到一只一针，以免通过针头传播疾病。

免疫接种需按合理的免疫程序进行。一个地区、一个牧场可能发生的传染病不止一种，而可以用来预防这些传染病的疫（菌）苗性质又不尽相同，免疫期长短不一。因此，往往需要用多种疫（菌）苗来预防不同的病，也需要根据各种疫（菌）苗的免疫特性来合理地制订预防接种次数和间隔时间，这就是所谓的免疫程序。全国没有一个统一的免疫程序，各地（场）可根据本地区（场）的不同情况，制订合乎本地区（场）具体情况的免疫程序。至少应注射羊三联四防苗和口蹄疫疫苗。

（二）紧急接种

紧急接种是在发生传染病时，为了迅速控制和扑灭疫病的流行，而对疫区和受威胁区尚未发病羊群进行的紧急接种。

从理论上讲，紧急接种以使用免疫血清较为安全有效。但血清用量大、价

格高、免疫期短、稳定性差，且在大批羊群接种时往往供不应求，因此，在实践中很少应用。多年来的实践证明，在疫区内使用某些疫（菌）苗进行紧急接种是可行的。

在疫区内用疫苗做紧急接种时，必须对所有受到传染威胁的羊群逐只进行详细观察和检查，仅能对正常无病的羊只进行紧急接种。对病畜不能进行紧急接种。

紧急接种在疫区及周围的受威胁区进行，受威胁区的大小视疫病的性质而定。

（三）药物预防

有些疫病已有有效的疫（菌）苗，还有一些疫病没有有效的疫（菌）苗，因此，用药物预防也是预防疫病的一种重要措施。某些疫病在具有一定条件时采用此种方法可以收到显著的效果，如用药防治羊疥癣。

长期使用化学药物预防，容易产生耐药性菌株，影响防治效果，因此，需要经常更换药品的品种，并进行药物敏感试验，选择有高度敏感性的药物用于防治。

六、定期及不定期驱虫

（一）定期驱虫

一般宜在春季舍饲转放牧前及秋冬放牧转舍饲后，用一种广谱驱虫药或几种驱虫药各进行一次彻底驱虫，将用药后1周内的粪便清理干净，集在一起，加入适量废草及适量水发酵进行无害化处理。在绵羊剪毛后7~10天或6~7月，进行全群药浴2次，两次间隔8~10天。

（二）不定期驱虫

每月应对全群羊的荷虫情况进行抽查，发现超标时及时分群或全群驱虫。关于羊群集体驱虫方法可参照下面治疗体内寄生虫的方法和药浴方法进行。

1. 常用药物

（1）螨净（25%二嗪农溶液）：初配用1∶1 000稀释，补充液按1∶300稀释。

（2）石硫合剂：其配方是生石灰7.5千克、硫黄粉12.5千克，用水拌成糊状。加水150千克，煮沸，边煮边搅拌，煮至浓茶色为止。然后弃去下面的沉渣，上边清液是母液。再在母液中加入500千克水即成。

2. 药浴的方法　分池浴、淋浴和缸浴三种。池浴是让羊慢慢地通过浴池，走到出口处将羊的头部压入液内1~2次，防止头部发生疥癣。淋浴是利用喷头和喷雾器将药液喷湿羊群。缸浴是指1~2人将羊抬入缸里进行药浴。

3. 注意事项

（1）在药浴前8小时停止喂料，在入浴前2~3小时给羊饮足水，以免羊进入浴池后吞饮药液。

（2）先让健康羊药浴，有疥癣的最后药浴。

（3）凡妊娠2个月以上的母羊不进行药浴。

（4）药浴应选择暖和无风的天气，药浴液温度应保持在30℃左右。工作人员应穿胶鞋、戴口罩和橡皮手套，以防中毒。

寄生虫病预防规范见表11-1。

表11-1　寄生虫病预防规范

<table>
<tr><th colspan="4">羊的驱虫程序</th></tr>
<tr><th>羊群类别</th><th>驱虫项目</th><th>药品名称</th><th>时间与用量</th></tr>
<tr><td rowspan="4">大群羊</td><td>体外寄生虫如螨虫、虱子</td><td>牛羊百虫克星或伊维菌素或敌百虫药浴</td><td>时间：3月和11月
用伊维菌素和牛羊百虫克星必须间隔一周再重复一次。气温条件合适的情况下还是建议用0.5%的敌百虫溶液药浴，效果更佳</td></tr>
<tr><td>吸虫类寄生虫</td><td>克洛杀（氯氰碘柳胺钠注射液）</td><td>时间：5月和9月（放牧开始时和收牧前）
用量：克洛杀（每千克0.1～0.2毫升）</td></tr>
<tr><td>肺丝虫、绦虫、血矛线虫、肠道线虫</td><td>丙硫咪唑、芬苯达唑</td><td>放牧羊每季度驱虫1次，舍饲羊春、秋各一次
用量：按说明</td></tr>
<tr><td>脑包虫</td><td>吡喹酮或百虫杀（片剂）</td><td>百虫杀：2片/50千克</td></tr>
<tr><td rowspan="3">新引羊</td><td>体外寄生虫：螨虫、虱子</td><td>牛羊百虫克星或伊维菌素或敌百虫药浴</td><td>进场一周后，伊维菌素和牛羊百虫克星必须间隔1周再重复一次。气温条件合适的情况下还是建议用0.5%的敌百虫溶液药浴，效果更佳</td></tr>
<tr><td>肺丝虫、绦虫、血矛线虫、肠道线虫</td><td>丙硫咪唑、芬苯达唑</td><td>到场30天后
用量：按说明</td></tr>
<tr><td colspan="3">到场2个月后可根据季节情况或羊的健康状况进行驱虫，也可以按大群羊驱虫程序执行</td></tr>
</table>

七、发生传染病时应果断采取扑灭措施

当羊群发生传染病时，应采取以下防治措施。

（一）及时诊断和上报

1. 隔离消毒和上报 当羊突然死亡或疑似传染病时，应将病羊与健康羊进行隔离，派专人管理；对病羊停留过的地方和污染的环境、用具进行消毒；病羊尸体保留完整，不检查清楚不得随便急宰。病羊的皮、肉、内脏未经检验不许食用，应立即向上级报告当地发生的疫情，特别是可疑为小反刍兽疫、口蹄疫、炭疽、狂犬病等重要传染病时，一定要迅速向县级以上人民政府或动物防疫机构报告，并通知邻近单位及有关部门注意预防工作。

2. 及时诊断

（1）流行病学诊断：流行病学诊断是在疫情调查的基础上进行的，可在临床诊断过程中进行，一般应弄清下列有关内容：①本次流行情况，如最初发病的时间、地点，随后蔓延的情况以及疫区内发病畜的种类、数量、年龄、性别。查明其感染率、发病率和死亡率。②查清疫情来源，如本地以前是否发生过类似疫情，附近地区有无此病，这次发病前是否从其他地方引进过畜禽、畜产品或饲料，输入地有无类似疫情存在。③查清传播途径和传播方式。查清本地羊只饲养、放牧，羊群流动、收购、调拨及防疫卫生情况，交通检疫、市场检疫和屠宰检疫的情况，当地的地理地形、河流、交通、气候、植被和野生动物、节肢动物的分布和流动情况，它们与疫病的发生和传播有无关系。④该地区群众生产、生活情况和特点，群众对疫情有何看法和经验。

通过上述调查给流行病学提供依据，并拟订防治措施。

（2）临床诊断：用感官或借助一些最简单的器械如体温计、听诊器等直接对病羊进行检查，有时也包括血、粪、尿的常规检验。对于某些有临床特征的典型病例一般不难做出诊断。但对于发病初期尚未有临床特征或非典型病例和无症状的隐性患病动物，临床诊断只能提出可疑病的大致范围，需借助其他诊断方法才能做出确诊。应注意对整个发病羊群所表现的症状加以分析诊断，不要单凭少数病例的症状下结论，以防误诊。

（3）病理学诊断：患传染病死羊的尸体多有一定的病理变化，应进行病理解剖诊断。解剖时应先观察尸体外表，如营养情况、皮毛、可视黏膜及天然孔的情况。再按解剖顺序对皮下组织、各种淋巴结、胸腔、腹腔各器官、头部和脑、脊髓的病理变化，进行详细观察和记录，找出主要特征性变化，做出初步的分析和诊断。如需做病理切片检查的，应留下病料送检。

（4）微生物学诊断：微生物学诊断一般是在实验室进行的，它包括病料采集、涂片镜检、分离培养和鉴定、动物接种试验等几个环节，这里不做详细介绍，只简单介绍如何采集病料。病料力求新鲜，最好在濒死时或死亡后2小时内采取，要求减少细菌污染，用具器皿应严格消毒。通常可根据怀疑病的类型和特性来决定采取哪些器官和组织的病料，如小反刍兽疫、口蹄疫取水疱皮和水疱液，羊痘取痘痂，结核病取结核病灶，狂犬病取病羊的脑，炭疽取耳尖的血等。对于难以分析判断的病例，应全面取材，如血、肝、脾、肺、肾、脑和淋巴结等，同时要注意病料的正确保存。

（二）紧急接种

为了迅速控制和扑灭疫病的流行，对疫区和受威胁区尚未发病的羊要进行应急性免疫接种。由于一些外表正常、无病的羊中可能混有一部分潜伏期患者，这部分患羊在接种疫苗后不能获得保护，反而促使它们更快发病，因此，在紧急接种后的一段时间内羊群中的发病数反而有增加的可能。但由于这些急性传染病的潜伏期较短，而疫苗接种后未感染羊只很快就能产生抵抗力，因此，发病数不久即可下降，最终能使流行很快停息。

（三）隔离和封锁

1. 隔离　根据诊断结果，可将全部受检羊分为病羊、可疑病羊和健康羊三类，以便分别对待。

（1）病羊：包括典型症状或类似症状和其他特殊检查出阳性的羊，都应进行隔离。隔离场所禁止闲杂人、畜出入和接近。工作人员出入应遵守消毒制度，隔离区内的工具、饲料、粪便等，未经彻底消毒处理，不得运出。没有治疗价值的病羊，应根据国家有关规定进行严格处理。

（2）可疑病羊：未发现任何症状，但与病羊及其污染的环境有过明显的接触，如同群、同槽、同牧，使用共同的水源、用具等，应将其隔离看管，限制其活动，详细观察，出现症状按病羊处理。经过一定时间不发病者，可取消限制。

（3）健康羊：应与上述两类羊严格隔离饲养，加强消毒和相应的保护措施，立即进行紧急接种，必要时可根据情况分散喂养或转移至偏僻牧地。

2. 封锁　当暴发某些重要传染病时，除严格隔离病羊外，还应采取划区封锁的措施，以防疫病向安全区扩散和健康羊误入疫区而被传染。根据《中华人民共和国动物防疫法》和《家畜家禽防疫条例》规定，确诊为小反刍兽疫、口蹄疫、炭疽、气肿疽、羊痘等传染病时，应立即报请当地县级以上人民政府划定疫区范围并进行封锁。执行封锁时应掌握“早、快、严、小”的原则，按照检疫制度要求，对病羊情况分别进行治疗、急宰和扑杀等处理；对被污染的环境和物品进行严格消毒，死羊尸体应深埋或无害化处理；做好杀虫、灭鼠工作。在最后一只病羊痊愈或急宰或扑杀后，经过一定的时期（根据该病的潜伏期而定），再无疫情发生时，经过全面的终末消毒后，可解除封锁。

县级以上人民政府是下封锁令、解除封锁令的发布单位，县级以上动物疫病防控机构是疫区检测的法定机构，羊场一旦被封锁，应主动同法定机构联系采样检测、评估，争取早日解除封锁。

（四）传染病羊的治疗和淘汰

对患传染病的羊进行治疗，一方面是为了挽救病羊，减少损失；另一方面也是为了消除传染源，是综合防治措施中的一个组成部分。对无法治疗或无治疗价值，或对周围的人、畜有严重威胁时，可以淘汰宰杀。尤其是发生一种过去没有发生过的危害性较大的新病时，应在严密消毒的情况下将病羊淘汰处理。对有治疗价值的病羊要紧急治疗，但必须在严格隔离或封锁的条件下进行，务必使治疗的病羊不致成为散播病原体的传染源。具体治疗法应参照后面传染病的治疗方法进行。

八、经常认真观察羊群

羊在发病前常出现一定的亚临床症状，此时若能及时发现、及时治疗或预防，疾病容易治愈并可防止大群发病，从而把疾病损失降到最低限度。如天亮前观察羊只的睡觉情况，可及时发现有起卧不安、流鼻涕、咳嗽、呻吟等症状的羊；睡觉前及天亮前观察羊只，可及时发现晚上腹泻的病羊，及时治疗，可防止脱水衰竭的发生，提高治愈率。

九、规模羊场常见病防治

（一）羊快疫

羊快疫是羊的最急性传染病。由于发病突然，病程急剧，死亡很快，所以称为“羊快疫”。此病的特征是消化道内产生大量气体，皱胃和十二指肠的黏膜呈现出血性、炎性变化。

【流行病学】病原体主要是腐败梭菌及恶性水肿杆菌。羊快疫主要经消化道传染，以 6 个月到 2 岁的绵羊最易感染，山羊也能发生；多发于秋、冬和初春，常流行于低凹地区，羊只因受寒感冒或采食冰冻草料等，而使机体抵抗力降低，促使本病发生。

【症状】病羊往往来不及表现临床症状就突然死亡，常见在放牧时死于牧场或早晨发现死于圈舍内。死亡慢者，不愿行走，运动失调，腹痛腹泻，磨牙抽搐，最后衰弱昏迷，口流带血白沫，病程极为短促，多于数分钟至几小时死亡 。

【剖检变化】尸体迅速腐败膨胀，可视黏膜充血呈暗紫色，剖检时可见真胃出血性炎症，胃底部及幽门部黏膜可见大小不等的出血点及坏死区，黏膜下发生水肿，肠道内充满气体，常有充血、出血，严重者发生坏死和溃疡、体腔积液，心内外膜可见点状出血，胆囊多肿胀。

【类症鉴别】

1. 与羊肠毒血症的鉴别 羊快疫发病季节常为秋、冬和早春，而羊肠毒血症多在春、夏之交抢青时和秋季草籽成熟时发生。患羊快疫时常有明显的真胃出血性炎性损害；而患羊肠毒血症时，多无或仅见轻微病损。患羊快疫时，肝脏被膜触片多见2~5个菌体相连的粗大杆菌，或无节片的长丝状腐败梭菌；而患羊肠毒血症时，病羊的血液及脏器可检出D型魏氏梭菌。

2. 与羊炭疽的鉴别 羊快疫与羊炭疽的临床症状及病理变化较为相似，可用病料组织进行炭疽阿斯科利沉淀反应区别诊断，同时可从病原形态上鉴别。患羊炭疽的病羊肛门、阴门等天然孔出血，且不易凝固，是与羊快疫最易见到的区别。

【预防】常发地区应定期注射羊三联四防苗（羊快疫、羊猝疽、羊肠毒血症、羔羊痢疾）或羊快疫单苗，皮下或肌内注射5毫升，每年春、秋两次注射。加强饲养管理，防止严寒袭击，严禁吃霜冻饲料。羊舍应建在地势高燥之处。

【治疗】病程短的往往来不及治疗。病程长者可选用以下方案实施治疗。

（1）青霉素：肌内注射1次160万~240万单位，每日2~3次。

（2）内服磺胺嘧啶：1次5~6克，每日2次，连服3~4次。

（3）生石灰乳：内服10%~20%，每次100~200毫升，连服1~2次。

（二）羊肠毒血症

羊肠毒血症又称软肾病、类快疫，是由D型产气荚膜杆菌在羊肠道大量繁殖，产生强烈的外毒素所引起的疾病。

【流行病学】病原体是D型魏氏梭菌，革兰氏染色阳性。主要存在于病羊的十二指肠、回肠内容物和粪便及土壤中。主要由于采食了污染的饲料和饮水，经消化道感染。各种品种、年龄的羊都有易感性，但绵羊发病率比山羊高，1岁左右且肥胖的羊发病较多。多发生于春末和秋季，多呈散发性。雨季、气候骤变和在低凹地区放牧或缺乏运动，突然喂给适口性较好的饲料或偷吃过多的精料，均可导致本病发生。

【症状】本病的发生多为急性，多突然死亡。有时放牧时没有任何症状，但第二天早晨已死于圈内。如在放牧时发病，病羊不爱吃草，离群呆立或卧下，或独自奔跑，有时低头做采食状，口含饲草或其他物，却不咀嚼下咽。胃肠蠕动微弱，咬牙，侧身倒地，四肢抽搐痉挛，左右翻滚，头颈向后弯曲，呼吸促迫，口鼻流出白沫，心跳加快，结膜苍白，四肢及耳尖发凉，呈昏迷状态，有时发出痛苦的呻吟，体温一般不高。多于1~2小时死亡。

病程较长的，最初精神委顿，短时间发生急剧下痢，粪便初呈粥状，为黄

棕或暗绿色，有恶臭气味，内含灰渣样料粒，以后迅速变稀，掺杂有黏液，继而呈黑褐色稀水，内含长条状灰白色假膜，或混有黑色小血块，每次移动时拉成一条粪路，排粪之后往往肛门外翻，露出鲜红色黏膜。羊只有时有抖毛、展腰、肠音响亮表现，有时张口呼吸，大多有疝痛症状。精神沉郁，常低头、面对墙呆立或独卧于墙角，强迫运动时可见共济失调，最后表现为肌肉痉挛、卧地不起、头向后仰、四肢做游泳状，大声哀叫之后死去。个别羊死前则完全昏迷，静躺不动，口流清水，角膜反射消失，呼吸逐渐衰弱而死。此型病程一般5~18小时，很少超过24小时。

【剖检变化】真胃内常见有残留未消化的饲料，肠道（尤其小肠）黏膜出血，严重者整个肠段呈血红色或有溃疡，肾脏软化如泥样，体腔有积液，心脏扩张，心内外膜有出血点，全身淋巴结肿大，切面呈黑褐色，肺脏大多充血、水肿，表面可看到大小不等的出血点，气管及支气管内有大量白色泡沫，胆囊肿大。

【类症鉴别】

1. 与炭疽的鉴别 炭疽可致各种年龄的羊发病，临床诊断有明显的体温反应，黏膜呈蓝紫色，死后尸僵不全，天然孔流血，脾脏高度肿大，镜检可见有荚膜的炭疽杆菌。

2. 与巴氏杆菌病的鉴别 巴氏杆菌病病程多在1天以上，临床表现有体温升高、皮下组织出血性胶样浸润。后期呈现肺炎症状。病料涂片镜检可见革兰氏阴性、两极浓染的巴氏杆菌。

【预防】

（1）加强饲养管理，主要应避免采食过多的多汁嫩草及精料，经常补给食盐，适当运动，天气突变时做好防风保暖工作。

（2）每年春、秋两次进行防疫注射，不论年龄大小，每只每次皮下或肌内注射羊三联四防苗5毫升。

（3）对病羊所污染的场所、用具等彻底消毒。

【治疗】最急性的往往来不及治疗便迅速死亡。对病程较长的（2小时以上）病羊可采用下列实验疗法。

（1）青霉素：160万~240万单位肌内注射，每4小时1次，连用3~6次。

（2）病程较长的（6小时以上）可用中西医结合，灌服下列药物：鞣酸蛋白12克，次硝酸铋10克，酞磺胺噻唑12克，硒碳银30克，药用炭15克混合研末，分两次灌服。

（3）20%生石灰水过滤液200~300毫升内服。

（4）对症治疗：脱水时及时输液，可用5%糖盐水250毫升加头孢噻呋钠5毫升静脉注射，每小时1次。有疝痛症状时可肌内注射安乃近5~10毫升。

怀孕母羊应注射黄体酮20~30毫克。对想喝水的病羊可供给温盐水，应少量多次，2小时1次。对想吃草的羊只给些优质干草。

（三）山羊传染性胸膜肺炎

山羊传染性胸膜肺炎俗称烂肺病，是一种山羊特有的接触性传染病，发病较急，有时呈慢性经过。其特征是高热咳嗽及胸膜发生浆液性和纤维素性炎症。

【流行病学】本病病原为丝状支原体，为一细小多形状的微生物，革兰氏染色阴性。主要存在于病羊的肺组织和胸腔渗出液中，该病原在肺渗出物中可保存19~25天，腐败材料可存活3天，干粪内强光直射仍可保持毒力8天之久。加热至55~60℃，40分钟可杀死。消毒药1%克辽林5分钟，0.25%福尔马林或0.5%石炭酸48小时内可杀死，对四环素和氯霉素较敏感。该病的感染途径主要是通过空气、飞沫经呼吸道传染。病羊是主要的传染源。该病常呈地方性流行，接触传染性很强，成年羊发病率较高，冬季和早春枯草季节发病率较高。阴雨连绵、寒冷潮湿和营养不良易诱发本病。

【症状】病初体温升高，精神沉郁，食欲减退，随即咳嗽，流浆性鼻液；4~5天后咳嗽加重，干而痛苦，浆液性鼻液变为脓性，常黏附于鼻孔、上唇，呈铁锈色，多在一侧出现胸膜肺炎变化。叩诊呈实音，听诊呈支气管呼吸音及摩擦音，触压胸壁表现疼痛。呼吸困难，高热稽留，腰背拱起呈痛苦状。孕羊大部分流产。肚胀腹泻，甚至口腔溃烂，眼睑肿胀，口半开张，流泡沫样唾液，头颈伸直，最后病羊衰竭死亡。病期多为7~15天，长的达1个月，耐过不死的转为慢性。

【剖检变化】病变多局限于胸部，胸腔有淡黄色积液，暴露于空气后变为纤维蛋白凝块，肺部出现纤维蛋白性肺炎，切面呈大理石样，肺小叶间质变宽，界限明显。血管内常有血栓形成，胸膜变厚而粗糙，与肋膜、心包膜发生粘连。支气管淋巴结和纵隔淋巴结肿大，切面多汁，有出血点。心包积液，心肌松弛变软。肝脾肿大，胆囊肿胀。肾脏肿大，被膜下可见有小出血点。

【预防】

（1）坚持自繁自养，勿从疫区引进羊只。

（2）加强饲养管理，增强羊的体质。对从外地引进的羊应隔离观察后认为无病时才能合群。

（3）定期进行预防注射，用山羊传染性胸膜肺炎氢氧化铝苗接种，半岁以下的羊皮下或肌内注射3毫升，半岁以上的注射5毫升，免疫期1年。

【治疗】①恩诺沙星注射液2.5~5毫克/（千克·次）肌内注射，每天1~2次，连用5~7天。②长效盐酸土霉素注射液0.2克/千克肌内注射，2天1次，连用3次。③氟苯尼考注射液10~20毫克/千克肌内注射，2天1次，连

用3次。④病初也可使用红霉素5~10毫克/千克体重，溶于5%葡萄糖溶液中静脉注射，每天2次。⑤对同群假定健康羊，初期病羊可应用中药清肺散：白芍39克、黄芩10克、大青叶10克、知母8克、炙杷叶7克、炒牛子7克、连翘6克、炒葶苈子3克、桔梗6克，共为末，加鸡蛋清两个灌服，每天1次，连服3天；或水煎后去渣灌服。

（四）破伤风

破伤风是人畜共患的一种创伤性、中毒性传染病。其特征是患病动物全身肌肉发生强直性痉挛，对外界的刺激反射兴奋性增强。

【流行病学】病原是厌氧的破伤风梭菌，革兰氏染色阳性。本菌繁殖体对一般的消毒药抵抗力不强，均能在短时间内杀死。但其芽孢具有很强的抵抗力，可靠的消毒药为5%石炭酸液、0.1%升汞、0.5%盐酸、5%克辽林、3%福尔马林、10%氢氧化钠液及10%碘酊。该病的发生主要是破伤风梭菌经伤口侵入机体的结果，常因去角、断脐、分娩、刺伤、咬伤、开放性骨折、阉割、外科手术等处理不当而发生。该病以散发形式出现。

【症状】病初症状不明显，以后表现为不能自由起卧，四肢逐渐强直，运步困难，角弓反张，反射兴奋性增强，病羊惊恐不安，牙关紧闭，不能采食和饮水，排粪、排尿困难，背僵直，耳竖立，四肢僵直，形成木马状，倒地后不能起来。发病后期常因急性胃肠炎而引起腹泻，病死率很高。

【预防】

（1）防止羊发生外伤，如有外伤用5%碘酊消毒。

（2）预防注射：每年接种破伤风类毒素，皮下注射1毫升，免疫期为1年，小羊减半。第二年再注射1次，免疫期可达4年。

（3）在外科手术时严格遵守无菌操作，防止伤口感染。

【治疗】

（1）将病羊隔离于光线较暗的地方，给予易消化的饲料和充足的饮水，清除伤口内的坏死组织。先后用3%的双氧水和1%的高锰酸钾水彻底冲洗各两次后，再以5%~10%碘酒进行彻底消毒处理。发病初期应用破伤风抗毒素5万~10万单位肌内或静脉注射，以中和毒素。为了缓解肌肉痉挛可用氯丙嗪0.002克/千克体重或25%硫酸镁注射液10~20毫升肌内注射，并配合应用5%的碳酸氢钠100~200毫升静脉注射，对长期不能采食的病羊，还应每天补糖、补液。当羊牙关紧闭时，可用3%普鲁卡因5毫升和0.1%的肾上腺素0.2~0.5毫升混合注入咬肌。

（2）早期可大剂量应用青霉素240万~320万单位，1天2~3次。

（3）新胂矾钠明（九一四）0.5克，溶于10%葡萄糖注射液500毫升内，一次静脉注射，间隔48小时重复一次。

（4）新针疗法可针百会、大风门、伏兔等穴位。

（五）传染性结膜角膜炎

传染性结膜角膜炎又称“红眼病”，是牛、羊常见的一种急性传染病，损害局限于眼部，其特征为眼结膜和角膜发生明显的炎症变化，伴有大量的流泪，随后角膜混浊或呈乳白色。

【流行病学】病原体是嗜血杆菌。菌体通常成对排列，具有荚膜，革兰氏染色呈阴性，各种羊均易感。病羊是主要的传染源，病菌存在于眼结膜及分泌物中，主要是通过直接接触传染，打喷嚏和咳嗽时通过飞沫也可传染。本病季节性不强，但以春、秋发病较多，刮风、尘土飞扬、羊舍狭小、空气污浊等有利于本病的发生和传播。

【症状】本病主要表现为结膜炎。多数病羊先一眼患病，初期病眼怕光流泪，眼睑半闭，眼内角流出浆液或黏液性分泌物，不久则变成脓性，结膜潮红充血，其后发生角膜炎和角膜溃疡。随病情发展，可继发虹膜炎，以后混浊度增加，呈云翳状，病程一般为20天左右，多数能自愈。

【预防】羊舍要通风透光，面积要适中，要保持清洁卫生。发现病羊要立即隔离，并将病羊放在较暗处。

【治疗】

（1）用2%~4%硼酸水或淡盐水洗眼，擦干后选用红霉素、2%黄降汞或2%可的松眼膏涂于眼结膜囊内，每天2~3次。

（2）三砂粉点眼：硼砂、朱砂、硇砂各等份研为细末，取适量用竹筒或纸筒吹入眼内。用土霉素或氯霉素粉也可。

（3）角膜混浊时用青霉素20万~50万单位，加入病羊的全血10毫升，立即注射于眼睑皮下，效果较好。

（4）庆大霉素针剂4毫升，加针剂地塞米松2毫升，0.1%肾上腺素1毫升混合点眼，每天2~3次。

（5）50万链霉素加蒸馏水5毫升，眶上孔注射，隔天1次。

（6）中药可用龙胆草、石决明、草决明、白蒺藜、川木贼、蝉蜕、苍术、白芍、甘草各15克，青葙子52克，共为细末，开水一次冲服。另配合炉硼散点眼（炉甘石52克，硼砂12克，海螵蛸12克，冰片10克，共为细末），每日1次，连用3~5次。

（六）狂犬病

狂犬病俗称“疯狗病”，是一种人畜共患的接触性传染病。该病特征为神经兴奋和意识障碍，继之局部或全身麻痹而死亡。

【流行病学】病原为狂犬病病毒，在动物体内主要存在于中枢神经细胞和唾液腺细胞内，可在胞质内形成特异的包涵体——内基氏小体。该病毒对

0.1%升汞、5%碘酊、3%石炭酸、硝酸银等较敏感。该病毒除感染羊外，犬、人和多种家畜及野生动物均有易感性。主要传染源是患病的家犬及带毒的动物，患病的动物主要通过咬伤传播，也可经损伤的皮肤、黏膜传染，以散发性流行为主。

【症状】狂犬病在临床上分为狂暴型和沉郁型两种病例。

1. 狂暴型　病羊初期精神沉郁，反刍、食欲降低，不久表现为起卧不安，出现兴奋和冲击动作，如冲撞墙壁、磨牙流涎、性欲亢进、攻击动物等，常舔咬伤口，使之经久不愈。末期发生麻痹，卧地不起，衰竭而死。

2. 沉郁型　多无兴奋期或兴奋期短，而且迅速转入麻痹期，出现喉头、下颌、后躯麻痹，流涎，张口，吞咽困难等症状，最终卧地而死。

【剖检变化】尸体无特异性变化，消瘦，有咬伤、裂伤，口腔和咽喉黏膜充血或糜烂，组织学检查见有非化脓性脑炎变化，在大脑海马回及小脑和延脑的神经胞质内出现嗜酸性包涵体，即内基氏小体。

【预防】

（1）扑杀野犬、病犬及拒不免疫的犬类。

（2）定期预防接种，按疫苗的说明书稀释注射，免疫期6个月。

（3）发现病畜应立即扑杀，以免危害于人。病尸销毁，严禁食用。

【治疗】羊和家畜被疯狗或可疑动物咬伤后，应立即用火炭、烟头等明火烧灼处理伤口，并立即接种狂犬病疫苗，也可同时用免疫血清进行治疗。

（七）羊蓝舌病

蓝舌病是反刍动物的一种病毒性传染病，其特征为：发热，口腔、鼻腔和胃肠道黏膜的溃疡性炎症变化，乳房和蹄冠上也常有病变，且常因蹄真皮层遭受侵害而发生跛行。

【流行病学】病原为呼肠孤病毒科的蓝舌病病毒。病毒对干燥的抵抗力较强，3%福尔马林和75%酒精能使其死亡。家畜中以绵羊的易感性最大，山羊和其他反刍动物也能患该病。患病动物为传染源，主要由媒介昆虫伊蚊及库蠓传播，呈季节性流行。多发于湿热的夏季和早秋，特别是池塘、河流多的潮湿低洼地区易发此病。

【症状】该病潜伏期一般为4~10天。病初体温升高至40~42℃，高热稽留4~5天，精神萎靡，反应迟钝，厌食，呼吸及心跳加快。大量流涎、流鼻涕，双唇发生水肿，常蔓延至面颊、耳部，舌及口腔黏膜充血、发绀，出现瘀斑，呈青紫色；严重者发生溃疡、糜烂，致使吞咽困难。继发感染进一步引起组织坏死，口腔恶臭，鼻腔有脓性分泌物，干涸后结痂于鼻子周围，因而引起呼吸困难。鼻黏膜和鼻镜糜烂出血。有时蹄冠和蹄叶发炎，最初蹄热而痛，后见跛行，甚至膝行或卧地不动。有时下痢带血。发病率为30%~40%，病死率为20%~30%，多由于并发肺炎或胃肠炎而死亡。山羊的症状与绵羊相似，但较轻，多呈良性经过。

【剖检变化】各脏器和淋巴结充血、水肿和出血；颈颌部皮下胶样浸润；除口腔黏膜糜烂出血外，呼吸道、消化道黏膜及泌尿系统黏膜均有出血点，乳房和蹄冠等部位上皮脱落，但不发生水疱，蹄叶发炎并常溃烂。

【预防】

（1）每年应注射鸡胚化弱毒疫苗或牛肾脏细胞致弱的组织苗，半岁以上的羊按说明用量皮下注射，10天后产生免疫力，免疫期1年。生产母羊应在配种前或怀孕后3个月内接种疫苗。

（2）发现病羊应扑杀，对场地和用具进行彻底消毒。

（3）提倡在高地放牧和羊群回圈过夜。

【治疗】目前尚无有效的治疗方法，主要是加强营养，精心护理，对症治疗。口腔用清水、食醋或0.1%高锰酸钾水冲洗，再用1%~3%硫酸铜或碘甘油涂糜烂面，或用冰硼散外用治疗。蹄部患病时可先用3%克辽林或3%来苏儿洗净，再用土霉素软膏涂抹。注射抗生素，预防继发感染。

（八）衣原体病

衣原体病是一种多种动物和人共患的一种传染病。是以发热、流产、死胎和产病弱羔羊为特征的亚急性传染病，也称病毒性流产或地方性流产。

【流行病学】病原为鹦鹉热衣原体，该病原在60℃的情况下经10分钟可灭活，75%酒精、3%过氧化氢数分钟可灭活，0.1%福尔马林、0.5%石炭酸24小时可灭活，该病原对低温耐受性较强。用足量的青霉素、氯霉素、四环素或红霉素能抑制病原的繁殖。本病以羊易感性最大，且初产羊发病较多，本病常呈地方性流行；在产羔期产房卫生条件较差时，该病最易发生。

【症状】本病主要表现为流产和产下弱羔或死胎。流产多发生在怀孕后期，即产前1个月以内。流产后多数胎衣滞留，有些母羊因继发细菌性子宫炎而死亡。在羊群首次暴发本病时，可使20%~60%的怀孕母羊流产。羔羊感染本病后，表现为发热、跛行、多发性关节炎，甚至呈败血症死亡。

【剖检变化】主要病变是胎盘水肿，绒毛尿囊膜有坏死性炎症。胎儿皮下水肿，颈、背和臀部常有暗褐色的瘀血块。胸腔、腹腔内有血样积液。肝脏肿胀，质脆。

【预防】易感母羊在配种前或怀孕后1个月内用羊流产衣原体油佐剂卵黄囊灭活苗预防注射，每只羊皮下注射3毫升，免疫期1年。本病流产暴发时，对所有的流产母羊、病弱羔羊及其同窝羔羊隔离饲养，一直到全部母羊的子宫不再排出污物和全部存活羔羊恢复健康为止。将感染的胎盘和流产的胎儿进行无害化处理，污染的羊圈清扫后用2%氢氧化钠消毒。

【治疗】 可采取对症疗法，发热的可肌内注射安乃近或氨基比林针剂。为防止继发其他疾病，可肌内注射青霉素、链霉素或四环素类抗生素，对体质较弱的羊，可采取输液疗法。

（九）羔羊痢疾

羔羊痢疾是初生羔羊的一种急性传染病，其特征是：持续性下痢。群众一般称为“下血”或“拉稀病”“白痢”。本病常可使羔羊发生大批死亡。

【流行病学】 病原体主要是产气荚膜杆菌的 B 型。沙门杆菌、大肠杆菌及链球菌也有一定的致病作用。本病原对一般常用的消毒药都较敏感。本病主要经消化道传染，多发生于 7 日龄以内的羔羊，每年立春前后发病率较高，病羔羊和带菌的母羊是本病的主要传染源。天气寒冷骤变能促使本病发生。

【症状】 病羔羊精神沉郁，垂头，弓背，畏寒不食，常卧地不起，随后发生下痢，排绿色、黄色、黄绿色或灰白色的液状粪便，有恶臭。末期有的排血便，排便时里急后重，之后肛门失禁，流出水样粪便，高度消瘦，体温、呼吸、脉搏无显著变化。如不及时治疗，往往于 2~3 天后死亡。如后期粪便变稠则表示病情好转，有治愈的可能，应抓紧治疗。

【剖检变化】 尸体消瘦，可视黏膜黄白，胃黏膜有脱落，胃和肠道充血、出血，肠黏膜上有坏死灶和溃疡等明显的出血性肠炎变化。

【预防】

（1）对怀孕后期的母羊要加强饲养管理，冬季做好保膘、保胎工作。产房应保持清洁卫生，阳光充足，通风良好，温度适当，地面铺上垫草。羔羊出生后搞好护理，断脐时要搞好消毒。把初乳挤出数滴后再让羔羊吸吮。

（2）在本病流行地区的怀孕母羊，以羔羊痢疾甲醛菌苗或“三联四防”等预防，第一次在分娩前 20~30 天内在后腿内侧皮下注射菌苗 2 毫升，第二次在分娩前 10~20 天内于另一侧后腿内侧皮下注射菌苗 3 毫升，这样初生的羔羊可获得被动免疫。

【治疗】

1. 药剂疗法 灌服 6%硫酸镁溶液（应内含 0.5%的福尔马林）30~60 毫升，经 6~8 小时后再灌服 0.1%高锰酸钾液 10~20 毫升。未愈的可重灌高锰酸钾液 1~2 次。

2. 抗菌疗法

（1）磺胺脒 1 克，鞣酸蛋白 0.2 克，碳酸氢钠 0.2 克，每天 2~3 次。同时每天肌内注射青霉素 80 万单位，1 日 2 次，至痊愈。

（2）氟苯尼考注射液肌内注射，10~20 毫克/千克，48 小时重复注射 1 次。

（3）链霉素，20~30 毫克/千克肌内注射，每天 1 次，至痊愈。

(4) 对症治疗：出现脱水的每天补液1~2次。心力衰弱的应强心。

3. 中药疗法

(1) 去核乌梅6克，诃子肉9克，炒黄连6克，黄芩3克，郁金6克，神曲12克，猪苓6克，泽泻5克，将上述药捣碎后加水400毫升，煎汤至150毫升，以红糖30克为引，一次灌服30毫升。如还拉稀可再灌1~2次。

(2) 白头翁、秦皮、黄连、炒健曲、炒山楂各15克，当归、乌梅各20克，车前子、黄檗各30克，加水500毫升，煎至100毫升，每次灌服5毫升，每天2~3次，连用2~3天。

(3) 对急性昏迷的羔羊，可用朱砂0.3克，冰片0.1克，全蝎0.25克，温水灌服，可起急救的作用。

(十) 肝片吸虫病

本病是由肝片吸虫寄生在羊的肝脏胆管内所引起的一种吸虫病。羊在临诊上主要表现为慢性或急性肝炎和胆囊炎。

【流行病学】该病分布极广，往往呈地方性流行。目前国内已证实肝片吸虫的中间宿主有耳萝卜螺、折叠萝卜螺、斯氏萝卜螺、卵萝卜螺、小土蜗、截口土蜗六种贝类（螺蛳）。它主要危害羊和牛，其他牲畜如马、驴、骡、骆驼、猪、犬及兔等动物也可被侵害，人偶然感染此病。在多雨温暖的季节里，常造成本病的普遍流行，严重感染主要发生于秋季，在潮湿的年份里则发生于夏、秋两季。长期在潮湿牧地和沼泽地带放牧，往往感染严重。临床上绵羊患本病多于山羊。

【临床症状】肝片吸虫病的临床症状的程度，主要取决于感染强度、动物健康状况、年龄及感染后的饲养管理条件等。成年羊若寄生少数虫体往往不表现病状，但对于羔羊，虽然寄生少数的虫体，也可能产生极其有害的影响。

1. 绵羊和山羊的急性型病状　在秋季羊只受到严重感染时，可发生急性型病状。病羊表现为轻度发热、食欲减退、虚弱及容易疲倦，放牧时离开群落。有的出现腹泻、黄疸、腹膜炎症状。有时可摸到增厚的肝脏边缘，肝区有压痛，叩诊可发现肝脏浊音区扩大。而后迅速贫血，黏膜苍白。有的病例在几天后发生死亡。

2. 绵羊和山羊的慢性型病状　这类情况最常见，表现为贫血渐渐加重，黏膜苍白，眼睑、颌下、胸下及腹下发生水肿，水肿逐渐严重，出现胸水和腹水。病羊消瘦，毛干易断，食欲消失。母羊乳汁稀薄，怀孕母羊流产，临死前出现下痢。

【预防】本病应采取综合性防治措施，根据流行病学资料，因时、因地制宜，突出重点，有计划、有步骤地开展防治工作。

1. 预防性驱虫　每年进行3次预防性驱虫，驱虫时间根据本病在各地流

行的特点而定，原则上第一次在大部分虫体成熟之前20~30天进行，即成虫期前驱虫；第二次在大部分虫体成熟时进行，即成虫期驱虫；第三次在第二次后隔3个月进行。

2. 消灭中间宿主

(1) 化学方法：一般采用1∶5 000硫酸铜溶液在低湿草地喷洒，灭螺效果良好；茶子饼配成2%浸液喷洒，每平方米用10克，或每平方米用粉末10~30克做成撒粉，灭螺效果也很好。

(2) 物理方法：可结合草原或农田基本建设进行排水、改渠、翻耕、土埋性灭螺蛳；饲养鸭、鹅及保护野生水禽，以消灭螺蛳；利用粪便自身发酵产生物理热来杀死其中的虫卵。

3. 牧场预防　在大量羊感染季节，避免到低湿、沼泽等牧地放牧，夏、秋季可安排在山地、高坡和无螺草场上放牧，冬、春季到低湿牧地放牧。若低湿草场放牧不能避免，在流行季节，以45天为期实行轮牧。此外，也可固定羊群去低湿牧地放牧，每年定期驱虫。

4. 注意事项

(1) 在潮湿牧地打草时，割草高一点，牧草要晒干。

(2) 注意饮水卫生，防止污染水源，避免饮死水。

(3) 病畜的肝脏要废弃深埋。

(4) 在本病流行地区的带虫动物也要定期驱虫，以免散布病原。

【治疗】

1. 硝氯酚（拜耳9015）　每千克体重4~6毫克，对60天以上的大片吸虫有100%的驱虫效果。此药不溶于水，可拌于精料中喂服，或用片剂口服。该药毒性低，用量小，疗效高，为较好的驱片形吸虫药物。

2. 硫溴酚　绵羊每千克体重50~60毫克，山羊每千克体重30~40毫克，均一次内服。此药毒性低，疗效高，并对幼虫有一定效果。

3. 碘醚柳胺　每千克体重7.5~10毫克，一次口服。此药对成虫和幼虫效果都好。

4. 抗蠕敏（阿苯哒唑）　每千克体重18毫克，一次口服，效果良好。

5. 克洛杀（5%氯氰碘柳胺钠注射液）　皮下注射，一次量，每千克体重5~10毫克。本品对肝片吸虫幼虫效果良好，对怀孕母羊无不良影响。

（十一）球虫病

球虫病是羊的一种急性接触传染性原虫病。其特征是：出血性腹泻、精神沉郁、体质衰弱、体重减轻和在粪便内可发现卵囊，病原为多种球虫。本病世界各地均有，给养羊生产带来较大的经济损失。

【流行病学】绵羊共发现12种球虫。球虫病通常是几种球虫的混合感染，但其中一种可能占优势。球虫的发育史包括两个阶段，即外生的和内生的。卵囊随粪便排泄到外界就是外生阶段的开始，在湿度适宜、温度20~25℃的环境中，卵囊形成孢子，经过染色体减数分裂，形成4个孢母细胞，后者成熟后成为卵囊。以后每个孢母细胞又分裂成2个孢子，此时即具有侵袭力。当羊食入被侵袭性卵囊污染的饲料和饮水，就是内生阶段的开始。侵入肠道内的卵囊，在其发育过程中将肠上皮细胞破坏而引起一系列病理变化。

【临床症状】 本病羔羊多见。病羊最初排软而不成粒的粪便，后来成液状，后躯被恶臭的粪便污染，招来许多蝇类，并会有蝇、蛆侵害。有些病羊在其粪便内含有数量不均的血液，从直肠溃疡来的血液，其色泽鲜红，从盲肠来的则发黑色并与粪便混杂。病羊努责，有时发生直肠脱出。腹泻数日，病羊食欲不振、衰弱、脱水，体重减轻5%~15%。病初体温升高，但很快降至正常或偏低。精神沉郁，不愿活动，常见躺卧。多半于发病后3~4天死亡。

【预防】 球虫病暴发时单用药物治疗往往收不到满意的效果，治疗必须配合以下预防措施：预防本病应从加强饲养管理和改善环境卫生方面着手。育成羊的牧地要宽广，防止拥挤。舍饲时，应给予优质青干草，防止消化功能紊乱和腹泻。饲槽及饮水器定期清洗、消毒，防止被粪便污染。圈舍内必须保持干燥，应经常能够晒到太阳，其四周要有排水沟，圈内要经常打扫，及时清除污物，防止羊羔接触有卵囊的物品。亦可采用氯苯胍、敌菌净交替喂服或磺胺类药物拌饲及饮水（连用1周），进行药物预防。对病重羊必须隔离治疗，以防病原扩散。

【治疗】

（1）每日每千克体重20~40毫克氯苯胍和每千克体重30毫克敌菌净，每天分2次喂服，交替喂服1周。

（2）磺胺甲嘧啶（SM1）或磺胺二甲嘧啶（SM2）：每千克体重首次量0.2克，维持量0.1克，每12小时服一次。同时应配等量的小苏打使用，连用3~4天。

（3）每天每千克体重0.55克氨丙啉粉，分2~3次内服（或拌饲内服），连服14~19天。

（4）20%呋喃唑酮（痢特灵）散：每天每千克体重0.2~0.5克，分3次内服。

（5）地克珠利：一是预混剂（0.2或0.5%两种规格）规格，混饲，每吨料1克（按原药计，折合0.5%溶液200克）；二是地克珠利溶液（0.5%），混饮，每升水1毫克（按原药计，折合0.5%溶液0.1~0.2毫升）。

（十二）羊捻转血矛线虫病

血矛线虫病是捻转血矛线虫寄生于羊第四胃引起的疾病。捻转胃虫是羊的

最大吸血者之一，虫体呈细线状，雌虫吸血后，肠管呈红色，缠绕在肠管周围的生殖器官为白色，这样就使虫体呈现红、白如两股线搓在一起，形成红、白相间的外观，故称为红白捻线胃虫。雄虫体长为10~20毫米，雌虫体长为18~30毫米。

【临床症状】

1. 急性型　多发生于1~2月龄的羔羊，以突然死亡为特征。症状：眼畏光流泪，有湿润的泪痕斑，可视黏膜苍白，病程不超过4天。

2. 亚急性型　主要以贫血、水肿为特征。患羊放牧时离群落后，被毛粗乱，精神萎靡，眼畏光流泪，常见眼角下的皮肤上形成弯月状的湿润区，被尘土污染后结成黑色弯月状的泪痕斑，可视黏膜苍白；颌下和腹下水肿，拉稀；呼吸频数为45~60次/分，肺有湿性啰音，心率增快至120~140次/分，严重时卧地不起，食欲不减。

3. 慢性型　多发于3月龄以上的羊，症状不明显，主要表现为精神不振、消瘦、眼畏光流泪、可视黏膜苍白，病程长达4个月以上，有的可治愈。

【剖检变化】血液稀薄色淡，皮肤、内脏、肌肉因贫血而显苍白；颌下淋巴结肿大，胸腹腔均有大量积液，呈淡黄色；肠系膜淋巴结肿大，如蚕豆状串联在一起呈索带形，切面水肿外翻，呈苍白色；肠脂肪变性，呈不规则的花纹或粒状；胆囊肿大，胆汁稀薄；真胃和十二指肠内可见大量虫体，呈毛发状。

【预防】

（1）在流行地区，应该定期进行预防性驱虫。一年进行2次，第一次可在初春，以减少对牧地的污染；第二次可在初冬，以保护羊只安全过冬。

（2）不在低湿草地放牧，不放牧于露水草，有条件的地方可实行轮牧。

（3）对羊群每月采粪检查，当发现线虫卵超标时，及时驱虫。

【治疗】

1. 丙硫咪唑　每千克体重18毫克，一次口服。

2. 盐酸左旋咪唑　每千克体重11毫克，一次口服。5%盐酸左旋咪唑，每千克体重5毫克，一次皮下注射。

3. 敌百虫　每千克体重50毫克，一次口服。

4. 克洛杀（5%氯氰碘柳胺钠注射液）　每千克体重0.2毫升，皮下或肌内一次注射。

（十三）羊虱病

羊虱是属于虱目盲虱科的无翅昆虫虱，吸食羊血或食毛屑可引起一种慢性外寄生虫病。主要寄生在山羊体表，有时也在绵羊身上寄生。

【临床症状】羊尤其是羔羊在被严重感染的情况下，体重减轻，贫血。羊因虱咬伤出现痒觉而不安静，啃咬皮肤，或在墙壁、栅栏以及其他物体上摩擦，从而磨损皮毛，造成创伤。羊虱侵袭部位的被毛常变得干燥、粗乱，并易脱落。绵羊虱对细毛羊和半细毛羊危害较轻，对粗毛羊危害严重，尤其是营养不良的绵羊更为严重。

【防治】1%敌百虫水溶液或0.05%~0.08%蝇毒磷水溶液（按有效成分计算）涂擦羊体。此外，也可用于蜱和螨的防治。

（十四）瘤胃臌气

瘤胃臌气，中兽医称气胀、肚胀，是由于过量地采食易于发酵的饲料和食物，在瘤胃细菌的参与下异常发酵，迅速产生大量的气体，致瘤胃的容积急剧增大，胃壁发生急性扩张，并呈现反刍和嗳气障碍的一种疾病。主要发生于初春以及夏季放牧的绵羊，山羊发生较少。

【病因】羊瘤胃臌气在临床上分为原发性和继发性臌气两种。

1. 原发性瘤胃臌气　主要是食入大量的易发酵的饲料，如初春的嫩草、开花前的苜蓿、青贮饲料，以及块根饲料、豆科植物等，于短时间内形成大量的气体而致病；或过食大量难消化而易膨胀的豆饼、豌豆，雨后放牧吃了带水的青草，特别是豆科植物；或食用了霜冻、腐败变质的饲料及有毒植物等，也易引起瘤胃臌气。

2. 继发性瘤胃臌气　多见于前胃弛缓、前胃疾病和食道阻塞等疾病过程中。

【症状】

1. 原发性瘤胃臌气　常于采食易发酵的饲料之后迅速发病，往往15分钟之后就产生臌气。发病后的特征症状是左腹部急剧膨胀，严重者可突出于背脊，病羊疼痛不安、回顾腹部。叩诊左腹部呈现鼓音，按压腹壁紧张，压后不留压痕。

病羊食欲、反刍与嗳气很快完全停止。在臌气初期，瘤胃蠕动增强，但很快减弱，甚至消失。

病羊由于瘤胃臌气，造成呼吸困难、结膜发绀、心动亢进、脉细数，但体温正常。

病重时，张口流涎、伸舌吼叫、眼球突出、站立不稳、行走摇晃、全身出汗，最后倒地不起，常因窒息或心脏停搏致死。

2. 继发性瘤胃臌气　常因原发症状的缓解与严重呈现间歇性臌气。

【治疗】治疗原则：以消胀、止酵、泻下、恢复瘤胃功能为主。若为继发性瘤胃臌气，应首先排除起始病因。治疗方法如下：

（1）从羊鼻孔（或用开口器从口中）插入胃导管（手摸颈部气管后，应能摸到），注入液状石蜡50~100毫升，助手让羊扒在羊栏上，术者按摩瘤胃，排出气体。观察10~20分钟，若不再臌气，取出胃导管即可。

（2）臌气严重时应立即行瘤胃穿刺放气或导管放气。放气后可用鱼石脂、乳酸各2克，用陈皮酊30毫升溶化后再加适量温水注入瘤胃中制止发酵。并注射青霉素160万单位、长效阿莫西林5～10毫升，防继发腹膜炎。

（3）泡沫性臌气，可先加入液状石蜡50～100毫升，按摩瘤胃，再行放气，放气后再注入青霉素200万单位、鱼石脂2克、松节油2毫升、陈皮酊30毫升（鱼石脂用陈皮酊溶解后一并注入）；也可先注入棉籽油或煤油20毫升，对泡沫性臌气也有良效。

（4）液状石蜡30～40毫升、芳香氨醑3毫升、松节油2毫升、樟脑酊2毫升，混合，加温水适量，成羊一次内服。

（5）硫酸钠30～40克、鱼石脂2克、陈皮酊30毫升，加温水500毫升，成羊一次灌服。

（6）中药可服用木香顺气散。

（7）将椿树棒系在羊嘴中供其咀嚼（也可在树棒上涂上鱼石脂或松节油），促进嗳气排出。

【预防】

（1）在春季由舍饲转入放牧时，应先在枯草的草场上放牧，而后再转到青草的草场上；或限制采食时间，避免过多地采食青草。

（2）雨后或早起露水未干前，不出场放牧，或限制放牧时间。

（3）喂多汁易发酵的饲料，应定时、定量，喂后不可立即饮水。

（十五）羔羊皱胃毛球阻塞

羔羊毛球阻塞是绵羊因某些营养物质缺乏而舔食羊毛，在胃肠中形成毛球，引起消化功能紊乱和胃肠道阻塞的一种代谢病。本病多发生在秋末冬初，气温下降，羊毛进入快速生长时期，并且在细毛及杂种羔羊中最为常见。常造成羊毛损耗和羔羊死亡。

【病因】一般认为，基本原因是由于母羊及羔羊日粮中维生素和矿物质不足而引起的代谢紊乱，致使羔羊对被粪尿污染部位的被毛表现一种病态的贪食，因此，本病又称“绵羊食毛癖”。

冬末春初，牧草干枯，给母羊长期饲喂被雨淋过的陈旧干草或酒糟等营养不全的饲料；母羊泌乳不足或停止，乳汁营养成分降低；乳腺炎或羔羊消化不良，以及羊群密度过大等，都可促进本病的发生。

有人提出，日粮中含硫氨基酸缺乏是引起本病的主要原因。若母羊营养不良、乳汁不足直接影响羔羊对营养物质的需要，在缺乏胱氨酸时可出现食毛癖。

羔羊将羊毛簇食入口中，略经咀嚼，即成团咽下，在胃内又经黏液渗透，随着胃的蠕动，可滚转成球，或与胃内的植物性纤维掺搅，逐渐形成团块，即成毛球。毛球多滞留在瘤胃和网胃中，哺乳羔羊多在真胃中，有些细小的毛球可同时成串地进入肠道。毛球若仅在羔羊的瘤胃和网胃中，一般没有明显的全身变化；如果毛球卡在真胃和肠道中，尤其是毛球阻塞了真胃幽门，即表现一系列症状，甚至造成死亡。

【症状】起初，只有个别羔羊表现异嗜癖。以后，则有多数羔羊表现异嗜癖。羔羊经常咬母羊的股、腹、尾等部被粪尿污染的毛，或拣食脱落在地上的羊毛，同时还有舔食墙土现象。有时，在母羊卧地休息时，羔羊站在母羊身上啃咬，或羔羊互相啃咬被毛。严重时，可在羊群中看到有些母羊有大片秃毛。

病羔被毛粗乱、焦黄，食欲减退，经常下痢，贫血，日渐消瘦。当毛球阻塞幽门或肠道时，食欲废绝，肚胀，不排粪，磨牙，流涎。有时表现为腹痛症状。

触诊腹部，在皱胃或肠道中可摸到有枣核至拇指大小的硬韧物，同时羔羊表现压痛。

【治疗】治疗原则：调整饲料，进行补饲。治疗方法如下：

（1）可做分组饲喂试验，即将可能缺乏的物质（骨粉、磷酸钠、草木灰、碳酸氢钠等）分别放在几个敞箱中，观察羔羊最喜欢吃哪一种物质，据此进行补饲。

（2）用食盐40份，骨粉25份，碳酸钙35份；或者骨粉10份，氯化钴1份，食盐1份，微量元素1‰，混合，掺在少量麸皮内，置于饲槽，任羔羊自由舔食。

（3）在羊圈草栏内经常撒一些青干草，任其随意采食。

（4）按10只羔羊喂一个鸡蛋的比例，将鸡蛋捣碎，拌在饲料中，连喂5天，停歇5天，再喂5天，即可制止食毛癖的发生和发展。

（5）用一些轻泻药物排出毛球，当不能泻下阻塞物时，可行真胃切开手术，取出毛球。

【预防】当出现羔羊食毛时，应与母羊隔离，仅在哺乳时允许接近，同时按上述方法补饲。调整母羊饲料，给以全价日粮。注意羊舍卫生，及时清除脱落的羊毛。

（十六）尿结石

尿结石是指原来溶解在尿中的各种盐类析出所形成的凝结物，中兽医称“砂石淋”。这种凝结物存在于肾盂（称肾结石）、膀胱（称膀胱结石）或移行于尿道（称尿道结石），是引起排尿困难为主要特征的一种疾病。

【病因】尿结石主要是磷酸盐、硅酸盐的结晶，其形成是由多种因素造成的，主要是尿中保护性胶体的含量减少，盐类物质与这些胶体之间的比例发生变化，某些盐类化合物含量过大。此外，结石的生成也与尿道的 pH 值、肾功

能变化、饮水质量等有关。临床以3~6月龄的公羊发病较多。

【症状】若尿结石的体积细小而且数量较少，一般不显出任何症状。但体积较大的结石，则呈现明显的临床症状。

尿石症的主要症状是排尿障碍、肾性疝痛和血尿。但由于尿石存在部位及其对相应器官损害程度的不同，其临床症状颇不一致。

（1）结石位于肾盂时，多呈肾盂肾炎症状，并见有血尿现象。严重时，患羊肾区疼痛，运步强拘，步态紧张。

（2）肾结石移至输尿管而刺激其黏膜或阻塞输尿管时，病羊表现剧烈疼痛、不安。当双侧输尿管阻塞时，可见有尿闭现象。

（3）尿结石位于膀胱腔时，有时并无任何症状，但大多数病羊表现有尿频或血尿，膀胱敏感性增高。公羊阴茎包皮周围，常附有干燥的细沙粒样物。

（4）尿结石位于膀胱颈部时，可呈现明显的疼痛和排尿障碍。病羊频频呈现排尿动作，但尿量减少或无尿排出。排尿时患羊呻吟，腹壁抽缩。

（5）尿道结石不完全阻塞时，病羊排尿痛苦，且排尿时间延长，尿液呈断续或点滴状流出，有时排出血尿。当完全阻塞时，则呈现尿闭或肾性腹痛现象。若膀胱破裂，肾性疝痛现象突然消失，病羊暂时转为安静。但尿液进入腹腔后，继发腹膜炎则出现全身症状。

【治疗】

1. 手术　对于较大的尿结石，一般用药物治疗无效时，可采用手术方法取出结石。

2. 利尿药　对小颗粒粉末和小块的尿结石，可使用利尿药，促其排出。内服双氢克尿噻0.05克（1~4片），每天1~2次；或氯噻酮0.1克（2~4片），每天或隔天1次；也可肌内注射速尿0.5~1毫克/千克，每天或隔天1次。同时可每天肌内注射孕酮10单位，解痉排石。

3. 中药疗法

（1）木通21克、瞿麦30克、萹蓄30克、海金砂30克、车前子30克、生滑石45克、栀子21克，水煎候温灌服。

（2）桃仁12克、红花6克、归尾12克、赤芍9克、香附12克、海金砂15克、吴芋9克、官桂12克、广木香9克、茯苓12克、木通18克、萹蓄12克研末，100毫升沸水冲烫，再加水100毫升后分四次灌服。治山羊尿结石时，上方服后，见排尿不感困难时，再服下方：车前子18克、海金砂12克、木通15克、灵仙根9克、荔枝核12克、血通12克、滑石15克、广香9克、橘核12克、银花9克、白芷15克、通草3克研末，分2次开水冲烫后灌服。

4. 其他　若继发肾盂肾炎时，可内服乌洛托品、呋喃坦啶等尿道消炎药。

【预防】

(1) 防止长期单调地喂饲羊只，给以富含矿物质的饲料和饮水。日粮的钙、磷比例应保持为1.2 ∶1或（1.5~2） ∶1。

(2) 日粮中应含有适量的维生素A，以防止泌尿器官的上皮形成不全或脱落，而造成尿结石的核心物质增多。

(3) 对泌尿器官疾病（肾炎、肾盂肾炎、膀胱炎、膀胱痉挛等）应及时给予治疗，以免尿液潴留。

(4) 平常应适当增喂多汁饲料或增加饮水，以稀释尿液，减少泌尿器官的刺激，并保持尿中胶体与晶体间的平衡。

(5) 对舍饲的羊只，应适当地喂给食盐或于饲料中添加适量的氯化铵，以延缓镁、磷盐类在尿石外周的沉积。

(十七) 黑斑病甘薯中毒

羊吃入一定量的黑斑病甘薯或软腐病、橡皮虫病的病甘薯，均可引起中毒。其主要特征为呼吸困难、急性肺水肿及间质性肺气肿，并于后期引起皮下气肿。

【病因】

1. 甘薯黑斑病 病原是一种真菌，即甘薯黑斑病菌，此菌侵害于甘薯的虫害部分和表皮裂口上，甘薯受侵害后表皮干枯，呈现凹陷的黑褐色斑，与周围界限明显。变黑干硬部分深约2毫米，有毒成分是翁家酮、甘薯酮和翁家醇。这些毒素能引起羊只肺水肿、呼吸困难和损害肾脏等。且该毒素耐高温，煮沸20分钟不能使之破坏。故病甘薯虽经切片、晒干、磨粉或酿酒，其加工品中仍含有一定数量的毒素，如用其喂饲羊只均可导致发病。

2. 甘薯软腐 是甘薯储藏期损伤部位感染软腐病所致，其特征是受害部位软化流出有酒味的黄色液体，后期长出白色绒毛状菌丝，顶端有黑色颗粒。

3. 橡皮虫病 是由于甘薯储藏不好，被橡皮虫咬伤，甘薯的表皮成黑色点状，味苦。羊采食后，其中毒病状与黑斑病甘薯中毒相同。

【症状】中毒多发生在春末夏初留种的甘薯出窖时期，亦见于晚冬甘薯窖潮湿或温度增高时。羊发生中毒时，精神沉郁，黏膜充血，食欲及反刍减退或停止，心脏功能减弱，脉搏数增至90~150次/分及以上，心跳节律不整，呼吸促迫而困难，眼球突出，瞳孔散大，严重者多由于窒息而死亡。

【治疗】治疗原则：排毒、解毒及缓解呼吸困难。

1. 排毒、解毒 ①内服氧化剂，0.1%高锰酸钾150~200毫升或0.5%过氧化氢溶液50~100毫升，一次灌服。②内服盐类泻剂，硫酸镁50~80克，人工盐10~15克，水600~700毫升，混合后，一次灌服。

2. 缓解呼吸困难 10%葡萄糖500毫升，5%~10%硫代硫酸钠注射液20~

50 毫升，静脉注射。亦可同时加入维生素 C 0.2~0.5 克。或静脉注射过氧化氢溶液，即 3%过氧化氢溶液 1 份、复方生理盐水（或 25%葡萄糖溶液）3 份的混合液，每次 50~100 毫升，每天 1~2 次。

3. 药剂防治　①当肺水肿时可用 5%葡萄糖溶液 50 毫升，10%氯化钙溶液 10 毫升，混合，一次静脉注射。②发现酸中毒时用 5%碳酸氢钠溶液 50~100 毫升，一次静脉注射。

4. 中药疗法　白矾、贝母、白芷、郁金、黄芩、葶苈、甘草、石苇、黄连、龙胆草各 9 克，枣 20 克，煎水加蜂蜜 500 克，一次内服。

5. 单方　①绿豆 250 克、甘草 50 克煎后加蜂蜜 250 克一次内服。②水菖蒲 50 克加水煎服。

【预防】不用感染黑斑病的甘薯喂羊，注意甘薯的保存，以免感染黑斑病菌，已染病的甘薯宜深埋，以免羊只采食。

为预防并发病可应用磺胺类、青霉素等抗生素类药。

（十八）乳腺炎

乳腺炎是母羊常见的一种疾病，奶山羊尤为多发。其特征是乳腺发生各种类型的炎症，以及乳汁发生物理及化学上的变化，泌乳量减少及乳房机能障碍。

根据乳腺炎症的过程可分为浆液性乳腺炎、卡他性乳腺炎、纤维蛋白性乳腺炎、化脓性乳腺炎、出血性乳腺炎。

【病因】乳腺炎发生的原因大多是外伤、微生物和化学因素。

外伤多因乳房过长、过大、摩擦或其他机械的创伤引起乳房皮肤、乳头破损，或挤乳方法不当导致细菌侵入而发炎。引起乳腺炎的微生物种类很多，它们通常是通过乳头管、淋巴管而侵入乳腺。常见的细菌为链球菌、葡萄球菌、化脓棒状杆菌、大肠杆菌等。

【症状】

1. 浆液性乳腺炎　感染的乳房小叶肿胀增大，皮肤紧张，触诊感热、质地坚硬并有疼痛，局限于乳房某一叶中。肿块面较小，有时肿胀也能波及半个乳房，但乳头多红肿。产乳量降低，乳质初期变化不明显，稍迟乳汁稀薄，有时含有絮状物。除局部外还可见到：患羊食欲减退，体温升高，精神抑郁，严重时食欲完全废绝。

2. 卡他性乳腺炎　初期观察乳房没有多大变化，患病 3~4 天后可见到乳头壁变为面团状，触诊乳头基部常摸到豌豆到核桃大小不等的波动的或面团状的结节，全身症状不明显。

3. 纤维蛋白性乳腺炎　这种乳腺炎的特征是纤维蛋白渗出到黏膜上或沉淀于组织深处，阻碍血液循环，因而引起乳房坏死和化脓。泌乳量减少，患病

2~3 天，患叶迅速增大变硬，触诊有热痛，触摸乳池及其基部时，可以听到特有的捻发音，质地坚硬，此时泌乳停止。病初乳汁呈黄色，并混有凝块。在 2~3 天挤乳发生困难时，只能挤出几滴乳和脓汁，其中混有纤维蛋白凝乳块，有时带血。

全身表现为精神沉郁、食欲废绝、体温升高、患侧淋巴结肿大，并伴有前胃弛缓与臌气。患羊运动时患侧的后肢发生跛行。

4. 化脓性乳腺炎 主要表现为初期乳房红、肿、热、痛、泌乳停止，挤乳时常有脓汁出现。此时体温升高，3~4 天后，常常转为慢性。

5. 出血性乳腺炎 主要表现为输乳管组织发生出血，因而乳汁呈淡红色或血色。这种病常见于产后的头几天，奶羊多发。出血性乳腺炎多呈急性，患部显著肿胀，皮肤上出现红块，温度升高，挤奶剧痛。山羊乳腺炎患叶下常出现血肿，突出于乳房表面。母羊急性乳腺炎鉴别诊断见表 11-2。

表 11-2 母羊急性乳腺炎鉴别诊断

乳腺炎类型	动物全身状态	患病的乳房情况					正常侧乳房的产乳量
		患病乳房大小、乳头管状态	皮肤状况	局温和疼痛	组织软硬度	乳的质量和沉渣性质	
浆液性乳腺炎	轻度抑郁，体温略高或正常	患病乳房肿大，乳头管肿大、多汁	水肿、紧张充血	局温增高，轻度疼痛到相当疼痛	常紧实	初期外观正常，后期呈水样，并混有絮状物	低
卡他性乳腺炎	常无变化，有时轻度抑郁，体温升高，食欲减退	整个或部分（下 1/3）肿大，乳头管稍许肿大、紧而致密	没有明显的偏离正常的变化	温度和疼痛均不明显，或无	局灶性的紧实，很少是整个乳房部紧实	液状，有小凝乳块，稍迟则变为黄色或褐色，杂有絮状物和凝乳块	低

续表

乳腺炎类型	动物全身状态	患病的乳房情况					正常侧乳房的产乳量
		患病乳房大小、乳头管状态	皮肤状况	局温和疼痛	组织软硬度	乳的质量和沉渣性质	
纤维蛋白性乳腺炎	抑郁，食欲减退或废绝，体温升高达 40℃，患侧乳房的后肢跛行	相当肿大，乳头管肿大、水肿	轻微的水肿、充血	局温增高，十分疼痛	十分紧实，有时局部柔软，常听到捻发音	混浊，淡黄色，带有纤维素碎片或膜，有时混有血液	极度降低，有时完全停止
化脓性乳腺炎	抑郁，食欲减退，发病初期体温升得相当高	肿大，由不明显到明显，乳头管有时肿胀	没有明显的偏离，正常或轻度水肿	局温增高，轻微或相当疼痛	局灶性或整个乳房变紧密	混浊，灰白色或淡黄色，混有絮状物和脓液，有时混杂有血液	极度降低
出血性乳腺炎	抑郁，食欲减退，体温升得相当高	覆盖着红色或紫色斑，极少数是弥散性充血	水肿	局温增高，轻微或相当疼痛	局灶性或整个乳房变紧密	混浊，灰白色或淡黄色，混有絮状物和脓液，有时混杂有血液	显著降低

【治疗】对各种类型的乳腺炎在治疗上总的原则是控制炎症发展，促进炎症消散，使其恢复泌乳功能。

1. 浆液性乳腺炎治疗　全身治疗应首先选用青霉素钠盐 160 万单位配 0.1%普鲁卡因 10 毫升肌内注射，每天 3 次，连用 5 天。或内服磺胺噻唑，其剂量按每千克体重 0.15 克计算，每 4~6 小时 1 次，连服 3 天，首次剂量加倍。如果病情严重，青霉素与磺胺类药物同时应用。局部治疗：如乳房有外伤，应按外伤治疗。如果乳房红肿，初期可冷敷，病中后期可涂鱼石脂软膏或樟脑软膏。

2. 卡他性乳腺炎治疗　全身疗法与浆液性乳腺炎相同，局部治疗可应用乳导管灌注青霉素 40 万~80 万单位。必要时可加入 2%奴夫卡因 2 毫升。同时增加挤乳次数，每 2~3 小时 1 次，挤乳前对乳房进行按摩，使乳汁充分流畅。

3. 纤维蛋白性乳腺炎的治疗 首先应抑制乳腺内的炎性过程，使渗出物排出，为此可用橡皮导管往乳房内注入 1： 1 000 的雷夫诺尔或 3%硼酸水，进行充分冲洗，冲洗乳房内坏死物或凝乳块。然后可灌注含 80 万~160 万单位的青霉素溶液 100 毫升，每天 1~2 次，但此型乳腺炎严禁按摩，以防炎症扩散。全身症状明显时，可静脉注射 40%乌洛托品 50 毫升配合 5%葡萄糖液静脉注射。

4. 化脓性乳腺炎的治疗原则 尽快消除乳腺中的微生物，除采用全身注射抗生素和磺胺类药物外应增加挤奶次数，挤奶白天 2 小时 1 次，夜间每隔 6 小时 1 次。同时应用青霉素溶液或 1：2 000 的雷夫诺尔溶液进行灌注，每天 1~3 次。为加速病的痊愈，早期可用冷水冷敷。中后期可用二花、板蓝根、黄檗、蒲公英各 50 克水煎溶液进行乳腺管反复冲洗。待脓汁冲洗净后可灌注奴夫卡因青霉素溶液。但此类乳腺炎严禁热敷，以防病灶扩散。

5. 出血性乳腺炎 应尽量限制病羊运动，以免增加出血量。同时注入安络血、维生素 K 等止血剂。对于产气性发展较快的乳腺炎，在挤出血汁后可注入 1%碘甘油 10~20 毫升。

（十九）无乳及泌乳不足

无乳及泌乳不足是由于泌乳期中乳腺功能障碍导致的。

【病因】无乳及泌乳停止或减少的原因有生理的，如年龄过老；也有病理性的，常见于病羊本身其他疾病及其乳房本身疾病；还有因饲养管理不善引起无乳或泌乳不足，如缺乏多汁饲草和充足的青干草，及饲料营养严重不足，均可造成泌乳不足；长期使用碘剂及泻剂药物也能造成乳量严重不足。

【症状】本病主要表现为泌乳量逐渐减少或没乳。除了乳房及乳头缩小，乳房皮肤松弛外，一般乳房局部没有变化；乳汁偶尔变浓或变稀。羔羊吮乳次数增加，且羔羊常用头抵撞乳房，表现饥饿感。

【治疗】如果找不到明确原因，首先应当从改善饲养管理着手，给予多汁和含蛋白质丰富的饲草饲料，中药对促进泌乳量有一定疗效。常用下列处方：

（1）当归 6 克，川芎 6 克，花粉 5 克，王不留行 9 克，穿山甲 9 克，白芍 6 克，黄芪 9 克，通草 6 克，甘草 4 克，水煎服，连服 3 天。

（2）妈妈多 2 包，加水灌服。

（3）虾米 50 克，加水灌服。

（4）猪蹄 2 个，水煮后灌服。

（5）王不留行加小米煮后饮服。

（二十）胎衣不下

在正常情况下，羊在产出胎儿后超过 5 小时，如果胎衣仍未排出，称为胎衣不下。

【病因】引起胎衣不下的原因很多，主要可分为以下两个方面：

（1）产后子宫收缩力不足：胎衣脱离子宫后要排出体外，产后阵缩的作用是相当重要的。造成子宫弛缓的原因大多是饲料中缺乏钙盐及其矿物质，机体过瘦、胎膜积水、胎水过多、子宫损伤、难产和助产错误等原因都可造成子宫收缩无力而发生胎衣不下。妊娠后期缺乏运动往往也是原因之一。

（2）胎儿胎盘和母体胎盘的粘连：主要是由于生殖道感染，使绒毛膜与子宫内膜发生病理性变化造成胎儿胎盘和母体胎盘愈着而胎衣滞留不下。如患有布鲁杆菌病的羊，流产后常伴有胎衣不下。

【症状】胎衣不下，临床上常见到两种情况：一是胎衣全部停留在子宫腔和产道内；另一种是一部分胎衣残留在子宫内。

全部胎衣不下时，停滞的胎衣往往一部分悬垂于阴门外，另一部分停留在子宫内。垂于阴门外的尿羊膜呈灰白色，上面无脉管。如果子宫弛缓时，胎衣全部停留在子宫内，或部分停留于阴道内，检查时需细心检查阴道内有无胎衣。部分胎衣不下时，其检查时主要看排出胎衣是否完整及缺损哪一部分。

全部胎衣不下时，胎衣垂于阴道外的部分多呈红色或暗红色，多数患畜没有不安的表现，有的羊则表现努责。

垂于阴道外的胎衣，由于时间过长往往被粪污染。在高温天气，发出恶臭气味。由于体内胎衣腐败、分解，阴道流出许多恶露。时间久了其分解产物和毒素被子宫黏膜吸收后，则表现中毒症状，如体温升高、食欲废绝、反刍停止。

部分胎衣不下时，常常是在孕角，多是因为绒毛膜与一个宫阜联系，如停留时间过长，常常感染化脓，分解后以恶露流出体外，同时形成化脓性子宫内膜炎。

【治疗】可分为药物疗法、手术疗法。

1. 药物疗法　主要是促进子宫肌肉收缩力，常用药物有垂体后叶素、新斯的明注射液或已烯雌酚。静脉注射 5%～10%氯化钠高渗盐水，灌服红糖与蜂蜜均有一定疗效。

灌服羊水也能收到较好效果。后海穴注射麦角新碱 2 毫升收到显著疗效。

中药用十全大补汤对体质虚弱者也可收到一定疗效。黄芪、党参、白术、云苓各 10 克，白芍、熟地黄、川芎、当归各 6 克，甘草、干姜各 10 克。

对表现痛苦、起卧不安、常有努责、恶露黑紫并有血块者可用中药治疗：当归、川芎、桃仁、艾叶各 10 克，炙甘草、炮姜各 8 克，水煎服。

对精神沉郁、耳耷头低、身体发热、口色红紫者可用当归、川芎、桃仁、赤芍、牡丹皮、丹参各 10 克，甘草 10 克，水煎服。

2. 手术疗法 对个体大的羊进行胎衣手术剥离。其方法是：首先把阴门和外露胎衣用消毒水彻底清洁、消毒，羊尾打上绷带拉向一侧，术者手臂消毒。

在术前半小时可用10%高渗盐水500毫升向子宫内灌注，以减弱胎盘与母体胎盘之间的联系，以便剥离。剥离时，术者左手握住垂于阴门外的胎衣，同时稍用力加以捻转，使胎衣稍紧张，并稍用力向外拉紧。然后用消毒过的手伸入子宫内（遇有努责，手暂停前进），先剥离子宫体的胎衣，再剥离子宫角的胎衣。胎衣剥离后，子宫内可灌注抗生素。

3. 手术治疗 对于流产的母羊，可采用人工按摩乳房的方法，促使胎衣排出。对于顽固性胎衣不下的，可从阴门外拧转拉出，每天注射雌激素保持子宫颈口开张，并注射长效阿莫西林，直到不排恶露为止。

（二十一）阴道脱出

阴道脱出是指阴道壁松弛突出于阴门外或阴道全部翻出。按突出程度可分为阴道全脱和部分脱出两种。羊常见于妊娠末期几天内发生脱出。

【病因】

（1）母羊饲养管理不良，缺乏蛋白质和矿物质，机体瘦弱，腹压过大，促使子宫向骨盆后移，可导致阴道脱出。

（2）妊娠末期卧地时间过久，产前截瘫，子宫和内脏共同压迫阴道而脱出。

（3）羊舍饲时运动不足。

（4）年老母羊经产次数多，固定阴道的组织松弛。

（5）产后努责过强时，阴道受到刺激，或伴有直肠脱出时也能诱发阴道脱出。

【症状】阴道部分脱出主要发生在妊娠期间，往往是阴道上壁从阴门突出。脱出部分由鸡蛋大到鹅蛋大。开始时，阴道脱出仅在患畜卧下时脱出，站立时仍能缩回。脱出时间过久，阴道旁组织变得松弛，脱出部分较大，患畜站立后仍不能缩回，则变为全脱。

产前阴道全脱，通常是先部分脱后发展为全脱。脱出的阴道壁如球状物，脱出末期可看到子宫颈，子宫颈口上有黏稠的黏液塞，排出部分如拳头大。脱出阴道的表面，初期为粉红色，以后静脉瘀血，黏膜变成铁青色，发绀、水肿、干裂，有的出现糜烂，裂口和糜烂处有渗出液流出，黏膜上往往有粪便、泥土、垫草等污物。有时黏膜上出现血肿。

【治疗】

1. 阴道部分脱出治疗 阴道部分脱出，多发生在产前不久，治疗的目的是使脱出部分不再继续增大和受到损害，通常采用下列措施：

（1）增加放牧时间，使母羊卧下时间减少。

（2）改善饲养。加入易消化的精料，提高机体抵抗力。

（3）将患羊尾巴系于一侧，减少对脱出部分黏膜的刺激。

（4）如果以上措施不见效，可采用在阴门两侧用70%酒精各注射5毫升以提高阴道壁的紧张度。

（5）对于脱出轻微且接近预产期的羊，可采用前高后低的姿势圈养。

2. 阴道全脱者治疗　对阴道全脱者，可采取下列疗法。

（1）局部清理：脱出部分可用1%盐水或0.1%高锰酸钾液冲洗，坏死组织除去。若水肿严重，需用毛巾热敷，然后用消过毒的注射针头刺破水肿表面，再用灭菌纱布包裹挤出，使其缩小。清洗干净后涂以青霉素软膏。

（2）整复：整复之前，首先用1%奴夫卡因20毫升做后海穴封闭，或用5毫升做荐尾麻醉，以防整复时患畜努责太急。整复的方法是将脱出的阴道壁垫上纱布，趁患畜不努责时，用手将脱出的阴道向阴门内托送，待全部送入阴门后，再将手握成拳头，将阴道顶回原位。这时手需在阴道内停留一定时候，以防继续努责而重新脱出。

（3）固定：采用改良的纽扣缝合法，在缝合线下衬以输液胶管，以防皮肤撕裂，到羊临产时应将固定的线拆除，以免引起人为的难产。

（二十二）子宫脱出

整个子宫及阴道翻转于阴门之外，称子宫脱出。

【病因】

（1）子宫过度扩张，引起子宫弛缓及子宫阔韧带松弛收缩不全。

（2）妊娠期间日粮不足、营养不良和缺乏运动。

（3）助产时拉出胎儿过急，或胎衣不下、胎衣下垂等并发病。

【症状】脱出子宫，悬垂于阴门外如囊状，柔软，初呈红色，表面有子叶，呈暗红褐色，子叶上附着部分或全部黏膜。如果时间过长，黏膜水肿、瘀血，有时坏死、糜烂。

全身表现为不时努责，体温升高，脉搏、呼吸加快，食欲减退，排粪困难。

【治疗】整复是较有效的疗法。其方法是先把子宫表面污染的泥土、杂草去除，后用0.1%高锰酸钾水充分冲洗。如果黏膜水肿，针刺后冲洗、消毒，然后用2%普鲁卡因进行后海穴注射。然后用消毒纱布裹紧子宫并缓缓将子宫送回原位，待患羊不努责后将手臂与纱布一起退回，并向子宫内注入青霉素液。最后缝合阴门，方法可用纽扣法和烟包缝合法。

缝合完后，在阴门外两侧距阴门2厘米处用静脉注射针头各注入70%酒精10毫升。

最后灌服中药：当归、川芎、白芍各10克，柴胡、升麻、黄芪各15克，水煎服，连服3天。

（二十三）子宫内膜炎

由于分娩时或产后子宫感染，而使子宫内膜发炎，称子宫内膜炎。

【病因】 由于难产时手术助产、截胎术、子宫内翻及脱出、胎膜滞留、子宫复原不全等造成的子宫内膜损伤及感染而发生。

胎膜滞留是产后子宫内膜炎主要因素之一，这主要是分离胎衣时造成子宫黏膜创伤、擦伤而感染所致。

【症状】 一般分急性子宫内膜炎与慢性子宫内膜炎两种。

急性子宫内膜炎多发生于产后5~6天，常排出多量的恶露，具有特殊的臭味，呈褐色、黄色或灰白色。有时恶露中有絮状物、宫阜分解产物和残留胎膜。后来渗出物中有多量的红细胞和脓性黏液，常见尾巴腹面粘有多量的脓性黏液。此时乳量减少，食欲减退，反刍扰乱，体温微高。

慢性子宫内膜炎，主要表现为不定期地排出混浊的黏性渗出物。母羊多次发情，但屡配不孕。

【治疗】 治疗原则是提高机体抵抗力、子宫张力和收缩力，促使子宫内渗出物的排出。

1. 全身疗法 主要是注射抗生素和磺胺类药物。同时加强饲养管理和适当加强运动，提高机体抵抗力。

2. 局部疗法 用3%氯化钠溶液，或0.1%高锰酸钾溶液，或0.1%雷夫奴尔溶液、0.1%呋喃西林溶液对子宫进行冲洗，然后用青霉素溶液进行子宫内灌注。

为加强子宫收缩可注射麦角碱、脑垂体注射液、已烯雌酚，所用药物每天1~2次。

3. 中药疗法 当归、川芎、白芍、牡丹皮、二花、连翘各10克，桃仁、茯苓各5克，水煎服。

（二十四）母羊不孕症

母羊长期或暂时不能怀孕，严重影响羊群繁殖力，称之为不孕症。母羊不孕的原因是复杂的，受多种因素的影响。通常是由于母羊生殖器官及全身疾病、饲养管理不合理以及配种不当所引起。当母羊发生不孕时，必须周密地进行检查和了解，找出原因，采取相应的措施。

【病因】

1. 生殖器发育异常 由于遗传及其他原因造成母羊生殖器官畸形，如阴道闭锁，尿道瓣发育过度，缺乏子宫颈、双子宫颈，子宫发育不全，输卵管不通，两性畸形（母羊具有两性生殖器官，外观上会阴较短、阴门狭小、阴蒂特

别发达似龟头）等。

生殖器官畸形的羊只，一般没有治疗价值，一经确诊，应育肥宰杀。

2. 生殖器官炎症　由于细菌、病毒感染造成生殖器官炎症，在羊的不孕中占有较大的比例，其防治方法参看阴道炎、子宫炎等内容。

3. 饲养管理不当引起的不孕　饲养管理不当是母羊不孕症中最为常见的原因。

（1）饲料不足、品种单纯或品质不良：长期的饲料不足或饲料品质不良，会使母羊机体瘦弱，其生殖功能减退或受到破坏，从而造成不孕。长期饲喂某种单一饲料，会造成营养不平衡，即使母羊膘情良好，也可发生不孕。

营养不良、体质瘦弱时，母羊生长发育受阻，造成生殖系统发育幼稚，丧失正常生殖功能，病羊在到达性成熟年龄之后，仍无发情表现。产后母羊可长期休情，或发情表现微弱，性周期紊乱，发情而不排卵。

当维生素 A 缺乏时，子宫黏膜发生上皮变性及卵细胞变性；B 族维生素缺乏时，性腺变性，发情周期不规律；维生素 E 缺乏时，可引起早期胚胎死亡和被吸收。

（2）精料过多、能量过剩、母羊肥胖，引起卵巢发生脂肪变性浸润，致使卵巢功能减退，长期不发情、发情微弱或发情而不排卵。

（3）管理不当：母羊长期在潮湿、寒冷的圈舍内，缺乏经常性运动。外界气温突然改变，光照不足，突然改变母羊生活节奏，改换环境条件等，可使母羊机体的新陈代谢机能降低，从而影响母羊的生殖功能。

【预防】改善饲养管理，这是使母羊恢复正常繁殖功能的根本措施。加强放牧和运动，喂给多样化的饲料，补饲富含蛋白质、维生素和矿物质的饲料。对过肥的母羊，可用多汁饲料代替精料，加强运动。

为了防止因气候改变而影响母羊生殖功能，应经常进行运动，并饲养在通风良好和干燥的畜舍内。新转到的羊，可使其逐渐适应新地区的生活条件。

【治疗】

1. 孕酮+血促性素　孕酮每天 10~20 单位，每天一次，连用 5 天，第 5 天臀部肌内注射血促性素 500 单位。一般第 7 天发情，即可配种。

2. 三合激素　直接刺激生殖器官，有引导发情、促进排卵的作用，皮下注射 2 毫升，2~4 天后发情，在发情的第 3 天进行配种较好。但本情期配种的受胎率较低，若没怀孕可在下一情期自然发情时配种，受胎率较高。

3. 胎盘汤　取产后无病变的胎衣 1 个，用水冲干净后切成碎块放入桶中，加水 5 000 毫升，在 75℃温水中灭菌 30 分钟，进行过滤，候温灌服，每只母羊 1 000 毫升，用于体质虚弱而无力发情的母羊。

第十二部分　羊场粪污处理及病死羊无害化处理技术

一、羊场粪污处理堆肥技术

随着养羊业生产方式逐步转向规模化、集约化饲养，粪污也相对集中在规模化养殖区域，如果不采取有效的治理，不仅造成土地、水体严重污染，而且污染空气、滋生蚊蝇，影响人体健康。因此，养羊场粪污的治理和科学利用是减少环境污染，改善生产、生活和工作环境，提高羊场生产水平的必要工作。

羊粪便中的氮、磷、钾及微量营养元素提供了维持作物生产所必需的营养物质，属优质粪肥，具有肥效高且持久的特点。羊粪是一种速效、微碱性肥料，有机质多、肥效高，适于各种土壤施用。目前，养羊场粪污处理利用的主要方式是用作农作物肥料，即羊粪经传统的堆积发酵处理后还田。羊粪还可与粉碎的秸秆、生物菌搅拌后，利用生物发酵技术对羊粪进行发酵，制成有机肥。

（一）堆肥的概念及意义

1. 堆肥的基本概念　堆肥是在人工控制的好氧条件下，在一定水分、碳氮比和通风条件下，通过微. 生物的发酵作用，将对环境有潜在危害的有机质转变为无害的有机肥料的过程。在这种过程中，有机物由不稳定状态转化为稳定的腐殖质物质。这一过程的产物称为堆肥产品。

在堆肥过程中，伴随着有机物的分解和腐殖质形成的过程，堆肥的材料在体积和重量上发生了明显的变化，通常由于碳素等挥发性成分分解转化，重量和体积均会减少 1/2 左右。

2. 堆肥技术发展过程　堆肥处理技术是在 20 世纪才发展起来的废物处理技术，但原始的堆肥方式很早就出现了，几千年来农民们一直将人粪便、烂菜叶、动物粪便、废物垃圾等经堆肥转化为土壤有机肥料加以利用，但是这种原始堆肥过程几乎没有人为控制。

现代的堆肥方式是由这种原始的堆肥方式发展而来，最早用于混合固体原料的堆肥方式是由印度的霍华德在 1925 年提出。混合物料在深 0. 6~0. 9 厘米

的地沟搅拌式固定床上进行堆肥，氧气的供给主要通过翻堆来实现，停留时间为120~180天。

3. 堆肥产品的作用

有机肥具有增产增收、培肥地力、提高农产品品质等多种功效。肥料中一般含有或添加了大量的微生物，微生物的生长和繁殖为解磷、解钾等功能创造了良好的环境，可以改善土壤的团粒结构，增强保水及通气功能，提高化肥的肥效。另外，有机复合肥中加入无机化肥可以提高肥料中的有效养分，保证作物生长的需要。如果在肥料中或肥料施入土壤后添加功能微生物，能分解有机质及难溶解性磷、钾等，可以使作物更有效地被吸收利用，既能增强土壤肥力，又能促进作物对氮、磷、钾养分的平衡吸收，提高化肥的利用率。

目前由于无机化肥的大量施用，导致地力水平的下降和环境污染，来自生态农业和环境保护的压力将会越来越大。另一方面，随着生活水平的提高，人们对农产品品质的要求也越来越高，这些因素将在相当程度上限制无机化肥的施用量。而有机肥以其优良的性能，顺应生态农业的发展方向，具有很好的社会、经济和生态效益。随着农业的发展，有机肥的施用将成为增加农业投入的一种主要途径，因此有广阔的市场前景。有机肥有以下优点：

（1）施用堆肥可提供作物各生长时期所需要的养分。堆肥含有作物生长所需的氮、磷、钾等元素和硫、钙、镁等中量、微量元素以及氨基酸、蛋白质、糖、脂肪等各种有机养分，在养分组成上更适于作物生长的需要。同时由于有机肥含有生物物质、抗生素等，因而能增强作物的抗逆性和对不良环境的适应能力。

（2）施用堆肥可提高作物产量和改善农产品品质。由于有机肥含有多种无机元素，又含有多种有机养分，还含有大量的微生物和酶，可为作物提供全面的营养物质，因此对改善农产品品质、提高农产品产量有很大作用。

（3）施用堆肥可提高土壤肥力。施用堆肥可以改善土壤结构，增加土壤养分，提高土壤生物活性。

施用有机肥料是保持土壤肥力、增强农业后劲、促进可持续发展的重要措施，农业部“沃土工程”项目对增施有机肥料提出了明确的要求。

4. 堆肥产品的质量标准

（1）有害污染物的控制标准：采用畜禽粪便作为有机肥生产原料，要考虑畜禽粪便中所含有害物质的影响，主要是重金属的影响。堆肥产品应满足一定的质量标准。目前，有机肥还没有相关的国家标准，畜禽粪便的标准可以参考我国旨在控制污泥中污染物危害的《农用污泥中污染物控制标准》（GB 4284—84），见表12-1。

表 12-1　我国农用污泥污染物控制标准（GB 4284—2018）（单位：毫克/千克）

控制项目	污染物限值	
	耕地、园地、牧草地	园地、牧草地、不种植食用农作物的耕地
总镉（以干基计）	<3	<15
总汞（以干基计）	<3	<15
总铅（以干基计）	<300	<1 000
总铬（以干基计）	<500	1 000
总砷（以干基计）	<30	<75
矿物油（以干基计）	<500	<3 000
总铜（以干基计）	<500	<1 500
总锌（以干基计）	<500	<1 000
总镍（以干基计）	<100	<200

（2）质量标准：作为堆肥产品，应该对有机肥中氮、磷等基本营养元素的含量有相应的要求。这是增加肥料肥效、提高作物产量的基本保证。施用有机肥的主要目的在于改善土壤结构、提高土壤综合肥力，有利于生态农业良性发展。所以应保证有足够的有机质含量及营养物含量。对于有机肥的生产，目前我国还未制定出强制性执行的国家标准。个别企业和有关研究单位在研究和应用的基础上，提出了一些参考标准（表 12-2）。

表 12-2　参考标准

项目	指标
有机质含量（%）≥	30
总养分（$N+P_2O+K_2O$）含量（%）≤	4.0
水分（游离水）含量（%）≤	32
pH 值	5.5~8.0

（二）羊场粪污堆肥基本原理

根据生物处理过程中起作用的微生物对氧气的不同需求，可以把固体废物堆肥分为好氧堆肥和厌氧堆肥。前者是在通风条件下，有游离氧存在时进行的分解发酵过程，堆肥堆温高，一般在 55~65℃，有时高达 80℃，故亦称高温堆肥。后者是利用厌氧微生物发酵生产有机肥。

畜禽粪污的理化特性直接影响堆肥工艺的选择。羊粪与其他粪污不同，新

鲜羊粪外表层呈黑褐色黏稠状，羊粪内芯呈绿色的细小碎末，臭味较浓，并具有保持完整颗粒的特性。羊粪中有机质含量较高，可达30%~40%，适合好氧堆处理，氮、钾含量可达1%以上，作为有机肥料可提高土壤肥力，改良土壤。

1. 好氧堆肥机理　好氧堆肥是在有氧条件下，依靠好氧微生物（主要是好氧细菌）的作用来进行的。在堆肥过程中，有机废物中的可溶性有机物物质渗入细胞。微生物通过自身的生物代谢活动，对一部分有机物进行分解代谢，即氧化分解以获得生物生长、活动所需要的能量，把另一部分有机物转化、合成新的细胞物质，使微生物生长繁殖产生更多的生物体。图 12-1 可以简单地说明这个过程。

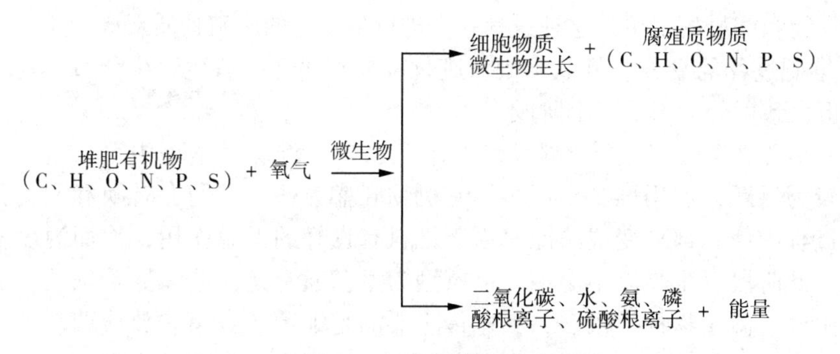

图 12-1　好氧堆肥发酵过程

一般采用堆肥温度、时间和堆肥阶段来评价堆肥过程（阶段）。一个完整的堆肥过程由三个阶段组成，即升温阶段、高温平台阶段和基质消耗阶段（包括中温降解和腐熟阶段）。因为在转换和利用有机物过程中，化学能有一部分转变成热能，使堆温迅速上升，达到60~70℃。此时，除了易腐有机物继续分解外，一些较难分解的有机物（如纤维素、木质素等）也逐渐被分解。一般来讲，堆肥温度在60℃以上保持 3 天以上，就能杀死粪便中的寄生虫（卵）、病原微生物和杂草种子，达到无害化的目的。这时腐殖质开始形成，堆肥物质进入“稳定状态”。经过高温阶段后，堆肥中的需氧量就逐渐减少。这时的温度持续下降，微生物继续分解有机物并使堆肥完成腐熟。粪便好氧堆肥具有下述特点：

（1）自身产生一定的热量，并且高温持续时间长，不需外加热源即可达到无害化。

（2）能将纤维素这种难于降解的物质分解，使堆肥物料有了较高程度的腐殖化，提高有效养分。

（3）基建费用低、容易管理、设备简单。

（4）产品无味无臭、质地疏松、含水率低、容重小，便于运输施用和后续加工复合肥（商品肥）。

2. 堆肥过程中产生的微生物 适用于高温堆肥的微生物种类很多，主要有细菌、放线菌、真菌、酵母菌等，它们对不同的化合物的分解能力不同。每个阶段拥有不同的细菌、放线菌、真菌和原生动物。细菌在pH值为6.0~7.5的范围内功能发挥最佳；细菌对低的湿度承受能力较低。真菌的个体大于细菌，并且真菌是在堆肥的后期出现。真菌具有降解木质素、蛋白质、蜡、单宁和半纤维素等难降解物质的能力；真菌对于湿度和pH的要求低于细菌。由于真菌是专性好氧的，所以其对于低氧环境承受能力低。当堆肥温度降到一定程度后，就会出现变形虫等高级生物。在每个阶段，微生物都利用废物和阶段产物作为食物和能量的来源，这种过程一直进行到稳定的腐殖物质形成为止。

3. 堆肥过程的划分 好氧堆肥从废物堆积到腐熟的微生物生化过程比较复杂，但大致可分为以下三个阶段。

（1）升温阶段（亦称产热阶段）：堆肥初期，堆层基本呈中温，嗜温性微生物较为活跃，利用堆肥中可溶性有机物旺盛繁殖。它们在转换和利用化学能的过程中使一部分变成热能。由于堆料有良好的保温作用，因而温度不断上升。此阶段微生物以中温型、需氧型为主，通常是一些无芽孢细菌。适合中温阶段的微生物种类极多，其中最主要的是细菌、真菌和放线菌。细菌特别适应水溶性单糖类，放线菌和真菌对于分解纤维素和半纤维素物质具有特殊功能。

（2）高温平台阶段：当堆肥温度上升到45℃以上时，即进入高温阶段。在这一阶段，嗜温性微生物受到抑制甚至死亡，嗜热性微生物逐渐代替嗜温性微生物；堆肥中残留的和新形成的可溶性有机物质继续分解转化，复杂的有机化合物如半纤维素、纤维素和蛋白质等开始被强烈分解。通常在50℃左右进行活动的主要是嗜热性真菌和放线菌；温度上升到60℃时，真菌几乎完全停止活动，仅有嗜热性放线菌与细菌在活动；温度上升到70℃以上时，大多数嗜热性微生物已不适应，微生物大量死亡或进入休眠状态。

（3）基质消耗阶段（腐熟阶段）：在内源呼吸后期，只剩下部分较难分解及难分解的有机物和新形成的腐殖质，此时微生物活性下降、发热量减少、温度下降。在此阶段，嗜温性微生物又占优势，对难分解的有机物进一步分解，腐殖质不断增多且稳定化，此时堆肥即进入腐熟阶段。降温后，需氧量大大减少、含水量也降低、堆肥物孔隙增大、氧扩散能力增强，此时只需自然通风。

相比厌氧发酵工艺，有机物分解缓慢，发酵周期长达4~6个月，致使占地面积过大，而且由于产生甲烷、硫化氢、二氧化碳等代谢产物会引起恶臭，同时蚊蝇滋生、污水淌流，易产生严重的二次污染，不适合大规模工业化堆肥

处理。因此，现代工艺大多采用好氧堆肥，它具有有机物分解率高、堆肥周期短、气味较小等优势。但传统好氧堆肥也存在占地面积过大、人工翻堆劳动强度大的问题。运用新的高效堆肥机械进行工厂化机械堆肥，是羊场粪污堆肥处理工艺发展的主流。

二、羊场粪污好氧堆肥工艺流程及分类

（一）好氧堆肥工艺流程

目前，羊场粪污无害化处理一般采用好氧堆肥工艺，通常由前（预）处理、主发酵（亦可称一次发酵、一级发酵或初级发酵）、后发酵（亦可称二次发酵、二级发酵或次级发酵）、后处理等工序组成，详见图 12–2。

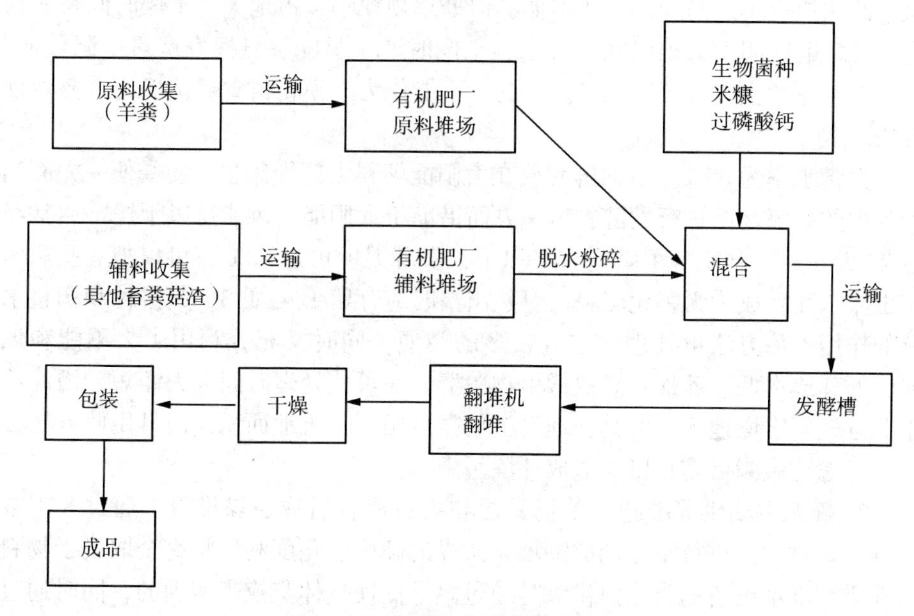

图 12–2　羊粪好氧堆肥工艺流程

1. 前（预）处理　以羊粪便为主要原料进行堆肥时，由于其含水率太高等原因，前处理的主要任务是调整水分和碳氮比，有时需添加菌种和酶制剂，以促进发酵过程正常进行。堆肥发酵受场地和时间的限制，畜禽粪污有必要进行一定量的储存，以便在合适的条件下对其进行堆肥发酵。

2. 主发酵阶段　主发酵阶段可露天或在发酵槽内进行，通过翻堆或强制通风向堆积层或发酵槽内供给氧气。露天堆肥或在发酵装置内堆肥时，因原料和土壤中存在的微生物作用而开始发酵，微生物吸取有机物的碳、氮等营养成分，在合成细胞质自身繁殖的同时，将细胞中吸收的物质分解而产生热量。一般将温度升高到开始降低为止的阶段称为主发酵阶段。

3. 后发酵阶段 后发酵阶段即堆肥腐熟阶段，经过主发酵的半成品被送到后发酵工序，将主发酵工序尚未分解的易分解及较难分解的有机物进一步分解，使之变成腐殖酸、氨基酸等比较稳定的有机物，得到完全成熟的堆肥成品。一般把物料堆积到1~2米高进行后发酵，通常不进行通风，但每周要进行一次翻堆。

4. 后处理 经过分选工序以去除杂物，并根据需要进行再干燥、破碎、造粒。后处理工序除干燥、分选、破碎、造粒设备外，还包括打包装袋、压实、选粒等设备。在实际工艺过程中，可根据需要来组合后处理设备。

（二）好氧堆肥方式

1. 自然堆肥法 将粪便拌匀摊晒在干燥的地方，利用太阳和自然被动通风。此法投资小、易操作、成本低，但处理规模小、占地大、干燥时间长、易受天气影响、阴雨天难以晒干脱水，干燥时产生臭味、氨挥发严重、肥效低、易产生病原微生物及环境污染。因此，不能作为规模化畜禽养殖场的主要处理方法。

把含水率为65%左右的鲜粪放在太阳能塑料大棚粪床中，使粪便一方面利用其中的好氧性菌进行发酵，另一方面借助于太阳能、风能得以干燥。通常经过25天左右，含水率可降到20%以下，发酵温度可达70℃，可以把一些病菌与虫卵杀死，成为无害化肥料。腐熟出槽时应存留1/4~1/3，起接种和调整水分的作用。该方法可处理含水分较多的粪便，同时又充分利用了太阳能和风能，处理成本低。若加入高效微生物菌群，还可使处理时间大大缩短，因此适于北方气候干燥地区。但其处理设施仍需占用大片土地面积，而且用此方法必须要考虑防渗漏措施，以免造成环境污染。

2. 静态主动供养堆肥 羊场粪污和物料混合后成条垛堆放，通过人工或机械设备对物料进行不定期的翻堆。条垛的高度、宽度和形状完全取决于物料的性质和翻堆设备的类型。供氧是通过翻堆促使气体交换来实现的，同时通过自然通风使料堆中的热气消散，粪便有机物静置堆放3~5个月即可完全腐熟。此法成本低，但占地面积大、处理时间长、易受天气的影响、易对地表水及地下水造成污染。为加快发酵速度和免去翻垛的劳动，可在垛底设穿孔通风管，用鼓风机在堆垛后的20天内经常强制通风，此后静置堆放2~4个月即可完全腐熟。

3. 机械翻堆静态堆肥 机械翻堆静态堆肥是利用搅拌机或人工翻堆机对肥堆进行通风排湿，使粪污均匀并均匀接触空气，粪便利用好氧性菌进行发酵，并使堆肥物料迅速分解，防止臭气产生。发酵时间通常为7~10天，一天翻堆一次（图12-3）。以羊粪为主要的原料，按比例加入粉碎的辅料如秸秆粉、谷糠粉及菇糠等农业废弃材料和生物菌种，调节水分、通气性、碳氮比，并去除杂质。通过翻抛机在发酵棚内反复翻抛，使其在规定的温度内经过一定时间的发酵，符合标准后经原料粉碎机粉碎，经过粉碎的原料一部分可作为粉状有机肥包装出售；另一部分则进入混合机、加粉机、挤压机、造粒机制成颗粒有机肥，通过计量包装后出售。机械翻堆静态堆肥发酵技术的关键是调节堆肥的原料组成、接种生物菌种、通气增氧和控制起始温度及湿度。

图 12-3　机械翻堆静态好氧堆肥

三、羊场粪污好氧堆肥影响因素

（一）原材料配比

以羊等畜禽粪便作为堆肥的原料，主要控制粪便中的杂草、泥沙石头、金属硬块、畜禽药残留、重金属残留及带有传染性病源的粪便等。商品有机肥料常用秸秆、稻壳、木屑等作为辅料，对于辅料质量要求主要是辅料粒径不大于2 厘米、没有粗大硬块、具有良好的吸水性和保水性。

堆肥中一般需要加入一些辅料，用以调节堆料的碳氮比、水含量等。此外这些辅料本身也是亟待处理的生物质资源，也可以通过堆肥处理加以利用。一般作为补充性碳源的高含碳量辅料主要有稻草、锯末、秸秆等；可以作为水分调节剂的辅料则主要是蔬菜渣、生活垃圾等。羊粪堆肥过程中主要使用的辅料及其堆肥效果如表 12-3 所示。辅料具有地区性，堆肥不仅解决了羊场粪污的问题，而且实现了辅料的资源化利用，实现了粪污无害化处理。

表12-3　不同辅料配方对堆肥效果的影响

辅料种类	最优配方（质量分数）	堆肥效果
松果和小麦秸秆	山羊粪45%，麦秸秆45%，松果10%	堆肥21天，有机物分解率达72.26%±0.24%
小麦秸秆、玉米秸秆	羊粪50%，玉米秸秆50%	第3天即达50℃，高温持续22天，第30天肥料评价指标种子发芽指数达80%以上
生活垃圾、锯末	牛羊粪80.6%，生活垃圾16.1%，锯末3.3%	堆肥21天，含磷量达0.44%，含钾量达0.65%，有机质为7.6%，混合堆肥比纯垃圾高0.14%~0.26%
小麦秸秆	羊粪81.8%，小麦秸秆18.2%	腐熟速度比纯羊粪堆肥提高1倍，仅需28天，全氮、全磷、全钾比堆肥初期有较大增加，分别提高13.8%、8.4%、24.8%

（二）含水量

堆料中水分含量是堆肥过程中的重要影响因素，也是堆肥过程监测的重要指标之一。含水量直接决定堆肥过程的成败以及堆肥产品的质量。为了保证堆肥的顺利进行，堆料初始含水量（质量分数）应为40%~70%，最适宜含水量应为50%~60%，检验方法是将混合好的料握在手中捏紧，发现有水渗出但无水滴滴出为好。含水量过高或过低均不利于好氧堆肥的进行：含水量过低不利于微生物的生长；过高则会堵塞空隙、影响通风，导致厌氧发酵。

（三）碳氮比

堆料的碳氮比是指总碳与总氮的比值。碳氮比对微生物而言意味着营养物质的组成，在堆肥开始就需要考虑，也可以作为堆肥腐熟的指标。堆肥最适宜碳氮比为25~35。若碳氮比过高（>40），表明可供微生物消耗的碳源较多，而氮源相对缺乏，此时微生物生长受到抑制，有机物分解缓慢，发酵周期延长；而当碳氮比低于20时，此时可利用的氮源相对过剩而碳源较少，则氮极易转化为氨氮，后者易于挥发，从而导致氮素营养大量损失。堆肥过程中碳氮比不断下降，一般低于20时认为堆料已基本稳定和腐熟。

（四）微生物菌剂与温、湿度

虽然粪便和辅料本身带有一定数量的微生物，但这些仍不足以保证堆肥迅速升温腐熟，所以必须投入高效的微生物菌剂。原始菌剂的有效活菌数（微生物）要大于10^9个/克；添加菌剂后要将菌剂与原辅料混匀，并使堆肥的起始有效微生物量达10^6个/克以上。

温度也是决定堆肥能否顺利完成的重要因素，直接影响微生物的活性与有机质的分解速度，从而影响堆肥的腐殖化程度。完整的堆肥过程由低温、中温、高温和降温四个阶段组成，堆肥温度一般在 50～60℃，最高时可达 70～80℃。堆肥温度过低会使堆肥时间延长，甚至导致堆肥失败；温度过高（>70 ℃），会杀死部分有益微生物而导致堆肥过程的延期甚至失败。羊粪等畜禽粪便的无害化处理要求堆肥温度为 50～55 ℃，持续 10 天以上，才能将病原菌、虫卵、草籽等杀死，从而达到堆肥无害化处理要求。

微生物需要水分将碳转化为能量。细菌通常可承受的最低相对湿度为 12%～15%；但相对湿度低于 40%时，其降解速率开始下降；相对湿度高于 70%时，则降解过程由好氧转变为厌氧，厌氧堆肥速度缓慢且有腐烂味道而影响堆肥质量。

（五）翻堆与通风要求

翻堆能使堆肥腐熟一致，能为微生物的繁殖提供氧气，并将堆肥产生的热量散发出来，有利于堆肥的腐熟，堆体中适宜的氧气含量（体积分数）应为 8%～18%。当氧气含量低于 8%时，转入厌氧发酵，产生恶臭气味，导致堆肥失败；而当氧气浓度太高时，可能意味着通风量过大，会导致堆体冷却，堆肥周期延长，病原菌等大量存活。当堆肥温度上升到 60℃以上，保持 48 小时后开始翻堆（当温度超过 70℃时，需立即翻堆），翻堆要翻得彻底均匀，同时通过堆肥的腐熟程度确定翻堆次数。大多数微生物是好氧微生物，要保证堆肥中微生物的生长，必须将堆肥的含氧量保持在 5%～15%。堆肥的含氧量主要由通风实现，传统堆肥通风是通过翻堆和搅拌来保证的；也可以通过选择不同的堆肥发酵方式来达到通风的目的。

（六）pH 值

pH 值对堆肥过程也有影响，较适宜的 pH 值应为 7～9。较低或较高的 pH 值都会对堆肥过程产生不利影响。当 pH 值低于 6 时，微生物的呼吸作用速率大大减低；而当 pH 值太高时，会有助于堆肥过程中生成的氨氮的挥发，从而导致环境的污染以及有机肥品质的降低。

（七）产品的干燥粉碎与入库保存

经过主发酵和后发酵腐熟好的有机肥料，含有较高水分，为了使游离水分小于 32%，可将堆肥均匀摊开晾晒在水泥场地上，摊晾时厚度不要超过 20 厘米，并不时地翻动，加快晾干过程。水分达到质量要求的有机肥料，送到粉碎场进行粉碎，粉碎的细度要求：粉状有机肥料细度（1.0～3.0 毫米）≥80%；柱状有机肥料细度（1.0～8.0 毫米）≥80%。入库保存的每一批有机肥料要插上标识分开堆放，堆高要小于 1.5 米，并防止受潮变质。

四、堆肥操作注意事项

（一）堆肥时间

堆肥第一个需要注意的事项是堆肥运行所需时间。堆肥时间随碳氮比、湿度、天气条件、堆肥运行管理类型及废物和添加剂种类不同而不同。运行管理良好的条垛发酵堆肥在夏季其堆肥时间一般为 14～30 天。复杂的容器内堆肥只需 7 天即可完成。此外，实际堆肥时间要考虑堆肥固化和储存时间。

（二）堆肥温度

第二个要注意对堆肥温度的监测。堆肥初期，堆肥物质温度同外界温度，但随着细菌微生物的繁殖，温度迅速上升。要想杀灭病原体，堆肥温度要超过 55℃。若湿度或氧不足，或者食物来源消耗殆尽，则堆肥温度下降。利用翻堆充氧的堆肥方法，温度常随着翻堆而变化。

（三）堆肥湿度

注意阶段性监测堆肥混合物的湿度。过低或过高的湿度都会使堆肥速度降低或停止。湿度过高会使堆肥由好氧转变为厌氧，产生气味；高温可去除大量水分，堆肥混合物会过于干燥，需要补充水分。

（四）气味

气味是堆肥运行阶段的一个良好指示器。腐烂气味可能意味着堆肥由好氧转为厌氧。厌氧是因缺氧造成的，也可能是因湿度过大造成的，此时则需要翻堆充氧。

五、病死羊无害化处理技术

据统计，全国每年因动物死亡造成的直接经济损失达 400 亿元以上，饲料、人工和药物浪费等间接经济损失在 1 000 亿元以上。病死畜禽携带病原体，若未经无害化处理便任意处置，不仅会造成严重的环境污染，还可能引起重大动物疫情，危害畜牧生产安全，甚至引发严重的公共卫生事件。病死畜禽无害化处理工作是重大动物疫病防控的关键环节，对促进畜牧业可持续发展，确保《国家中长期动物疫病防治规划》有效落实，保障畜产品质量安全意义重大。如何对病死畜禽进行妥善处理，防止对公共环境卫生造成新的危害，确保食品安全，成为人们关注的问题。

病死畜禽的无害化处理要严格按照《病死及死因不明动物处置办法》和《病害动物和病害动物产品生物安全处理规程》（GB 16548—2006）这两个规范进行操作。现阶段，在病死畜禽无害化处理中，应用较多、较成熟的技术主要包括深埋法、焚烧法、堆肥法、化尸窖处理法、化制法、生物降解法等处理方法。根据病死羊的特点，主要适用的方法有深埋法、焚烧法、化制法和生物

降解法。

（一）深埋法无害化处理技术

1. 概念　深埋法是指通过掩埋的方法将病死羊尸体及产品等相关物品进行处理，利用土壤的自净作用实现无害化，具体操作过程主要包括装运、掩埋点的选址、坑体、挖掘、掩埋。深埋法是处理病死羊尸体的一种常用的、可靠的、简便易行的方法。

2. 特点　深埋法较简单、费用低，且不易产生气味，但因其无害化过程缓慢，某些病原微生物能长期生存，如果做不好防渗工作，有可能污染土壤或地下水。另外，本法不适用于患有炭疽等芽孢杆菌类疫病，以及痒病的染疫动物及产品、组织的处理。在发生疫情时，为迅速控制及扑灭疫情，防止疫情传播扩散，或一次性处理病死动物数量较大，最好采用此方法。

3. 深埋法技术操作流程

（1）运输：根据病死羊个体大小、处理数量，准备好作业工具，如卡车、拖拉机、挖掘机、推土机、装卸工具、动物尸体装运袋（最好密封）等。运输车辆应防止体液渗漏，接触面宜反复清洗消毒。病死羊尸体最好装入密封袋，运输车辆要密闭防渗，车辆和相关运输设施离开时应进行消毒。病死羊尸体不得与食品、活体动物同车运送，避免沿途污染，车厢无法密闭的，病死尸体应有密封塑料袋包装。

（2）埋藏地点选择：埋藏地点应远离居民区、水源、泄洪区、草原及交通要道，避开岩石地区，位于主导风向的下方，不影响农业生产，避开公共视野。填满设备采用挖掘机、装卸机、推土机、平路机和反铲挖土机等挖掘大型掩埋坑常用挖掘机。

掩埋坑的大小取决于机械、场地和所需掩埋病死羊尸体的多少，可参照以下标准。

1）深度：坑应尽可能地深，一般在2~7米，坑壁应垂直。

2）宽度：坑的宽度应能让机械平稳地水平填埋处理物品，例如：如果使用推土机填埋，坑的宽度不能超过一个举臂的宽度（大约3米），否则很难从一个方向把羊尸水平地填入坑中。确定坑的适宜宽度是为了避免填埋后羊尸在坑中移动。

3）长度：由病死羊尸体数量来决定。

4）容积：坑底必须高出地下水位至少1米，每5头成年羊约需1.5立方米的填埋空间，坑内填埋的羊尸和物品不能太多，掩埋物的顶部距离坑面不得少于1.5米（图12-4）。

（3）掩埋：在坑底撒漂白粉或生石灰，量可根据掩埋尸体的量确定（0.5~2.0千克/米^2），掩埋尸体量大的应多加，反之可少加或不加。羊尸体先

图 12-4　掩埋坑

用 10%漂白粉上清液喷雾（200 毫升/米^2），作用 2 小时。为保证更好地消灭病原微生物，也可将要进行掩埋处理的羊尸体在掩埋坑中先进行焚烧处理，之后再按正常的掩埋程序进行掩埋。

将处理过的羊尸体投入坑内，使之侧卧，并将污染的土层和运尸体时的有关污染物如垫草、绳索、饲料、少量的奶和其他物品等一并入坑。先用 40 厘米厚的土层覆盖尸体，然后再放入未分层的熟石灰或干漂白粉 20~40 克/米^2，然后覆土掩埋，平整地面，覆盖土层厚度不应小于 1.5 米（图 12-5）。

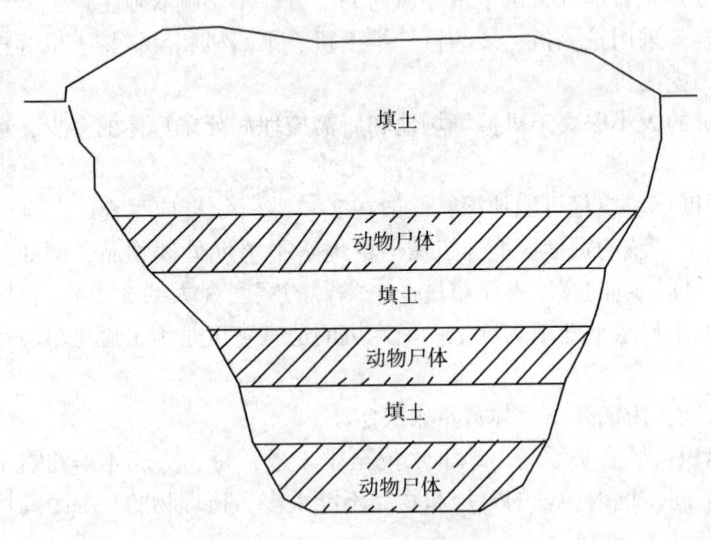

图 12-5　掩埋坑剖面图

掩埋场应标志清楚，并得到合理保护。同时，对掩埋场地进行必要的检

查，以便在发现渗漏或其他问题时及时采取相应措施。在场地被重新开放载畜之前，应对无害化处理场地再次复查，以确保牲畜的生命和生理安全。复查应在掩埋坑封闭后 3 个月进行。

从改善生态的条件来看，采用深埋处理法不仅可有效地对病死畜禽进行无害化处理，达到消灭病原微生物、阻断疫病传播的目的，还可有效地减少无害化处理所需投入，更为突出的是可在很大程度上增强土壤有机质含量，有效提高土壤肥力。对病死动物及时有效进行深埋处理，是消灭病原、防止病源扩散的重要手段，对进一步促进广大养殖户实施科学防疫、增进环保意识，实现畜牧业持续、快速、健康发展具有重要的意义。

（二）焚烧法无害化处理技术

1. 概念　焚烧法是指将病死的畜禽堆放在足够的燃料物上或放在焚烧炉中，确保获得最大的燃烧火焰，在最短的时间内实现畜禽尸体完全燃烧炭化，达到无害化的目的。同时，尽量减少新的污染物质产生，避免造成二次污染。焚烧可采用的方法有柴堆火化、焚化炉火化和焚烧窑火化等。

2. 特点及适用范围　焚烧法处理病死畜禽安全彻底，病原被彻底杀灭，仅有少量灰烬，减量化效果明显。将病死畜禽尸体变为灰渣，可以避免采用掩埋法处理病死畜禽尸体而存在的暴露地面、疫病散播等隐患，还可以彻底消灭病原，杜绝再次污染的可能性。

但是，动物尸体在燃烧过程中会产生大量的污染物（烟气），包括灰尘、一氧化碳、氮氧化物、重金属、酸性气体等。同时，燃烧过程有未完全燃烧的有机物，如硫化物、氧化物等，产生恶臭气味，会对环境造成很大的污染。同时，耗能高，焚烧一次耗油量较大，尤其大型焚化炉的固定资产投入较大、运行成本高、处理工艺复杂，需要对烟气等有害副产物做处理，增加处理成本。

焚烧法处理病死畜禽尸体是目前世界上应用最广泛、最成熟的一种热处理技术，也是常用的几种无害化处理方法中效果最好、最彻底的一种方法。随着经济社会的发展，以及对公共卫生安全和人民群众身体健康问题的重视程度越来越高，焚烧法将成为更重要的病死畜禽无害化处理方式之一。

焚烧法用于处理需要焚毁的病害动物和病害动物产品，主要包括以下几类：一是确认为口蹄疫、瘟疫、炭疽、高致病性禽流感、狂犬病等严重危害人畜健康的病害动物及其产品；二是病死、毒死或不明死因的动物尸体；三是从动物体割除的病变部分。

由于焚烧方式不同，效果、特点也有所不同，应根据养殖规模、病死畜禽数量选用不同的焚烧处理方法。目前，主要采用火床焚烧、简易式焚化炉焚烧、节能环保焚化炉焚烧等方法。集中焚烧是目前最先进的处理方法之一，通常一个养殖业集中的地区可联合兴建病死畜禽焚化处理厂，同时在不同的服务

区域内设置若干冷库，集中存放病死畜禽，然后由密闭的运输车辆负责运送到焚化厂集中处理。

3. 病死羊的焚烧方法

（1）焚化炉法：焚化炉法是一种高温热处理技术，即以一定的过剩空气与被处理的有机废物在焚烧炉内进行氧化燃烧反应，废物中的有害、有毒物质在高温下氧化、热解而被破坏，是一种可同时实现废物无害化、减量化、资源化的处理技术。

焚化炉法应用的设备有小型焚化炉（图 12-6）和大型无害化焚烧炉（图 12-7）。小型焚化炉通过燃料或燃油直接对病害羊尸体进行焚烧处理，具有投资小、简便易行等优点，被小型养殖场广泛采用；大型无害化焚烧炉是一种高效无害化处理系统，它具有安全、处理比较彻底、污染程度小等优点，但建造和运行成本高、缺乏可移动性。从感染现场运送病死羊尸体到焚化炉必须遵守特定的传染物品运输管理规定，并严格对运载工具、车辆进行消毒。

图 12-6　小型焚化炉

图 12-7　大型无害化焚化炉

1）大型焚化炉法的基本原理：焚化炉法采用二次燃烧法，第一次焚烧是病死牲畜尸体在富氧条件下的热解，在炉本体燃烧室（705~805℃）内充分蒸发、氧化、热解、燃烧；残留的废气进入二次燃烧室经高温（1 100℃以上）燃烧达到无异味、无恶臭、无烟的完全燃烧效果。烟气经高温烟气管处理后，再经尾气处理设备排放，燃烧后产生的灰烬要进行掩埋。

一次焚烧室是病害动物尸体在富氧条件下的热解场所，病害动物尸体首先被烘干，进而热解，再到炭化。各种有机化合物的长分子链逐步被断裂成短分子链，变成可燃气体，可燃气体进入二燃室进一步燃烧。在二次焚烧室内可燃气体得到充分燃烧，二燃室温度大于 1 100℃，且燃烧时间较长，一燃室残留的废气与足量空气混合，充分燃烧，完全转化为二氧化碳、水蒸气、二氧化硫、氯化氢等气体。

2）大型焚化炉的技术特点：我国部分省份建成了“动物生物安全处理中心”，配置了大型病害动物焚化炉，设备投资在1 000万元以上。例如，吉林省在长岭县建成了FSLN-A大型病害动物焚化炉，占地面积为24 500平方米，土建面积为3 110平方米，焚烧车间为1 080平方米。

“动物生物安全处理中心”是今后处理病害动物及其产品的首选场所，可达到生物安全的目的。大型病害动物焚化炉的设计参考国家环境保护总局、国家质量监督检验检疫总局、国家发展和改革委员会发布的医疗废物焚化炉技术要求，采用双层二次焚烧负压设计，焚烧过程密闭性好，不易发生烟气外泄。病死牲畜尸体经焚烧，无烟无尘无灰，可达到国家环保二级要求。焚化炉设计的燃烧空间很大，一次可焚烧1 000千克病害尸体（可一次性焚化3~5头病害羊），日处理量为20吨，年处理能力达1 500吨。因整头羊不用切割分块直接入炉焚烧，有效避免了病原物泄漏对操作人员和环境、设备的二次污染。入炉焚烧时间短，仅用1小时左右。焚化炉正常工作时温度在700~900℃，从病原微生物的杀灭效果来看，70℃时经2分钟就可杀灭禽流感病毒，75℃时经5~15分钟就可杀死炭疽杆菌，300℃以上可瞬间杀灭任何病原微生物。病害动物及其产品，通过焚化炉的高温焚烧能够消灭传染源、控制动物疫病传播，从而达到无害化处理目的。

由于配置的医用中小型焚化炉处理费用高，切割肢解比较麻烦，对防疫条件要求高，部分基层畜牧兽医部门使用的积极性不是很高；而全国只有少数几个省份建立了“动物生物安全处理中心”，配置了大型焚化炉。发达国家对病害动物尸体及其产品进行无害化处理的常规方法是焚烧法，焚烧技术比较成熟，如德国、西班牙、美国、日本等发达国家采用工厂焚烧或集中站焚烧的办法。

（2）焚化窑法：窑式焚化是一种利用鼓风在窑内焚烧物品的焚化技术。使用一台大功率的鼓风机（通常由柴油机驱动），连接窑坑的通气道，空气流为焚化窑创建了一个顶盖式的气幕，为产生很高的燃烧温度提供充足的氧气，并使热气流在窑内循环，促进焚化物品的完全燃烧。窑式燃烧器适用于相对小的畜禽尸体的连续焚烧，而且具有可移动的优点，特别适用于对猪、羊及小畜禽的无害化处理。在缺乏大型掩埋、焚化机械设备，处理又相对复杂的地方，采用焚烧和掩埋相结合的方法比较适合小型反刍动物的无害化处理。

（三）化制法无害化处理技术

1. 概念 化制是利用干化、湿化机对病死畜禽尸体在高温、高压、灭菌处理的基础上，再进一步做油水分离、烘干、废液污水等处理的过程。它是对病死畜禽尸体无害化处理方法中比较经济适用的一种方法（除患有烈性传染病或人畜共患传染病的畜禽），既不需要土地来掩埋，也不同于焚烧法将动物尸体彻底销毁。患有一般性传染病、轻症寄生虫病或者病理学损伤的动物尸体，根据损伤性质和程度，经过化制处理后，可以制成肥料、肉骨粉及工业用油、胶、皮革等。如果操作得当，可以最大限度地实现资源化，蒸煮产生的废油、废渣都有较高的利用价值，可以实现变废为宝的目的。化制法为国际上普遍采用的高温、高压灭菌处理病害动物的方式之一，借助于高温、高压，病原体杀灭率可达 99.99%。

2. 特点及适用范围 化制法是一种较好地处理病死畜禽的方法，是实现病死畜禽无害化处理、资源化利用的重要途径，具有操作较简单、投资较小、处理成本较低、灭菌效果好、处理能力强、处理周期短、单位时间内处理快、不产生烟气、安全等优点。但处理过程中，易产生恶臭气体（异味明显）和废水，并存在设备质量参差不齐、品质不稳定、工艺不统一、生产环境差等问题。

由于化制法需要对病死的大型家畜尸体进行分割，一些患烈性传染病或人畜共患传染病的畜禽死后不宜使用此方法。化制法主要适用于国家规定的应该销毁以外的因其他疫病死亡的畜禽。

（1）患有一般性传染病、轻症寄生虫病或病理性损伤的动物尸体。

（2）病变严重、肌肉发生退行性变化畜禽的整个尸体及内脏。

（3）注水或注入其他的有害物质的动物胴体。

（4）农药残留、药物残留、重金属超标肉，修割的废弃物、变质肉和污染严重肉等。

化制法对容器的要求很高，适用于国家或地区及中心城市畜禽无害化处理中心。平常也可对病害动物及动物制品进行无害化处理，如用于养殖场、屠宰场、实验室、无害化处理厂、食品加工厂等。

3. 建设原则和要求 对病死畜禽尸体进行化制时，一般应在专门的化制厂进行，要求有完善的设备条件，能有效防止传染病的传播。如果没有专门的化制厂，就不能擅自化制处理患有传染病的动物尸体。例如，患有沙门杆菌致死的动物尸体，最容易产生内毒素，而且细菌毒素有耐热能力，不容易破坏，不能擅自化制处理，应深埋或者烧毁。化制出的产品要确保无病原菌。

化制厂应建在远离住宅、农牧场、水源、草原及道路的僻静地方，不能成为周围地区发生传染病的传染源。生产车间应为不透水的地面（水泥地或水磨石地）和墙壁（在普通墙壁上涂以油漆），以便于洗刷、消毒。化制过程中产生的污水应进行无害化处理，排水管应避免漏水。应确保人员在化制过程中没有被感染的风险。

4. 病死羊化制方法 化制处理法分为湿化法和干化法。

（1）湿化法：湿化法是指用湿压机或高压锅处理病害畜禽和废弃物的炼

制法。炼制时将病害羊及其产品投入湿化机，采用蒸气高温、高压消除有害病原微生物。

1）湿化法原理：湿化法利用高压饱和蒸气，直接与病害动物尸体的组织接触，当蒸气遇到动物尸体及其产品而凝结为水时，则放出大量热能，可使油脂熔化和蛋白质凝固，同时借助于高温与高压，将病原体完全杀灭。湿化机就是利用湿化原理将病害动物尸体及其产品进行高温杀菌的机器设备。

2）主要工艺流程及流程图：病害动物尸体及其产品—提脂釜—油水分离器—油蒸发器—工业用油脂。流程图如图 12-8 所示。

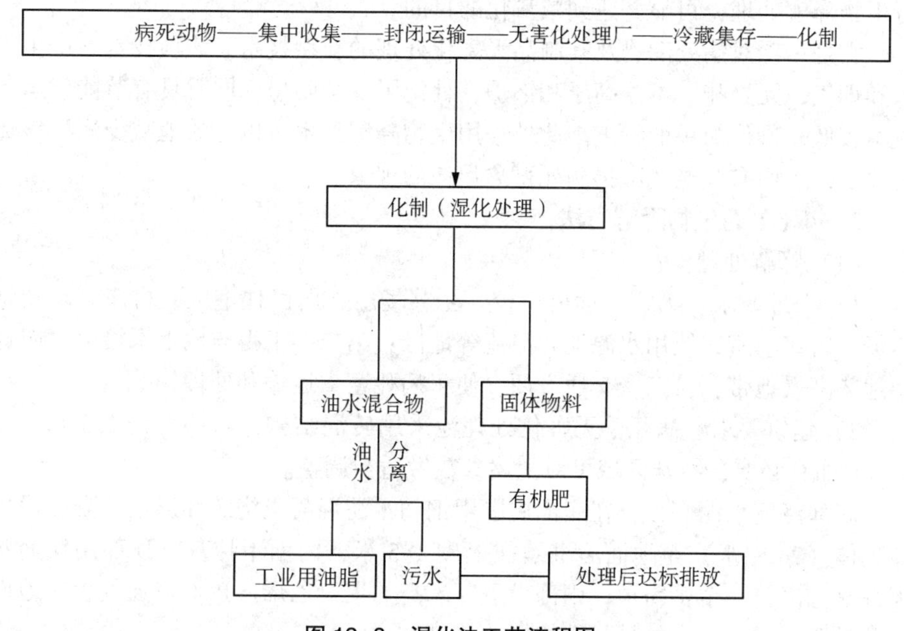

图 12-8　湿化法工艺流程图

3）湿化法处理病害动物尸体的变化过程：肉骨初步分离—肉骨完全分离—脂、肉、骨完全散开—肉成糜糊状（此时可基本视为湿化处理达到无害化标准）。

（2）干化法：干化法是使用卧式带搅拌器的夹层真空锅。炼制时将病害羊尸体及其产品破碎、切割成小块，放入化制机内，蒸气通过夹层，使锅内压力增高，升高到一定温度，受干热与压力的作用，破坏化制物结构，使脂肪液化从肉中析出，同时也可以杀灭细菌，从而达到化制的目的。其中热蒸气不直接接触化制的肉尸，而是循环于加热层中，此为湿化法与干化法的主要区别。

（四）生物降解法无害化处理技术

1. 概念 生物降解是指将病死动物尸体投入到降解反应器中，利用微生物的发酵降解原理，将病死动物尸体破碎、降解、灭菌的过程，其原理是利用生物热的方法将尸体发酵分解，以达到减量化、无害化处理的目的。

2. 特点 生物降解法是在高温化制杀菌的基础上，采用辅料对产生的油脂进行吸附处理，可消除高温化制后产生的油脂，彻底解决高温化制所产油脂烦琐处理所带来处理成本增加的难题；同时添加的辅料还可以改善物料的通透性，为后续的生物降解提供条件。在高温化制基础上利用微生物自身的增殖进行生物降解处理，可显著达到减量化的目的。

它是一项对病死动物及其制品无害化处理的新型技术。该项技术不产生废水和烟气，无异味，不需高压和锅炉，杜绝了安全隐患，同时具有节能、运行成本较低、操作简单的特点。此外采用生物降解技术可以有效地减少病死畜禽的体积，进而有效避免乱扔病死畜禽尸体的现象。

3. 病死羊的生物降解方法

（1）降解处理池：

1）选址要求：第一，远离学校、公共场所、居民住宅区、村庄、动物饲养场、屠宰场所、饮用水源地和河流等地区；第二，不得与地下水接触，应选择地势高燥地带；第三，交通方便，便于病死畜禽运输和处理。

2）建筑要求：病死羊无害化处理池采用砖混结构，内部直径2.5米，深4米。如有必要，特殊区域可对上述参数做适当调整。

底部浇筑水泥底板，在底部周围用钢筋水泥混凝土浇筑环形梁。凝固后机砖砌体（24厘米）至地面后继续往上砌1.5米，内面不抹灰，顶部用钢筋水泥混凝土浇筑一个密闭顶，中部设置3米高的聚氯乙烯（PVC）通气管，地面部分设置直径0.8米的带门锁的投放口（图12-9）。

3）消毒剂的投放：病死羊无害化处理池内禁止投放强酸、强碱、高锰酸钾等高腐蚀性化学物质，可选用下列之一的方法投放消毒剂：①按体重的5%~8%投放生石灰；②漂白粉按体重的1%干剂撒布；③氯制剂（如消特灵、消毒威等），按1∶200~500的比例稀释，以体重的8%投放稀释液，或以体重的0.5%干剂撒布；④氧化剂（如过氧乙酸等），按1%~2%的浓度稀释，以体重的8%投放稀释液；⑤季铵盐（如百毒杀等），按1∶500的比例稀释，以体重的8%投放稀释液。

4）处理池满载：病死羊尸体可整体或切块投进腐尸池，当病死羊投放累加高度距离投放口下沿0.5米时，处理池满载，需将进、出料口密封以防臭气溢出。之后密闭发酵4~5个月，动物尸体在池内即能完全腐败分解，达到彻底消毒的目的。最后，从出料口卸料。腐尸池腐化后的料水可作无害肥料利

图 12-9　降解处理池

用。

建议每个养殖场设置 1~2 个化尸池，只有这样才能对一些带恶性传染病的羊尸体及时进行妥善处理，避免传染病的传播和蔓延。

（2）无害化处理机：畜禽无害化处理机是指采用高温下可以正常增殖的微生物的发酵，在较短时间内对病死畜禽进行无害化处理的专用设备。处理过程包括分切、绞碎、发酵、杀菌和干燥五个步骤。

1）处理过程：将羊尸体投入无害化处理机内，经过分切、绞碎，之后进入发酵仓，并添加发酵微生物，设定温度和湿度，在发酵产生的高温中杀灭病原菌，72 小时后即可将尸体完全分解，烘干后经过筛分系统可作为有机肥使用。

2）操作步骤：①高温化制：将羊尸体投入高温化制机中，灭菌后，在耐压密封容器内将羊尸体加热至 120℃以上，可无须对病死羊进行分割而直接进行高温化制处理。②粉碎处理：将高温化制后的羊尸体投入粉碎搅拌机中，待温度降低后加入降解微生物搅拌均匀。③微生物发酵处理：将粉碎搅拌好的微生物放入发酵容器内进行发酵处理，一般进行 120 小时的发酵处理。此过程也可在具有防雨、防渗、防溢流的大棚内进行，以降低处理成本，加大处理量，提高无害化处理机的处理效率。④烘干处理：发酵后的羊尸体水分含量较高，因此还需对发酵后的物料进行烘干处理，处理后的物料可作为有机肥使用。

3）优点：本方法与传统微生物发酵法处理病死羊相比具有以下优点：

①处理周期短：病死羊经粉碎后，在微生物的作用下只需 72 小时就能完全分解，变成高利用价值的有机肥。②杀菌能力强：所用微生物在增殖过程中能产生多种活性物质，能抑制有害菌的生长，同时发酵过程的高温对致病菌也有极强的杀伤能力。③确保无污染：处理过程产生的水蒸气能自然挥发，无烟、无臭，而且无血水排放，不会造成大气、土壤和地下水等环境污染。

第十三部分　规模肉羊场经营管理

一、规模化羊场的组织机构及管理人员的职责

（一）规模化羊场管理事项分类

规模化羊场管理事项分类如图 13-1 所示。

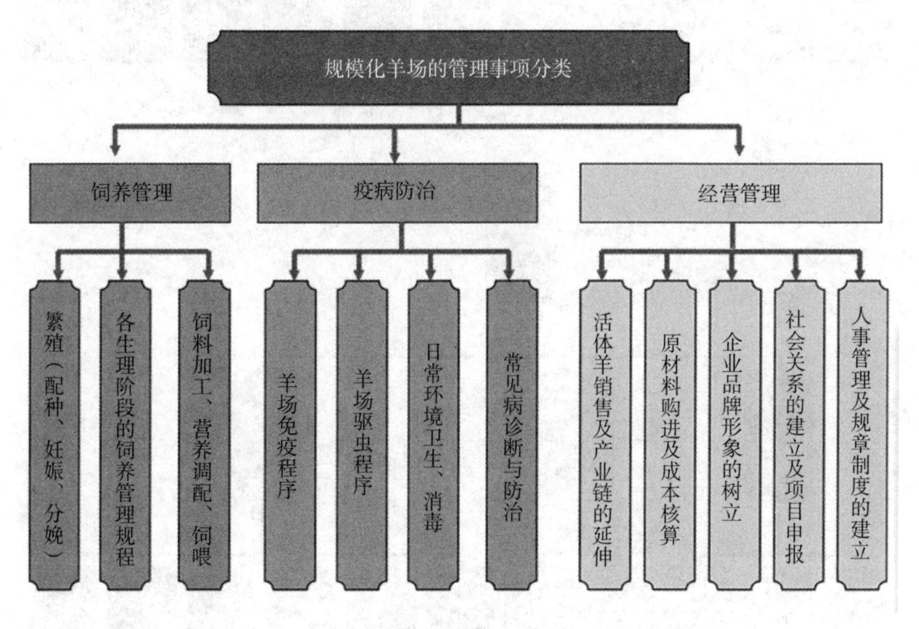

图 13-1　规模化羊场的管理事项分类

（二）组织架构

羊场组织架构如图 13-2 所示。

（三）年出栏万只规模化羊场人员定编

年出栏万只规模化羊场人员定编如图 13-3 所示。

（四）管理人员职责

1. 场长职责

（1）对公司领导、羊场效益、羊场员工负责。

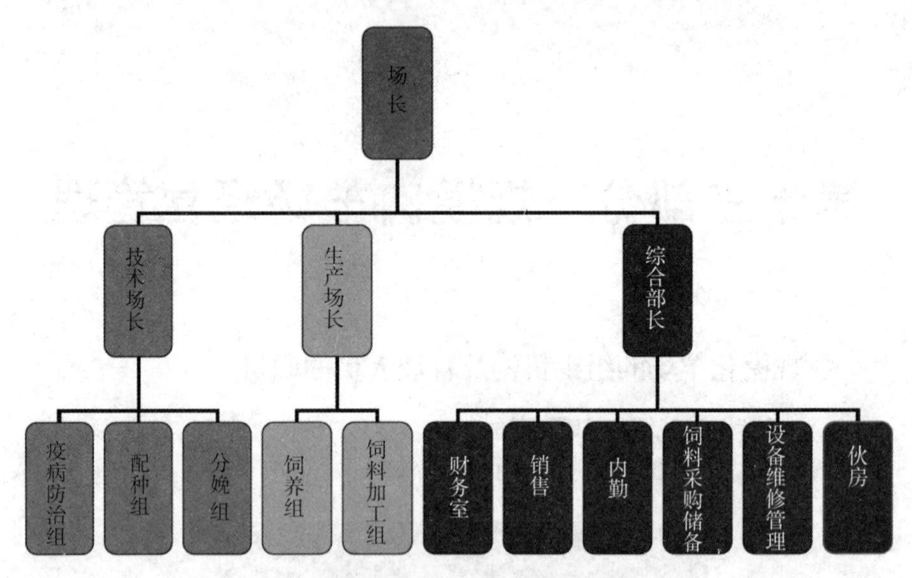

图 13-2　羊场组织架构

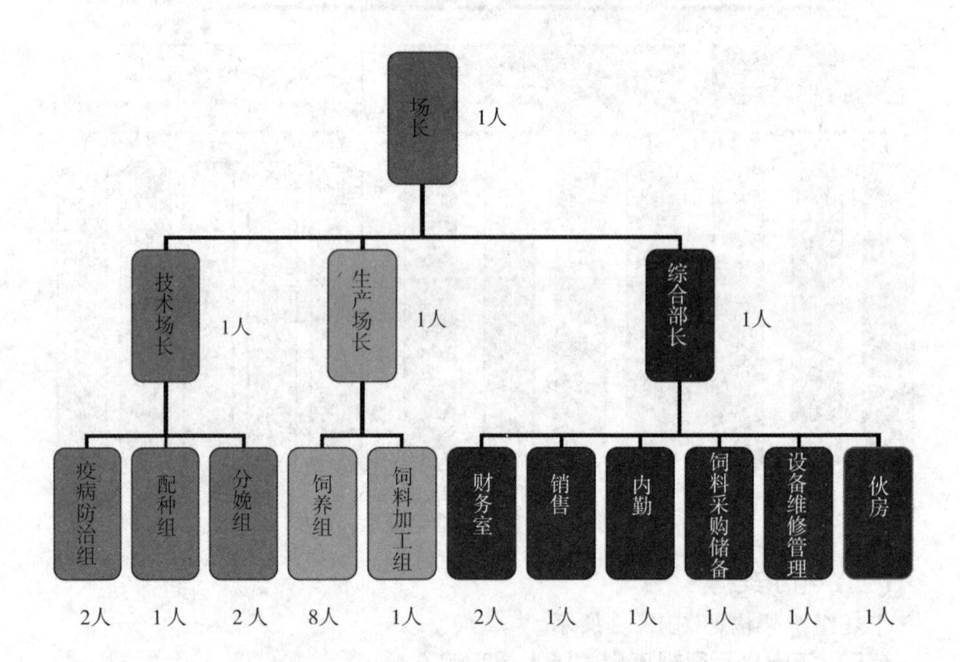

图 13-3　年出栏万只规模化羊场人员定编

（2）领导羊场全面工作。

（3）对副场长的各项工作进行监督、指导。

（4）负责协调各部门之间的工作关系。

（5）负责落实和完成公司下达的全场经济指标。

（6）负责主持每周、每月的生产例会。

2. 技术场长工作职责

（1）负责制定技术体系规章制度和技术操作规程。

（2）负责制定和落实防疫和驱虫程序。

（3）负责常年羊的疫病检测。

（4）负责羊病的诊疗。

（5）负责羊的繁育、更新、淘汰。

（6）负责全场的消毒制度的制定和落实。

（7）羊的档案和各项生产记录管理。

（8）对全体技术人员负责。

3. 生产场长工作职责

（1）负责羊场生产管理制度体系的建立和完善工作。

（2）负责生产部门的全部工作，负责全场羊只的年、季、月饲养管理计划的制订、落实、执行工作。

（3）负责全场整个羊群的饲养管理工作。

（4）负责饲草料需求计划制订工作。

（5）负责各种饲料的加工、营养调配和存放工作。

（6）负责监督各种饲料的质量关、数量关。

4. 综合部长工作职责

（1）制定综合部各项规章制度。

（2）负责羊场行政后勤、生产保障、饲料收储、安全生产等工作。

（3）羊场基建，设施设备，水和电的维修、保养、更新工作。

（4）羊场人员招聘、日常调配、分派人工等工作。

（5）羊的销售和财务管理。

（6）羊场防火、防盗、防涝、用电及生产人身安全等安全监督及培训工作。

（7）羊场保安、保洁、员工考勤、工人工资核定、办公宿舍楼管理、场内物资登记管理、劳保用品发放等行政管理工作。

5. 兽医岗位职责

（1）兽医应遵守公司各项制度，遵守公司劳动纪律，具有良好的职业道德素质和敬业精神，工作做到有爱心，有耐心，有责任心，踏踏实实做好每天的工作。

（2）日常的治疗及相关工作。兽医上班后按各自所负责的治疗区划分，结合饲养员的汇报对各栋羊舍进行巡查。

1）喂料前：①巡视羊舍时观察前一天治疗过的病羊预后情况。②观察是否有突发猝死羊只，根据死亡情况做相关处理。③观察是否有严重的突发病羊，需要治疗的立即采取治疗措施。

2）喂料时：①观察羊只的采食情况，是否有不食、假食、食欲不佳等异常情况。发现后立即做好标记，并记录棚圈号、羊只耳号，并做出基本诊断情况，紧急的应立即进行治疗。②若因情况特殊错过观察羊只采食，应向饲养员了解羊只采食情况并在下次喂料时详细观察。

3）病羊防治：巡查羊舍后根据观察羊只的疾病情况，对羊只进行配药治疗。①对于不能判断和病因不明或治疗后无明显效果的羊只，应和其他兽医共同会诊，确诊后再用药，用药后0.5~2小时，观察一次，无治疗价值的报技术主管酌情予以淘汰。②对慢性病羊确诊后坚持每天用药，直到痊愈为止。个别需要护理的羊只，要督促饲养员进行护理直到痊愈或淘汰。③发现可疑传染病例需立即隔离并上报部门主管，及时处理。④对于饲养管理上造成的病例要及时上报主管，及时调整，解决问题。⑤治疗结束后，对当天死亡的羊只进行剖检，做出结论。剖检结束后，对病羊治疗情况进行总结，并填写死亡报告、剖检报告。死亡报告于羊只死亡24小时内填写完毕，并上报主管领导签字递交统计部门。

工作结束后，清扫、整理好兽医室，做到干净、整洁，不留死角，药品分类准确，器具存放得当，垃圾桶每日清理一次，即使在冬季无剖检病例的情况下，也要做到至少每周清理一次，并对当天所用治疗器具进行消毒。

（3）预防措施：兽医应制订不同季节羊只的驱虫、免疫、消毒计划并实施，做好每周疾病的分析归纳总结工作，并做好羊只的生理健康及性能的检查工作。具体措施如下：①在不同季节根据本场羊群健康状况拟定好免疫驱虫计划，经领导审查批准后组织实施，并做好免疫保健记录。②认真执行本场的卫生防疫制度，做好消毒工作，包括消毒池及消毒室内消毒药品的及时添加，并做好消毒记录。③认真做好药房的药品领入、领出登记，做好每周的疾病总结表和月末的药品使用盘点统计表。需领用或购买的药品和器械应提前一周申报主管。④配合技术主管加强对羊群健康状况及生产性能的监测工作。⑤及时了解发病动态，果断采取必要措施，将疫病控制在萌芽状态，保证不发生重大疫情。⑥及时总结羊场常发病的数量和种类及应对措施方案，并对无种用价值和治疗价值的羊只做好淘汰申请工作，填写申请淘汰记录。

二、规模化羊场各项管理制度

制度管理是规模化羊场做好劳动管理不可缺少的手段，主要包括以下几类：行政管理类、人力资源管理类、后勤管理类、财务管理类、仓库管理类、采购管理类、生产管理类、技术管理类、销售管理类。制度的建立，一是要符合羊场的劳动特点和生产实际；二是内容具体化，用词准确，简明扼要，质和量的概念必须明确；三是要经全场职工认真讨论通过，并经场领导批准后公布执行；四是必须具有一定的严肃性，一经公布，全场干部职工必须认真执行，不搞特殊化；五是必须具备连续性，应长期坚持，并在生产中不断完整。

（一）行政管理类

管理人员日常行为规范、印章管理制度、收发管理制度、办公用品管理制度、车辆使用管理规定、卫生管理制度、费用报销制度、员工举报暂行规定、行政监督管理制度、行政处分暂行规定 。

（二）人力资源管理类

人力资源管理包括招聘与录用、考勤与请假、员工培训、负责员工考核办法、生产部岗位职责、技术部岗位职责、综合部岗位职责、兽医岗位职责、羔羊护理岗位职责、检验员岗位职责、配种员岗位职责、门卫岗位职责、安全员岗位职责、机电维修岗位职责、饲养员岗位职责、值班领导岗位职责、定岗定员情况、技术羔羊护理考核方案、生产人工和受精技术员工作职责及考核方案、技术兽医考核方案、生产饲养员工资发放及绩效考核方案。

（三）后勤管理类

后勤管理包括宿舍管理制度、食堂管理制度、炊事员卫生制度、厕所保洁制度。

（四）财务管理类

财务管理包括财务管理制度、印鉴章的管理、会计核算及要求、预算管理制度货币资金管理办法、应收应付款项管理办法、存货管理办法、固定资产管理办法、利润及利润分配管理办法、会计信息管理办法、会计电算化管理办法、会计档案管理办法、财务人员工作移交管理办法、监督检查管理办法、责任追究管理办法。

（五）仓库管理类

仓库管理包括仓库物资收、发、存管理制度，现场物资管理的基本任务准备工作，物资验收，标识管理，物资储存堆放管理，现场物资的发放，材料核算，仓库安全管理制度，危险品保管制度。

（六）采购管理类

采购管理包括合约采购管理制度、物资采购管理、采购流程管理、采购合同管理、采购廉洁管理、货款结算管理。

（七）生产管理类

生产管理包括入场须知、早会制度、例会制度、月度经营分析例会、夜间巡逻制度、值班巡逻制度、青贮饲料制作使用制度、生产档案管理制度、饲养员工作流程、饲喂员管理制度、安全用电细则、电焊工操作规程、机具操作规程。

（八）技术管理类

技术管理包括羊免疫程序，饲料配方管理制度，驱虫程序，杀鼠（蝇）与预防农药中毒，消毒制度，羊场、畜禽标识制度，卫生防疫制度，羊场无害化处理制度，羊场用药管理制度，种羊选育方案，重大动物疫情报告制度等。

（九）销售管理类

销售管理包括销售管理制度、市场调研分析、经营决策、销售管理、回款保障、售后服务、销售管理人员办法、奖惩管理。

（十）典型制度参考

1. 消毒制度

（1）消毒是贯彻“预防为主”方针的一项主要措施。其目的是消灭病源，切断传播，阻止蔓延。本制度必须人人自觉遵守，严格执行。

（2）场区大门及场内相关通道设立消毒池，各消毒池保持足量的有效浓度的消毒液，定期清洗消毒池和更换消毒液。

（3）严格执行日常消毒操作规程，保持棚舍内和场内道路清洁。定期做好棚舍和场内地面、粪便、污水的消毒工作。

（4）消毒剂做到交替使用，防止病原微生物产生抗药性。

（5）严禁场外非生产、无关人员进入生产区。

（6）如确需进入场区者，经主管领导同意，在相关负责人陪同下，更换工作服、帽子及鞋套等，经过消毒后方可进入。

（7）严禁场外车辆进入生产区。如确需进场，经主管领导同意，经过消毒后方可进入。

（8）严禁场外畜禽进入生产区，场内自养的要定期免疫和对圈舍、饲喂工具及周围环境消毒。

（9）场内职工、车辆等外出回场后，须进行消毒，方可进入生产区。

（10）坚持门卫登记制度，确保羊场卫生安全。

（11）严格按照要求做好各类消毒措施的记录工作，建立电子档案，随时备查。

2. 卫生防疫制度

（1）严格遵守入场须知，禁止外来人员擅自进入。

（2）搞好羊舍内外环境卫生，灭除杂草，填平水坑，防止蚊蝇滋生；及时清粪，随时检查集尿管道，保持畅通。

（3）羊场工作人员在工作期间必须穿工作服，工作服要及时清洗、消毒。

（4）每月全场进行一次全面消毒，包括道路、羊舍等；每周进行一次生产区域内消毒；疫情发生流行特殊时期应按需增加消毒次数。

（5）严格执行免疫接种计划，及时进行预防注射，并对免疫和预防注射的时间、药品、剂型、剂量等做好详细规范记录。

（6）操作人员必须按照技术操作的规范要求执行，做成电子档案，随时备查。

（7）做好羊只注射部位消毒，对注射用针筒、针头、医疗器皿等严格进行消毒，防止交叉感染。

（8）传染病发生时，做到早报告、早隔离、早封锁消毒，经当地畜牧兽医主管部门同意，对本地区健康羊群进行预防接种，建立保护区，杜绝向外传播。

（9）对患传染病的羊群要设专人管理，使用固定饲喂工具，加强对病羊的治疗，并特别注意病羊舍的卫生消毒。

（10）被传染病污染的羊舍、运动场、饲槽、用具，以及工作人员的工作服必须进行彻底消毒。

（11）病羊排出的粪便需经单独发酵处理后，方可使用。

（12）因传染病死亡或急宰的病羊，必须经兽医人员检查，并在兽医人员指导下，按照相关规定要求处理。

3. 羊场无害化处理制度

（1）按照公司零污染、零排放原则，根据相关规定和标准，建造无害化尸体处理池。

（2）羊场对病死的羊只，必须坚持“五不一处理”原则：即不宰杀、不贩运、不买卖、不丢弃、不食用，进行彻底的无害化处理。

（3）病死羊只经兽医室剖检后，将尸体投入尸体处理池内，并在尸体处理池内添加氢氧化钠（火碱）进行消毒。

（4）羊场在发生重大疫情时，除将病死羊进行无害化处理外，应对同群或染疫的羊只进行扑杀和无害化处理，并呈报上级兽医防疫主管部门，对此做出的决定、决策，本场坚决执行。

（5）当羊场的羊只发生传染病时，一律不进行交易、贩运，就地进行隔离观察和治疗。

（6）无害化处理必须在场兽医师的监督下进行，并认真对无害化处理的羊只数量、死因、处理方法、时间等进行详细的记录、记载。

（7）无害化处理完毕，必须彻底对其圈舍、用具、道路等进行消毒，防止病原传播。

（8）在无害化处理过程及疫病流行期间，要注意工作人员的防护安全，防止将疫病传染给人。

4. 羊场用药管理制度

（1）根据我国《兽药管理条例》的精神和《农产品质量安全法》的要求，建立羊场使用管理的安全追溯机制，有效地保障畜群的健康和畜产品的质量安全，结合羊场实际，特制定本制度。

（2）建立采购记录。记录要载明兽药的名称、规格、生产批号、有效期、生产厂家、采购数量及日期等各项内容，保证兽药的质量。每次采购要索取进货单和收款发票，并与采购记录同时保存 3 年以上。

（3）采购兽药必须从合法兽药店（具有工商营业执照和经营许可证）进货，确保所购入的兽药产品合格，并与经销商签订产品质量安全合同。

（4）严禁采购和使用国家农业农村部和相关主管部门所废止、禁用的兽药。

（5）药物领用保存：

1）保管员在新购药品、器械时，依据发票查清件数，根据产品保管要求分类存放保管，并做到每周盘点。发现有过期药品及时通知技术部，报财务部注销后做销毁处理。

2）药品及器械由兽医主管做采购计划，由采购部采购。如不能采购，必须在 3 天内反馈给技术部说明情况。药品的领用由兽医主管到库房取药，并做好领用登记。

3）领取生物药品，如疫苗、血清、类毒素等需要低温保存的药品必须用保温箱装取，否则药品库管员不予发放。

4）所有器械根据实际情况造册，落实到人，必须以旧换新。兽医室必须设有用药登记本，由使用兽医、防疫员填写，兽医主管及时核对药品领取和使用数量，发现问题及时处理。

5）对一些特殊药品、疫苗空瓶或受污染物品，当场查清数量，并依据要求，派专人进行销毁和无害化处理。

6）由专人每日清理医用垃圾，并将医用垃圾倒入指定地点，进行销毁和无害化处理。

7）兽医、防疫员对每一批新药、新疫苗，用前要做小范围试验，并出具书面报告，上报试验结果，无异常方可大范围使用。对每次防疫都一定要做好以下记录：疫苗名称、生产厂家、批准文号，使用羊只的阶段、头数、反应情

况等，出现异常及时停止使用，并在2小时内报技术部。如玩忽职守，造成的损失由使用者负责。

（6）兽药的使用规定：

1）场内预防性或治疗性用药，必须由兽医决定，其他人员不得擅自使用。

2）兽医使用兽药必须遵守国家相关法律法规规定，不得非法用药。

3）必须遵守国家关于休药期的规定，未满休药期的羊只不得出售、屠宰，不得用于食品消费。

4）树立合理科学用药观念，不乱用药。

5）不擅自改变给药途径、投药方法及使用时间等。

6）做好用药记录，包括动物品种、年龄、性别、用药时间、药品名称、生产厂家、批号、剂量、用药原因、疗程、反应及休药期。必要时应附医嘱，内容包括用药动物种类、休药期及医嘱人姓名等。

（7）使用兽药的注意事项：

1）注意使用合理剂量。剂量并不是越大效果越好，很多药物大剂量使用，不仅会造成药物残留，而且会发生羊只中毒。

2）注意药物的溶解度和饮水量。饮水给药要考虑药物的溶解度和羊只的饮水量，确保羊只吃到足够剂量的药物。

3）注意搅拌均匀。拌入饲料服用的药物，必须搅拌均匀，防止羊只采食药物的剂量不一致。

4）注意药液黏稠度和注射速度。肌内注射的药物，要注意药物的黏稠度。黏度大的药物，抽取时应适当超过规定的剂量，而且注射的速度要缓慢一些。

5）保证疗程用药时间。药物连续使用时间，必须达到一个疗程以上。不可使用1~2次就停药，或急于调换药物品种。

6）注意安全停药期。停药期长的药物、毒副作用大的药物（如磺胺类）等要严格控制剂量，并严格执行安全停药期。

三、生产管理规程

（一）羊场的生产记录与报表

1. 羊场的生产记录　生产记录和报表是反映日常生产管理情况的有效手段，是上级领导检查工作的途径之一，也是统计分析、指导生产的依据。因此，认真填写生产记录和报表是一项严肃的工作，应予以高度的重视。

规模化羊场生产管理记录表

单位名称：

畜禽标识代码：

动物防疫合格证编号：

畜禽种类：　　　　　　养殖规模：

地址：　　　　　　　　电话：

使用日期：　　　年　　月—　　年　　月

监管人：　　　　　　　电话：

河 南 省 畜 牧 局 监 制

表A　疫苗购、领记录表

填表人：

购入日期	疫苗名称	规格	生产厂家	批准文号	生产批号	来源（经销点）	购入数量	发出数量	结存数量

表B　兽药（含消毒药）购、领记录表

填表人：

购入日期	名称	规格	生产厂家	批准文号	生产批号	来源（经销单位）	购入数量	发出数量	结存数量

表 C　饲料添加剂、预混料、饲料购、领记录表　　填表人：

购入日期	名称	规格	生产厂家	批准文号或登记证号	生产批号或生产日期	来源（生产厂或经销商）	购入数量	发出数量	结存数量

表 D　疫苗免疫记录表　　填表人：

免疫日期	疫苗名称	生产厂家	免疫动物批次日龄	栋、栏号	免疫数/（头、只）	免疫次数	存栏数/（头、只）	免疫方法	免疫剂量［毫升/（头、只）］	耳标佩带数/个	责任兽医

表 E　兽药（含药物添加剂）使用记录表　　填表人：

开始用药日期	栋、栏号	动物批次日龄	兽药名称	生产厂家	给药方式	用药动物数	每日剂量	用药目的（防病或治病）	停药日期	兽医签名

表F 饲料、预混料使用记录表

填表人：

日期	栋、栏号	动物存数（头、只）	饲料或预混料名称	生产厂家或自配	饲喂数量（千克）	备注

表G 消毒记录表

填表人：

消毒日期	消毒药名称	生产厂家	消毒场所	配制浓度	消毒方式	操作者

表H 诊疗记录表

填表人：

发病日期	发病动物栋、栏号	发病群体头（只）数	发病数	发病动物日龄	病名或病因	处理方法	用药名称	用药方法	诊疗结果	兽医签名

表I 防疫（抗体）监测记录表

填表人：

采样日期	栋、栏号	监测群体头（只）数	采样数量	监测项目	监测单位	监测方法	监测结果	处理情况	备注

表G 病、残、死亡动物处理记录表 填表人：

处理日期	栋、栏号	动物日龄	淘汰数（头、只）	死亡数（头、只）	病、残、死亡主要原因	处理方法	处理人	兽医签名

表M 引种记录表 填表人：

进场日期	品种	引种数量（头、只）	供种（畜禽）场或哺坊	检疫证编号	隔离时间	并群日期	兽医签名

表N 生产记录表（按日或变动记录） 填表人：

日期	栋、栏号	变动情况（头、只）				存栏数（头、只）	备注
		出生数	调入数	调出数	死淘数		

表L 出场销售和检疫情况记录表 填表人：

出场日期	品种	栋、栏号	数量（头、只）	出售动物日龄	销往地点及货主	检疫情况			曾使用的有停药期要求的药物		经办人
						合格头（只）数	检疫证号	检疫员	药物名称	停药时动物日龄	

种羊场在做好以上13种记录外，还需要增加的记录有：配种记录、产羔记录、系谱记录、种羊发育记录等。

2. 生产报表

（1）配种妊娠组报表：①种羊配种情况周报表；②种羊死亡、淘汰情况周报表；③妊检空怀及流产母羊情况周报表；④羊群盘点月报表。

（2）分娩羔羊组报表：①分娩母羊状况周报表；②初生羔羊状况周报表；③羔羊死亡周报表；④羊群盘点月报表。

（3）生产物资计划及报表：①饲料需求计划月报表；②药物需求计划月报表；③生产工具等物资需求计划月报表；④生产工具等物资需求计划月报表；⑤饲料消耗月报表；⑥药物消耗月报表；⑦生产工具等物资消耗月报表；⑧饲料内部领用周报表；⑨药物内部领用周报表；⑩生产工具等物资内部领用周报表。

3. 生产技术指标　羊场生产技术指标是反映生产技术水平的量化指标。通过对羊场生产技术指标的计算分析，可以反映出生产技术措施的效果，以便不断总结经验，改进工作，进一步提高肉羊生产技术水平。生产技术指标如表13-1。

表 13-1　生产技术指标

项目	指标	项目	指标
配种分娩率	90%	哺乳期成活率	95%
胎均活产仔数	2.5 只	保育期成活率	97%
胎均断奶活仔数	2.4 只	育成期成活率	99%
出生重	2.5~3.5 千克	全期成活率	92%
60 日龄个体重	16 千克	哺乳期：出生至第 8 周末 保育期：断奶后保育 9 周 育成期：保育结束后再育肥 9 周 全期（180 天）：出生至 26 周末	
180 日龄个体重	36 千克		

（二）规模化羊场存栏结构

计算方法：

妊娠母羊数=周配母羊数×20 周

临产母羊数=周分娩母羊数

哺乳母羊数=周分娩母羊数×8 周

空怀断奶母羊数=周断奶母羊数×3 周

羔羊数=周分娩胎数×8 周×2.5 头/胎

保育羊数=周断奶数×9 周

育成羊数=周保育成活数×9 周

年上市肉羊数=周分娩胎数×52 周×2.5 头/胎×92%

以 300 头湖羊基础母羊标准存栏为例：

妊娠母羊数=180 只

临产母羊数=8 只

哺乳母羊数=64 只

空怀断奶母羊数=24 只

羔羊数=8×8 周×2.5=160 只

保育羊=8×2.4×9 周=172 只

育成羊=172×99%=170 只

合计：778 只

(其中基础母羊为 300 只)

年上市肉羊数=965 只

说明：①必须是常年发情的品种羊；②平均每头母羊年产 1.6 窝；③以周为节律，一年按 52 周计算。

(三) 生产计划

生产计划见表 13-2。

表 13-2　生产计划　　(单位：只)

基础母羊（品种：湖羊）	300 只		
	周	月	年
满负荷配种母羊数	10	44	520
满负荷分娩胎数	9	39	468
满负荷活产羔数	22	90	1 080
满负荷断奶羔羊数	21	85	1 026
满负荷保育成活数	20	62	995
满负荷上市肉羊数	19	80	985

(四) 生产流程

生产流程如图 13-4 所示。

(五) 规模化羊场每日工作流程

规模化羊场周期性和规律性相当强，生产过程环环相连。因此，要求全场员工对自己所做的工作内容和特点要非常清楚明了，做到每日工作事事清。每日工作流程见表 13-3。

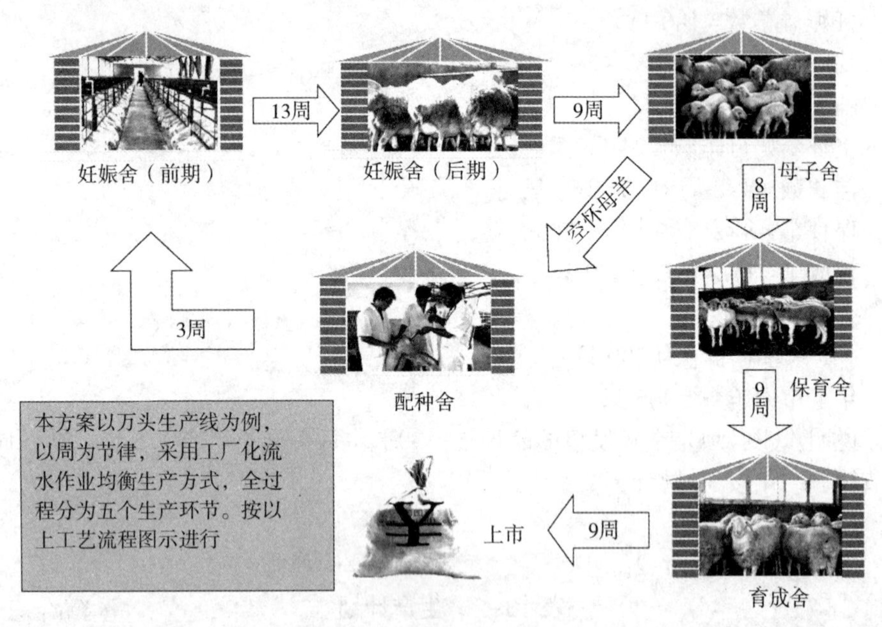

图13-4　生产流程

表13-3　每日工作流程

时间	工作内容			
5：00~6：00	打扫圈舍卫生		试情	
6：00~7：30	上料饲喂	巡圈发现病羊做好记录	配种（复配）	办公区、生活区卫生打扫
7：30~8：00	早饭	早饭	早饭	早饭
8：00~10：00	转圈、断奶	病羊治疗，断奶	转圈、断奶记录	转圈、断奶统计
10：00~11：30	防疫或其他	防疫	整理档案资料	设备维修、客户接待
11：30~12：00	午饭	午饭	午饭	午饭
12：00~14：00	休息	休息	休息	休息
14：00~16：00	草料准备	消毒或防疫	配种器械消毒或准备	设备维修、客户接待
16：00~17：30	查料调配或加工	病羊复查治疗	试情、配种（初配）	其他
17：30~18：00	上料饲喂	二次巡圈发现病羊及时治疗	当天档案整理归档	

续表

时间	工作内容			
18：00~18：30	晚饭	晚饭	晚饭	晚饭
19：00~19：30	查看采食状况，二次上料或补充			
22：00	巡圈	三次巡圈	检查安全设施	

注：分娩组为24小时轮流值班，安全组夜间巡逻。

（六）各类羊的喂料标准

各类羊的喂料标准（湖羊为例）见表13-4。

表13-4　各类羊的喂料标准

生理阶段	时间段/周	青贮玉米秆/千克	全价精料	优质花生秆	全价精料	青贮玉米80%、花生秆20%	全价精料
后备	30千克至配种	1.0~1.5	0.35	0.6~0.8	0.25	1~1.5	0.3
妊娠前期	0~13周	1.5~2	0.35	1~2	0.25	1.5~2	0.25
妊娠后期	14~22周	1.5~2	0.5	1~2	0.4	1.5~2	0.45
哺乳前期	0~4周	1~1.5	0.5	1~2	0.4	1.5~2	0.3~0.4
哺乳后期	5~8周	1.5~2	0.4	1~2	0.4	1.5~2	0.4
空怀期	断奶至配种	1.5~2	0.3	1~2	0.2	1.5~2	0.3
后备公羊	8~10个月	1.5~2	0.3~0.4	1~2	0.4	1.5~2	0.3
生产公羊	配种期	1.0~1.5	0.6	1~1.5	0.4	1.2~2	0.5
羔羊	出生至断奶	0	开口料0.1	0	开口料0.1	0	开口料0.1
保育期	第9~17周	0.5~1	0.2~0.3	0.4~1	0.2	0.5~1	0.3
育成期	第18~26周	1~1.5	0.5	1~1.5	0.4	1.5~2	0.5

（七）种羊淘汰原则

（1）后备母羊根据品种不同，超过10~18个月龄及以上不发情的，或者久配不孕的。

（2）断奶母羊两个情期（46天）以上或2个月不发情的，并且人为干预后无效的。

（3）母羊连续两次、累计三次妊娠期习惯性流产的，经治疗后无效的。

（4）母羊配种后复发情连续两次以上的，经治疗后无效的。

（5）青年母羊第一、第二胎活产仔羊数均1头的。

（6）经产母羊累计三产次活产仔羊数均1头的。

（7）经产母羊6胎次以上且累计胎均活产仔数低于6头的。

（8）后备公羊超过11月龄以上不能使用的。

（9）公羊连续两个月精液检查（有问题的每周精检1次）不合格的。

（10）种公羊遗传性能不合格的。

四、规模化羊场的成本管理

（一）成本控制

成本控制是指在羊场生产经营活动中，对构成成本的每项具体费用的发生形成，进行严格的监督、检查和控制，把实际成本限定在计划规定的限额之内，达到全面完成计划的目的。成本控制一般分为三个阶段。

1. 计划阶段　这一阶段是成本发生前的控制，主要是确定成本控制标准。

2. 执行阶段　这是成本形成过程的控制，用计划阶段确定的成本控制标准控制成本的实际支出，把成本实际支出与成本控制标准进行对比，及时发现偏差。

3. 考核阶段　这一阶段主要是将实际成本与计划成本对比，分析研究成本差异发生原因，查明责任归属，评定和考核成本责任部门业绩，修正成本控制的设计和成本限额，为进一步降低成本创造条件。

（二）成本核算

成本核算是规模羊场经济管理工作的中心。通过对养羊成本的核算，分析构成成本各种开支的增减，可以及时掌握某一期内成本提高或降低的原因，积累控制成本的经验，实现不断降低成本的目的。

生产成本一般分为固定成本和可变成本两大类。固定成本由固定资产（如场房、设备、运输工具、动力机械及生活设施等）、折旧费、土地税、基建贷款利息和管理费用等组成。这些费用必须按时支付，即使羊场停产仍然要支付。可变成本即流动资金，如购买饲料、药品、疫苗、燃料、水电、低值易耗品支出、临时工工资等。肉羊场的生产成本一般由下列项目构成。

1. 草料费　是指羊群实际耗用的各种草料（包括饲草、青贮料、精饲料、添加剂等）费用及其运杂费。

2. 人员工资　是指直接从事养羊生产部门的工资、奖金、津贴、福利等。

3. 防疫治疗费　是指用于防疫和治疗所用药品、疫苗、消毒剂的费用及疫病检验费等。

4. 固定资产折旧费　是指羊舍及设备等固定资产基本折旧费。房屋折旧

年限一般为：砖木水泥结构15年，土木结构10年。设备折旧，如饲料加工机械等一般为5年。拖拉机、汽车一般为10年左右。固定资产修理费一般按折旧费的10%计算。

5. 燃料水电动力费　是指直接用于养羊生产的燃料、水电、动力费等。

6. 种羊摊销费　是指直接用于繁殖羔羊的种公、母羊自身价值在生产中消耗而应摊入生产成本的部分。

种羊摊销费=种羊原值-种羊残值

7. 低值易耗费　是指低值的工具、劳保用品、材料等易耗品的费用。

8. 期间费用　我国新的会计制度将企业管理费、财务费、销售费作为期间费用，不计入产品成本。为了与以往羊场的产品成本进行比较，便于对承包者进行成本核算，也暂将此费用列入，计算出单位产品成本。其中企业管理费和销售费是指羊场非直接生产人员的工资、奖金、福利、办公及差旅费等间接费用，包括销售费用。财务费用主要是指贷款利息等。

五、种羊营销策略

养羊模式可分为：种羊繁育模式、肉羊育肥模式、商品羊生产模式。这三个模式效益最高的是种羊繁育模式。羊场管理可分为：饲养管理、疫病防治、经营管理。

商品羊生产模式重点在于饲养管理和疫病防治，肉羊育肥模式重点在于饲养管理，种羊繁育模式重点在于经营管理。由此看来，种羊繁育模式和羊场的经营管理紧密结合才是养羊生产效益最大化的途径。

种羊销售是种羊场的经营管理当中最重要的一项工作，它是决定羊场经济效益高低的关键环节。

由于种羊属于鲜活商品，一般采用种羊场直销型的销售渠道，不利用其他渠道销售种羊。

（一）销售人员必须具备的技能

（1）掌握种羊现场销售技巧，应变能力要强。

（2）详细掌握种羊的优越点，如湖羊十大优点。

（3）掌握基本的养殖技术。

（4）对客户提出的养殖成本和利润的核算要对答如流。

（5）掌握国内养羊的发展状况和发展前景，以及国家和地方对养羊的扶持政策。

（二）首访客户接待程序

（1）销售人员要到大门口迎接，简单了解客户的情况，门卫要进行车辆登记。

(2) 进行现场观察之前，销售人员应和客户在接待室进行短时间的交谈，在交谈中了解客户及其单位的各种情况，主要目的是让客户了解公司的实力、荣誉、企业文化等。

(3) 如果客户是以参观为目的，对其进行详细登记后必须要发放公司宣传资料。

(4) 购买种羊时，购买者需要看到羊后才能决定，首先让客户认识到一个种羊育种基地的防疫消毒是相当严格的，一般情况是谢绝外来人员的进入，为了打消顾客思想中的顾虑，必须经过消毒通道进行严格的消毒方可进入。这样才能体现公司在管理方面的正规化。

(5) 进入生产区内后带领客户依照以下顺序进行参观：生产种公羊—基础母羊—产羔房—待售羊—饲料区。

(6) 参观期间要耐心全面地回答客户提出的各种问题，使客户真正了解种羊的优越性和购买种羊的放心程度。

(三) 种羊定价策略

定价首先必须按企业的战略目标来制定。但一般来说，种羊生产企业应根据种羊规格、质量、市场受欢迎程度、生产成本、地区性差异、级别、竞争对手的价格来决定种羊的价格。

(四) 种羊营销策略

通过营销活动来提高种羊生产企业的知名度，扩大市场的影响力。营销的第一步是推销自己，第二步是推销企业，应将企业的形象展示给对方，取得客户的信任后，再推销企业的种羊。营销策略可分为人员推销、产品广告、企业形象等多方面。

1. 人员推销

(1) 营销队伍的建设：种羊企业必须组建两支强硬的队伍：一是组建一支以最新先进科技手段和强烈市场竞争观念武装起来的育种（生产）技术队伍。二是必须组建一支以最新先进市场营销策略观念和熟悉种羊生产技术等专业知识武装起来的市场营销队伍。

优秀的营销人员应具备以下几方面的素质：①热爱本企业，具有强烈的事业心和责任感，能保守本企业的秘密，吃苦耐劳，勤奋工作。②具有丰富的知识：包括本企业知识、养羊专业知识、市场知识、社会知识、法律知识和消费心理学知识，有较高的语言艺术水平。③明确本企业种羊的质量、性能以及哪方面优于竞争者生产的种羊。④熟悉本企业各类顾客的情况，深入了解竞争对手的策略和近来动向。⑤善于从种羊使用者的角度考虑问题，使顾客感受到营销人员的诚意。具备端庄的仪表和良好的风度。

(2) 营销人员的管理：企业对营销人员提供必要的支持，如定期的相关

技术培训、及时配套的广告宣传、灵活的价格政策、畅通的渠道和必需的后勤服务，推销人员的报酬应因人而异（多劳多得）；可规定推销定额，实行超额奖励制度，调动销售人员的积极性。

（3）寻找客户技巧：除因广告宣传上门的客户外，还可以通过以下途径寻找客户：①通过各级和各地畜牧主管部门和养羊行业协会提供信息；采用利用现有的客户介绍新客户的办法。②在特定范围内发展一批“中心人物”（在畜牧行业中有影响的专家和有关人员），并在他们的协助下，把在范围内的准目标顾客找出来。③采用纵横向联合的战术，与有共同目标的非同行业单位（如饲料、动物保健的行业）携手合作，共享目标顾客。

2. 产品广告　“酒香不怕巷子深”这一古老的生意经已经过时，“王婆卖瓜”的古训则成了现代营销的箴言，国外有句广为流行的妙语生动地点出了广告的作用：“想推销产品又不做广告，犹如在黑暗中向情人递送秋波。”在竞争激烈的种羊市场上开拓发展，广告是企业及其产品与客户沟通的桥梁，广告媒体主要包括在杂志、报刊、网络、电视上发布产品信息等。由于种羊产品较为专业化，畜品的产值和利润不高，广告价格昂贵的电视等媒体暂时不适合种羊企业广告宣传，但可变相报道宣传，如中央台的《科技苑》《生财有道》《致富经》等，或者是让电视台对其进行科技新闻报道。一般来说，种羊企业的广告活动应在本企业支付能力范围内选择专业性强，在本行业内影响面大、范围广的杂志和报刊刊登广告，如《河南科技报》《农家参谋》《农村养殖技术》《农村百事通》等。印刷广告材料，通过邮寄、参加相关专业会议发放等形式进行宣传，能取得较好的效果。现在是网络迅速发展时代，网络宣传也是目前种羊销售最有效的宣传途径之一，如百度搜索推广、网盟广告、网站优化等。内容要有创意，力求吸引顾客的注意，并留下深刻的印象。通过广告宣传，把种羊品种的性能特点、价格、购买地点和各项服务等信息及时传递给种羊用户，争取更多的购买者，提高市场的占有率。

3. 企业形象　企业形象是企业的一种无形资产，种羊企业要想在市场竞争中处于有利地位，就需要从更长远的意义上来考虑自己的营销活动，塑造良好的企业形象，树立种羊使用者的信心，为种羊场的将来创造良好的营销环境，这对种羊场的长期销售有明显的促进作用。

（1）不断提高产品质量和新技术含量，建立良好的产品形象。

（2）想方设法提高企业的知名度和美誉度。通过狠抓经营管理取得成效，力争被评为各级或同行业的先进单位，重合同、守信用和文明单位等，以提高企业的美誉度。信誉好、效益高的养羊企业，容易从金融部门获得贷款，对吸引人才流入也能起积极的促进作用。

开展有意义的特别活动，创造和利用新闻。例如，经常在行业报刊中发表技术性文章；积极参加养羊行业的技术交流会和技术培训班，赞助或冠名相关行业会议，创造轰动效应，提高企业及其产品的知名度。

通过各种新闻渠道掌握国家的养羊发展政策以及各地的养羊扶持政策，特别是地市级的扶持或扶贫政策，要对相关人员进行攻关，借助“政策”搭建起产品和消费者之间的桥梁。

第十四部分　规模肉羊场如何控制产业风险

一、养羊产业发展现状及发展趋势

（一）全国肉羊产业现状及发展趋势

1. 肉羊产业稳步增长，质量双升　据统计数据显示，全国肉羊存栏量在20世纪90年代至2003年快速增长，从1990年的21 002.1万只增长达到2018年的29 713.5万只，2005年后基本保持稳中有增。羊肉产量从350.1万吨增长到475.1万吨，2005年后羊肉产量稳步增长。从平均日增重数据可以看出，肉羊的饲养效益明显提高（表14-1）。

表14-1　2000—2018年全国羊肉产量

年份	羊存栏/万只	羊出栏/万只	羊肉产量/万吨	平均日增重/（克/天）
2000年	27 948	20 472	264.1	110
2005年	29 792	24 092	350.1	180
2010年	28 730	27 220	406.0	190
2015年	31 174	28 750	439.9	200
2016年	29 930	30 005	460.3	205
2017年	30 231	31 218	471.1	210
2018年	29 713.5	31 010.5	475.1	216

根据经济合作与发展组织（简称OECD）提供的数据，2019年世界羊肉消费总量达1 504.8万吨，消费量排名前五的为：中国527万吨，印度71.9万吨，欧盟国家70.2万吨，巴基斯坦47.7万吨，土耳其41.2万吨。2019年我国羊肉消费量为527万吨，其中我国自主羊肉生产量为488万吨，进口约39万吨，消费、生产、进口同比均有所增加，羊肉在全国肉类生产比例中也呈现增长态势，占6.3%。

据农业农村部统计，2019年我国肉羊出栏价格涨幅明显，绵羊平均出栏价格为26.59元/千克，同比上涨16.55%，山羊平均出栏价格为36.42元/千克，同比上涨19.85%，且均已达到历史高位水平。绵羊和山羊平均出栏活重同比分别上升1.67%和3.12%。

据统计，2019年年底活羊价格约34.41元/千克，山羊36～38元/千克，绵羊32～34元/千克，羊肉约70元/千克。

2010—2019年平均胴体重量从2010年的14.65千克增长到2019年的16.23千克，10年间的羊平均胴体重量平均每年增加0.17千克。

2. 肉羊产业发展不平衡，优势区域化特征明显 十大养羊生产省区分别是内蒙古、新疆、甘肃、青海、西藏、山东、河北、河南、安徽、四川。其中，牧区为内蒙古、新疆、甘肃、青海、西藏，农区为山东、河北、河南、安徽、四川。2013年上述10省区羊肉产量占全国的75.4%，最高是在2011年，达到了93.98%。

3. 肉羊屠宰与羊肉加工中小企业占主导地位 中国农业科学院农产品加工研究所对全国80家肉羊屠宰加工企业进行了调查，不同规模羊肉加工企业占比和利润总额占比如图14-1所示。

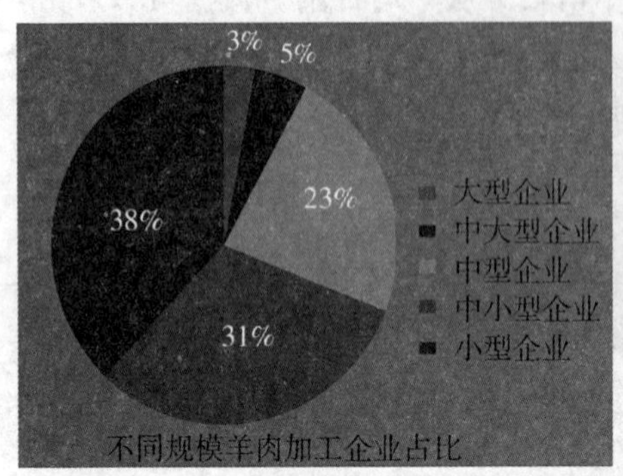

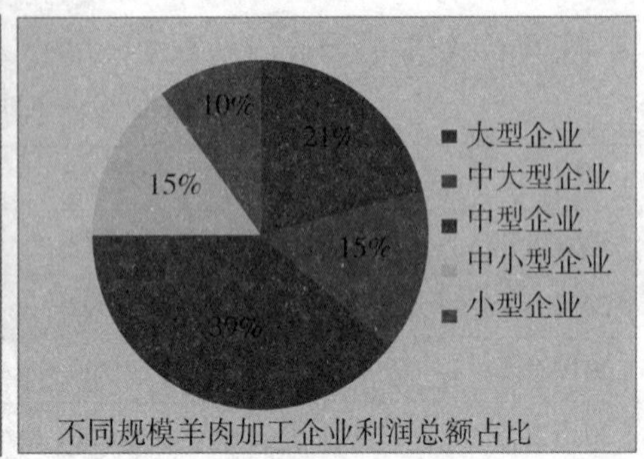

图14-1　不同规模羊肉加工企业占比和利润总额占比

注：大型企业：总资产≥1亿元；中大型企业：总资产为5 000万～1亿元；中型企业：总资产为3 000万～5 000万元；中小型企业：总资产为1 000万～3 000万元；小型企业：总资产为<1 000万元

羊肉质量安全水平在不断提高，主要表现为羊肉及其制品无公害农产品认证和绿色认证在增加，同时出现了有机食品认证和原产地标识认证。不同省区有机食品认证和原产地认证占比如图14-2所示。

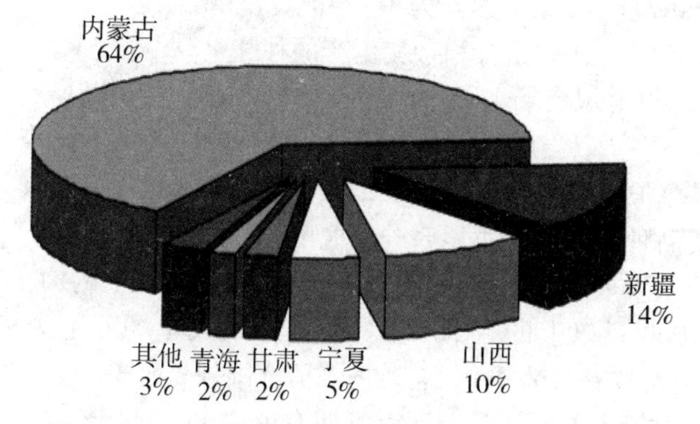

图 14-2　不同省区有机食品认证和原产地认证占比

（二）河南省肉羊产业现状及发展趋势

1. 生产能力位居全国前列　2018 年，河南省羊饲养量达 3 942 万只，居全国第 4 位（第 1 位内蒙古 12 392. 6 万只，第 2 位新疆 7 837. 5 万只，第 3 位山东 4 483. 8 万只）；羊存栏量 1 734 万只（其中，山羊 1 470 万只，绵羊 264 万只。第 1 位内蒙古 6 001. 9 万只，第 2 位新疆 4 159. 7 万只，第 3 位甘肃 1 885. 9万只，第 4 位山东 1 801. 4 万只）、出栏量 2 208 万只（第 1 位内蒙古 6 390. 7万只，第 2 位新疆 3 677. 8 万只，第 3 位山东 2 682. 4 万只），分别居全国第 5、第 4 位；羊肉产量 27 万吨，居全国第 5 位，占全国总量的 6%，同比增长 3. 1%。河南全省各区域肉羊生产能力见表 14-2。

表 14-2　2018 年全省各区域肉羊生产能力

地市	存栏数/万只	出栏数/万只	地市	存栏数/万只	出栏数/万只
郑州	28. 73	36. 21	许昌	53. 11	77. 06
开封	138. 39	188. 44	漯河	17. 77	25. 06
洛阳	71. 44	64. 72	三门峡	38. 47	37. 37
平顶山	111. 31	116. 68	南阳	247. 59	321. 83
安阳	56. 22	80. 1	商丘	252. 18	324. 8
鹤壁	29. 16	30. 08	信阳	70. 7	80. 33
新乡	54. 65	79. 41	周口	270. 34	349. 63
焦作	24. 5	28. 09	驻马店	151. 66	200. 91
濮阳	58. 33	102. 65	济源	10. 2	6. 42

2. 河南省肉羊养殖特点

（1）自繁自育为主、短期育肥为辅。

（2）绵羊以规模场（圈养）为主，山羊以散养为主。

（3）生产模式有纯种繁育和杂交生产两种。

（4）500只以上规模场情况：绵羊占95%，山羊占5%。

山羊饲养，主要以当地山羊品种和波杂品种为主；绵羊饲养，湖羊养殖量占70%、小尾寒羊和当地品种占20%、杂交品种占10%。

（5）主要品种为湖羊、小尾寒羊、槐山羊、波尔山羊。

3. 规模养殖发展较快 河南省拥有年出栏500只以上的肉羊养殖场1 400多家，其中1 000只以上的有500多家，肉羊最大单场养殖规模达7.5万只（洛阳鑫沃牧业科技有限公司），规模饲养居全国领先水平。

4. 科技支撑能力不断增强 河南省拥有槐山羊、小尾寒羊、伏牛白山羊、尧山白山羊、太行裘皮羊、太行黑山羊、大尾寒羊、豫西脂尾羊和河南奶山羊等9个优良地方品种，已建成种羊场32家，其中一级以上种羊场17家，国家级核心育种场2家，年供种能力达6.5万只。2014年，河南中鹤集团从澳大利亚一次性引进种羊3 000只，创新中国成立以来国内单一企业引进国外种羊数量之最。目前，牧草调制、秸秆青贮、人工授精、杂交改良、全混合日粮等先进适用技术被广泛应用，养殖场工程设计、互联网+、纯种选育、标准化规模养殖、种养结合等新技术、新业态、新模式开始起步，为养羊业发展提供了强力支撑。

5. 肉羊新品种培育取得显著进展

（1）“黄淮肉羊”新品种通过现场审定：2019年12月，“黄淮肉羊”顺利通过国家畜禽遗传资源委员会现场审定，成为河南省培育的第一个肉羊新品种（图14-3和图14-4）。

图14-3 “黄淮肉羊”新品种（1）

图14-4 “黄淮肉羊”新品种（2）

（2）中原肉羊新品种培育工作进展顺利：组建种羊核心群，进行基因鉴定，完善胚胎育种、分子育种体系；培育携带多胎基因、繁殖力强、生长快、肉质佳的肉羊新品种（系），即杜泊羊多胎新品系和中原肉羊新品种，相关工

作进展良好，正在进行横交固定。此外，还广泛开展地方品种的品系繁育，建立了湖羊、小尾寒羊高繁殖力品系和体大品系。

（3）豫东肉羊新品种培育取得阶段成效：经过十几年的努力，利用波尔山羊与本地羊杂交改良、横交固定、世代选育，已经形成稳定的豫东肉羊群体。豫东肉羊新品种已经达到波尔山羊相应性别和年龄体重的70%~80%，繁殖性能优异，全年发情，产羔率达到210%~250%，群体数量在10万~20万只。杂交效果明显优于国内其他地方相关报道的效果（参见河北波尔山羊及其杂交效果）。

（4）河南奶山羊新品系培育稳步推进：河南省奶山羊已在原河南奶山羊的基础上，导入莎能奶山羊血统形成了一个新的群体，各项生产性能指标均优于原河南奶山羊（图14-5和图14-6）。

图14-5　河南奶山羊（1）

图14-6　河南奶山羊（2）

6. 产业链条不断延伸　近几年，河南省涌现出一批集肉羊养殖加工为一体的企业，产加销紧密衔接的产业链条已初步形成。驻马店市确山县竹沟镇，日活羊供应量达8 000只，年活羊交易量约90万只，摸索出一条“牧区购羊—中原育肥—南方出售”的成功路子，已成为我国中部几省最大的山羊中转站和生态羊育肥基地。西峡县、获嘉县、嵩县分别依托健羊牧业有限公司、石峡县新太阳乳业有限责任公司、羊妙妙生物科技股份有限公司等龙头企业大力发展奶山羊产业，2020年存栏量达3万余只，产业发展初具规模，经济效益开始显现。

7. 养殖效益持续向好　2019年上半年全省羊存栏量1 780.6万只，同比上涨2.1%；出栏量945.8万只，同比上涨2.8%。据监测，2019年9月18日全省活羊均价32.13元/千克，同比增长19.99%；羊肉均价71.61元/千克，同比上涨19.27%。总体来看，肉羊生产势头良好，养殖效益显著，育肥1只肉羊可盈利300~350元。

8. 新的产业模式、营销渠道层出不穷　传统电商平台之后，新的网红直播带货成为消费者又一热衷的购物新选择，大V网红直播、短视频卖货正处于火热阶段，随着生鲜电商的逐渐加入，借助直播、小视频发布的形式，给冰冷的生鲜产品销售赋予新的生机和活力。农产品和生鲜产品领域未来还有巨大的潜力可以挖掘。一方面，相比传统线上线下的购物方式，直播电商的互动更加及时、粉丝黏合度更高，消费需求更易被激发，即使在前期不能很快将流量转换成订单，但依托平台发布和直播的宣传，也极大地降低了宣传的成本，提高了宣传效率。

（三）肉羊产业未来发展趋势

1. 通过基地建设优化布局 巩固发展豫东传统优势产区，积极培育“三山一滩”肉羊养殖基地新兴优势区，在西峡、卢氏等豫西、豫西南、豫北浅山丘陵区积极发展奶山羊产业，建设奶山羊养殖基地优势区。加快建设一批存栏3 000只以上肉羊、500只以上奶山羊的标准化规模养殖基地，提高肉羊标准化水平。

2. 通过良种繁育提高水平 积极实施羊遗传改良计划，鼓励支持龙头企业建设国家级和省级核心育种场，完善生产性能测定配套设施，促进育种企业提高种羊质量。要积极开展地方品种选育，不断提高肉用生产性能和种群供种能力，努力培育繁殖性能高、生长发育快的专门化肉羊新品种。鼓励和支持以企业为主导，联合高校科研院所等成立羊联合育种组织，搭建遗传交流的平台，加快推进联合育种。

3. 通过优化结构取得效益 规模养羊场要根据畜牧业发展新趋势，推行适度规模舍饲养殖，推动养羊业转型升级。要以集中屠宰、品牌经营、冷链流通、冷鲜上市为主攻方向，推进羊标准化屠宰，优化羊肉产品结构，加快推进羊肉分类分级，扩大冷鲜肉和分割肉市场份额。龙头企业要着力延伸产业链，大力推进种养加一体化，实现一二三产业深度融合发展。力争培育1~2个具有较高市场影响力的地方羊肉品牌。

4. 通过精准管控提升品质 一方面，积极推广人工授精、青贮饲料生产应用、规模化育肥与优质肥羔生产、精准饲喂等技术，不断提高饲养管理水平。另一方面，加强疫病监测净化，从源头控制动物疫病风险。严格控制质量安全生产全过程，强化技术检测手段和监督执法力度。加强执法监管与标准化生产联动，切实提高羊肉产品质量，提高竞争力。

5. 通过培育新兴业态发展多元化 结合扶贫开发等项目，打造特色鲜明的休闲农业和乡村旅游产品，发展羊肉产品精深加工业。积极利用互联网技术，应用物联网装备技术对生产经营过程进行精细化、信息化管理，强化上下游追溯体系对接和信息互通共享，不断扩大追溯体系覆盖面，实现羊肉产品“从牧场到餐桌”全过程可追溯。

6. 养殖业将会在新一轮科技浪潮中被洗礼　降成本是养殖业永恒的课题，资源挖掘和传统养殖技术已经被发挥到极致，今后降成本主要靠技术创新、技术集成和装备升级。养殖业的互联网化要积极拥抱5G、区块链等新科技。

羊产业的发展要融入国家乡村振兴战略当中去，加速重塑产业链新模式和新业态。比如，自繁自养场和专业家庭农场利用互联网“新零售”将“冰鲜”直接送达消费终端。

7. 适度规模化发展势在必行　没有规模化就没有产业化，也难以在市场上占有大量份额，很难形成品牌、提高销售价格、增加收入。

规模扩大后会使单位生产成本下降。但规模达到一个临界点后其效益会随着规模增加而下降。但临界点不是一个定值，受到许多因素影响。养殖场规模经营应该是在既有约束条件下，适度扩大规模，使土地、资本、劳动力、饲草料等生产要素配置趋向合理，以达到最佳经营效益。把消灭中小规模养殖场（户）作为推进畜牧业规模化、产业化的措施是十分荒谬的。

适度规模发展才符合我国国情，培育大量的家庭农场是规模化、集约化发展的有效途径，也是解决“三农”问题的根本出路。有组织的家庭农场可进行专业化分工协作，这是产业链不可或缺的环节。

8. 企业产业链条从“全产”到“适度”　经过几年的尝试摸索，很多企业认识到要理性看待全产业链的“大而全”，企业不根据自身情况适度延伸产业链反而容易让企业陷入被动和亚健康状态。并不是所有企业都适合全产业链发展，企业也发现将产业链上自己不专业、不熟悉的板块交给专业的合作方，既缓解了资金压力，也降低了精力投入，通过强强联合可将产业链快速做大做强，从“全产”到“适度”，使企业找到更适合的发展模式。

从传统粗放经营向现代化的工厂养殖方式的转变是羊产业现代化发展的必经之路，在转型升级的道路上部分企业敏感捕捉到全产业链布局的优势和抗风险能力，但是如果未结合自身情况就盲目追寻全产业链各环节的“大而全”，从养殖规模扩张到产业链上下游加速延伸，则会导致企业资金、管理、销售渠道、人才储备等多方面同时亮红灯，进而使企业发展陷入僵局。

二、掌握评价企业经营情况的指标体系

（一）成本构成分析

羊场的生产成本一般由下列项目构成。

1. 固定成本　包括羊舍、生产辅助设施、生活办公设施以及设备机械的折旧费和土地费、贷款利息、管理费用等。

2. 动态成本　包括种公羊和种母羊的引进费用。

3. 日常消耗成本　饲草、饲料、添加剂等约占总成本的60%，工资、奖

金、社保等约占总成本的25%，生物制品、劳保用品及社保等约占总成本的2%，水电、燃料消耗、设备维修约占总成本的3%，财务成本、销售成本、办公成本等约占总成本的10%。

（二）评价养羊场（户）经营好坏的核心指标

1. 生产技术指标 包括羔羊成活率、母羊淘汰率、产羔率，以及配种率、受胎率等。

2. 经营指标 包括品种选择、生产模式、生产成本、出栏率、销售收入等。

运行良好的企业没有固定的指标，每个企业各不相同。一般情况下，羔羊成活率不低于92%，母羊年淘汰率为3%~5%，配种率不低于95%；受胎率：同期发情人工授精考核指标为80%，自然查情人工授精为92%；出栏率：品种不同，出栏率不同，湖羊的理想指标为300%。

三、养羊企业风险分析

1. 疾病风险 一般疾病风险是指因日常管理不当影响羊只的健康而造成疾病的发生，如饲料发霉变质、营养不均衡、卫生环境条件太差、防暑保暖设施不完善等。发生传染病的风险，是指疫病防控措施不得力导致传染病的发生，如口蹄疫、羊痘、胸膜肺炎、小反刍兽疫和寄生虫病等。

另外，人畜共患病的发生，如布鲁氏菌病等。

2. 行情波动的风险 由于市场行情影响的价格波动而引起的风险，如育肥羊的高价买入、低价出栏，繁殖羊的高价期引种、低价期生产出栏等情况。

3. 不可预测的风险 风、雨、雪、火灾等自然灾害的发生，如2003发生的非典、2014年的小反刍兽疫以及2020年新型冠状肺炎疫情的发生，限制了人和羊的流通，影响肉羊场的生产和经营。另外，生物制品使用不当也会造成事故，如免疫失败、疫苗注射不当、用药过量或错误等。

4. 技术及管理风险 技术水平低，技术经营指标达不到要求，导致养殖效益低；管理水平跟不上，效率低下，人浮于事，成本居高不下，导致亏损。

5. 市场风险因素 畜牧业年平均增长速度已从7%~10%降至3%左右，有的品种还会出现年度负增长，这与经济学供给学派的收入拐点理论相符。

受国家有关政策的影响。近几年国家加大了进口活牛和肉品的数量，以满足国内牛肉的需求。牛肉在一定程度可替代羊肉，特别是以牛羊肉为主的少数民族地区更加明显，再加上走私肉的输入，均对羊肉的市场和需求有所冲击。

养殖数量迅速扩大。由于近年来肉羊养殖市场行情一直被看好，再加上政策扶持，导致一大批以前从事其他行业的人员改而从事肉羊养殖，肉羊存栏规模快速扩张，在一定区域内存在着供过于求的现象。

6. 资金风险 不怕千千万万，就怕资金链断。做实业的，规模越大越怕缺钱。

7. 最大的、最难抗拒的风险——羊周期 所谓“羊周期”，是指羊价上涨→母羊存栏量大增→羊肉供应量增加→肉价下跌→大量淘汰母羊→羔羊供应量减少→肉价上涨的周期性变化规律。如果盲目生产，无序竞争，“羊周期”就不可避免会出现，它是用“市场之手”反向调节供给侧的生产，用价格去产能或增产能的，且它给养殖者带来的风险、造成的损失极大。

四、养羊企业如何规避应对产业风险

养羊企业规模，按年出栏数量计算，分为年出栏 500 只以下、500～3 000 只、3 001～200 000只三种规模。

（一）年出栏 500 只以下的养羊企业

年出栏 500 只以下规模属农户小规模养殖，数量少，饲喂精心，人工、羊舍、草料均不计入成本，销售随意，受各类风险影响较小，此处不予分析。

（二）年出栏 500～3 000 只的养羊企业

针对年出栏 500～3 000 只规模企业，从以下几个方面进行分析。

1. 正确认识养羊业的发展前景

（1）市场：2018 年我国活羊及羊肉进口 30.92 万吨，生产量 480 万吨，2018 年河南省羊肉产量 26.9 万吨，人均 2.8 千克。人们对羊肉的消费量不断增加，羊肉特别是优质羔羊肉的供应远远不能满足市场需求，使得活羊及羊产品价格持续攀升，养羊业的经济效益不断增加，大大提高了饲养者的积极性。基于羊的繁殖特点，预计未来几年内，羊肉生产仍难以满足市场需求，羊肉价格仍将持续攀升。而羊肉生产具有饲料报酬高、成本低、饲养风险小等优点，因此养羊业将成为目前养殖行业中的黄金产业，具有美好的发展前景。

（2）气候：河南地处中原，气候温和，交通便利，资源丰富，发展畜牧业具有得天独厚的条件，非常适宜动物的生息繁衍，适宜畜牧业的发展。多年来，全省坚持“积极发展猪禽生产，大力发展草食牲畜”的方针，全省畜牧业得到了快速持续健康的发展。

（3）饲草饲料资源：河南省是全国重要的农业生产大省，农作物秸秆等资源非常丰富。全省农作物秸秆资源以小麦、玉米、水稻、棉花、花生、大豆和瓜菜薯类秸秆为主。2018 年全省饲用秸秆资源在 8 200 万吨左右。其中，小麦秸秆 3 797.98 万吨，玉米秸秆 2 394.77 万吨，水稻秸秆 485.93 万吨，棉花秸秆 147.15 万吨，花生秸秆 340.80 万吨，大豆秸秆 229.26 万吨，薯类秸秆 243.37 万吨，瓜菜类秸秆 526.62 万吨，其他类秸秆 271.74 万吨。玉米秸秆资源总量仅次于小麦秸秆资源总量，占 28.38%。青干草、枯桑叶、种植牧草、花生秧、玉米秸秆等都是羊喜爱的好饲料，舍饲羊群青贮饲料是必要的饲草储备方式。

（4）区域：河南省是我国北羊南移的驿站，是异地育肥的最佳区域。在农区，国家和地方鼓励、支持发展节粮型草食家畜的政策在相当长时间内不会改变。

（5）设备：规模化养羊所需要的设施、机械设备都已研发出来，并不断向集约化和智能化方向发展。

（6）技术：科学的饲养管理技术是保证肉羊健康成长的关键，能够降低疾病发病率，提高羊肉的品质。目前全省已经总结推广了从产繁饲养到生产加工等一整套成熟的技术。

（7）规划设计：科学的规划设计就是因地制宜，让气候、地势、资源、技术工艺、设备设施、投资、人力、文化等有机结合。

（8）品种：肉羊规模化饲养，品种优质是核心。据专家推介，目前最适宜全舍饲养的是湖羊，其次是杜泊羊和小尾寒羊。适宜全舍饲养的肉用豫东肉山羊正在申请审定中。

（9）加工企业：10多年来，河南肉羊加工企业从无到有、从小到大，迅速发展壮大，先后出现了羊肉加工、肠衣加工、羊骨加工企业100多家，羊皮加工企业28家。河南伊兰肉业有限公司已建成年屠宰能力350万只羊的生产线。

2. 选择适合发展的品种及杂交模式

山羊与绵羊模式比较：采用夏洛来（无角陶赛特）×小尾寒羊杂交模式获得的净羊肉量是波尔山羊×槐山羊杂交模式的2.81倍。从生产效率分析，发展规模养羊以养绵羊为宜。绵羊又以小尾寒羊和湖羊为主。

小尾寒羊与湖羊养羊模式比较：一是在工厂化饲养时，舍内采用高床饲养。湖羊不需要运动场，而小尾寒羊需要运动场，用工增加1倍。二是小尾寒羊采食粗饲料较少，采食精饲料是湖羊的2倍，每天的饲养成本约是湖羊的1.53倍。三是湖羊没有运动场，雨污分流，羊舍产污水很少，集污池较小；而小尾寒羊需要运动场，在下雨时，运动场的雨水变成污水，不得不排入集污池，这样使集污池基建投资较大，一旦漫出，还会污染环境。四是小尾寒羊母羊虽然个体较大，但其对粗料的采食量相对较小，故需要补充较多的精料。特别是在母羊怀孕后期，胎儿挤压瘤胃，使母羊对粗饲料的采食量更少，若精料补充不足极易引起产前瘫痪，若补充精料过多则易发生酸中毒，因此母羊的饲养难度较大。五是湖羊6月龄育肥公羔屠宰率在55%左右，小尾寒羊约47%，湖羊公羔屠宰率是小尾寒羊的1.17倍。

综上所述，规模化养殖绵羊要选湖羊。这是因为山羊生性活泼，不适合大

规模养殖，适合农户小规模养殖（存栏不超过 500 只）。

存栏 100 只母羊的山羊养殖场（农户）经济效益分析：

（1）成本分析：

1）种羊投资（品种选用豫东肉用山羊与波槐高代杂交）：

100 只母羊×3 000 元/只＝300 000 元（含公羊投资）

种羊年摊销：300 000 元÷6 年＝50 000 元/年

2）简易羊舍投资：

100 只母羊×2 米^2/只＝200 平方米

350 只羔羊×0.5 米^2/只＝175 平方米

合计：375 平方米×70 元/米^2＝26 250 元

羊舍摊销：26 250 元÷5 年＝5 250 元/年

3）简单设备投资：5 万元

年摊销＝50 000 元÷5 年＝10 000 元/年

4）草料费：每只成年母羊、羔羊每天需 1.5 千克干草，0.25 千克精料，成本为 1 元，即

100 只母羊 × 1 元/（只·天）× 365 天＝36 500 元

350 只羔羊×1 元/（只·天）×30 天/月×8 个月＝84 000 元

合计：120 500 元

5）人工饲养管理费：3 000 元/月×12 月＝36 000 元

6）防疫治疗费：450 只羊×8 元/（只·年）＝3 600 元

（2）收入分析：

350 只羔羊（100 只母羊平均年出栏 350 只羔羊）×40 千克/只（8 月龄体重）＝14 000 千克

14 000 千克×30 元/千克（多年平均价）＝420 000 元

（3）年盈利：

年盈利＝年总收入－种羊年摊销－简易羊舍年摊销－简单设备年摊销－草费－人工饲养管理费－防治费

＝420 000－50 000－5 250－10 000－120 500－36 000－3 600＝194 650（元）

3. 充分考察，建设科学规范的养羊场，做好引种前的各项准备工作　第一，要充分考察当地草料资源。第二，要考察羊场建设，设计出科学规范的适合本地条件的养羊场。第三，羊场建好干燥后，在引种前根据设计的规模按每只羊每天 1.5 千克干草或 4 千克青草，备足草、秸秆、饲料，买好草料加工机械、常用兽用药械、常规药品，然后再行引种。以上三条只是硬件准备。第四，在引种前必须到权威专业培训部门进行系统学习，掌握系统养羊知识、养羊技术，做好技术准备和内部管理。第五，资金准备。一般情况下从建场到引

种再到第一批种羊出售需要一年半时间，所以要准备充裕资金并做到合理分配、合理使用，切忌有钱建场、有钱引种、无钱饲养。第六，做好心理及身体素质准备。

4. 牢牢把握确保养羊成功的几个技术关键 一是想尽办法降低饲养成本；二是加强疫病防治；三是加强寄生虫病的防治；四是想尽办法提高繁殖率和繁殖成活率。这是规模养羊场年出售羔羊数量增加、养羊效益提高的关键。

5. 种羊与商品羊生产要两条腿走路 申请种羊场验收并采用先进的营销手段。

6. 营造有利于养羊场发展的环境并予以强化

7. 适时进行股份制改造，吸引人才和资金 企业发展到一定的规模，人才、资金限制企业发展时，要及时进行股份制改造，或推进合伙人制，吸引人才，吸纳资金，为创业再上新阶段提供机制保障。

（三）年出栏3 001~200 000只的养羊企业

“羊周期”对规模养羊企业影响很大，规模企业规避产业风险主要是把控“羊周期”，实现养羊利润最大，主要应注意以下几方面。

1. 利用信息化手段及时掌握养羊行情变化，研判羊存栏出栏量、基础母羊与羔羊周期性波动规律 养羊企业和养羊户要有意识地关注预警信号。养羊业监测预警是利用一系列经济指标建立起来的反映产业运行状况的晴雨表或报警器，既是全面准确了解养羊行业情况的重要窗口，也是引导养羊行业持续健康发展的重要手段，对政府职能部门调整工作思路、重点及方法，对企业采取针对性的应对措施，都有较强的引导作用。

2. 提高效率、降低成本 这是把控羊周期的关键一环。广州温氏集团养猪生产全国第一，在养猪最低潮时，卖一头猪还能净赚100~200元，这为养羊业健康发展提供了很好的借鉴。养羊企业降低成本，应从以下六方面着手：一是集成创新。河南省养羊协会组织产学研管等单位组建羊业科技创新创业联盟，为中小养羊企业技术集成创新创业提供支持，集成推广12品类（根据不同生长阶段、生长时期、性别等区分）的精粗饲料配方、“235技术管理模式”、羊场规划设计、种羊繁育及提纯复壮技术、羊有机肥生产技术、企业内部管理经验、参与扶贫的模式等，帮助中小企业找到把控“羊周期”之道，推动中小企业转型升级。二是苦练内功、细化管理。国内在羊场管理方面探索总结出了很多先进模式，如河南省养羊协会副会长徐泽立提出的“235模式”（“2”是指日常保健、日常管理；“3”是指防疫程序化、驱虫程序化、消毒程序化；“5”是指繁殖同期化、生理阶段区分化、营养水平明细化、饲料用量标准化、饲料安全专业化）；甘肃中天羊业股份有限公司的“中天模式”，即品种良种化、生产标准化、管理现代化、开发产业化、产品品牌化、利用循环

化、组织社会化、链条全程化；江苏乾宝牧业有限公司提出的“八化模式”，值得全国同行学习。三是学习国内领先的人才队伍建设及内部管理。如安徽安欣牧业发展有限公司在人才队伍建设及内部管理方面积累了丰富经验：①内部培养为主，空降为辅，80%以上的技术骨干和管理骨干自己培养（阶梯式）。②实行三级目标责任考核。一级，对饲管员实行计件工资制，对兽医及车间主任按饲养员平均工资再乘以系数；二级，对厂长、副厂长，通过考核利润完成情况再辅以技术指标完成情况来确定工资；三级，对公司班子（全是职业经理）考核以利润为主（平常扣风险抵押金）。该公司由于管理措施科学得力，自 2014 年以来，不亏反赚，成功把控了“羊周期”。四是通过科学的规划设计，降低投资成本，走智能化机械化道路，提高效率。如河南畜牧规划设计院已科学规划设计近百家羊场，积累了丰富的经验。五是选择高繁殖率、适合舍饲的新品种，不断选育，提高产羔数，开展多品种杂交，提高出栏体重。内蒙古赛诺公司开展的二元杂交，使公羔羊 4 月龄体重达 30~40 千克，目前正开展三元杂交，目标是公羔羊 4 月龄体重 50 千克。六是采用精粗饲料调配饲喂新技术，这一点是羊场能否盈利的关键点。粗饲料调制、精饲料配合技术日新月异，养羊场户固守传统的方法肯定是不行的。北京农博利尔饲料科技公司为养羊企业开展免费检测粗饲料营养成分，科学制定精粗饲料配方。

3. 把养羊与扶贫紧密结合在一起　扶贫已成为各级政府统揽全局的重头戏，养羊业是畜牧产业扶贫中见效最快、投资最小、最稳妥的项目之一，不但是贫困户脱贫的重要手段，更是下一步实现全面小康的重要抓手。大中型养羊业企业的经营管理一定要与政府的扶贫政策紧密结合在一起。

4. 寻找羊业的“蓝海”，走专精的道路　所谓的“蓝海”，指未知的市场空间，“红海”则是指已知的市场空间。一般企业进入市场面临的选择，是在“蓝海”中开辟新的道路或在“红海”中杀出一条血路。如河南中荷乳业股份有限公司生产“羊妙妙”牌羊奶，焦作市奥润生物工程有限公司生产的羊骨汤，河南焦作孟州桑坡村户户都从事羊剪绒加工，博爱滕海羊肉加工企业在甘南租用 10 万亩草场养殖甘加藏羊并运到河南屠宰，宁夏盐池滩羊网上销售，内蒙古富川养殖有限公司的动物福利养羊，这些企业都是找到了“蓝海”，找到了同行还没有做或者刚刚起步的项目，率先开发，市场没有竞争压力，不受“羊周期”的影响，从而一举成功。

5. 建立灵活的融资机制　高效、灵活的融资策略是确保投资项目顺利实施和产业快速发展、扩张的前提条件和重要保障。坚持企业内源融资和外源融资相结合、市场性融资和政策性融资相结合、直接融资和间接融资相结合，充分利用各种资源，积极争取国家和地方政府各类政策性资金投入，积极利用境内、境外资本市场上市融资。与保险公司探索建立政策性保险机制，增强企业抵御市场风险、疫病风险和自然灾害的能力。与银行、担保公司、管理部门搞好合作，搭建快捷融资平台。

6. 善用新媒体，针对性营销　充分利用以下媒介进行针对性营销：①微信群社群营销、商业信函、电话营销；②聘请专家顾问，既能指导生产又能帮助联系业务；③培训营销：以培训促进产品销售；④创办电子杂志及报纸，对用户、潜在用户及上级主管部门针对性投递；⑤采用抖音、快手、火山、百度等锁定目标客户。

7. 创建肉羊品牌（含加工品牌），引领企业跨越式发展　品牌强羊是推动羊业高质量发展，提升羊业竞争力的必然选择。

8. 建设现代企业文化，引领经营成功　心学最终归于致良知，王阳明认为，每个人良知一旦觉醒，人生就是一片光明，致良知的本质，是让人们听从内心光明的指引。一个企业团队，如何致良知？就是把人类文明历史积淀下来的智慧道德与灵性自觉与本企业实际相结合，提炼出企业的良知（企业文化），即倡导什么，反对什么，追求什么，价值观及愿景是什么等。按照文化建设的一般规律，把企业文化推广到企业的每个部门，把文化价值理念沉淀在每一个员工心中，促进员工良知觉醒，通过致良知最终实现整个团队万众一心，凝心聚力，成就非凡事业。

致良知的具体过程，是通过企业文化的普及、传播，让员工明白在这家企业中应当做什么，不做什么，追求什么，完成致良知第一阶段；然后多次重复、在事上练，员工就能与企业深度融合在一起，进入致良知第二阶段，认同公司价值观，并完成自我价值观塑造，再多次重复，使员工潜在良知能得到开发，不断成长，打开自我，成就自我；然后进入下一阶段，即知行合一的循环往复。

第十五部分　推进我国规模化肉羊场机械化、信息化的思考

一、规模化肉羊场机械化、信息化发展现状

（一）规模化养殖情况

全国羊场的总数一直在下降，但是规模化羊场比例一直在增加，现代化、机械化、信息化、适度规模化养殖格局凸显，全舍饲养羊符合我国国情，也是大势所趋。

我国肉羊产业规模结构不断优化，2007—2016 年，羊场总数从 2 860. 38 万个下降到 1 557. 15 万个，下降了 45. 56%；100 只以上羊场占全国羊场总数的比例从 0. 60%上升至 3. 15%。如图 15-1 所示。

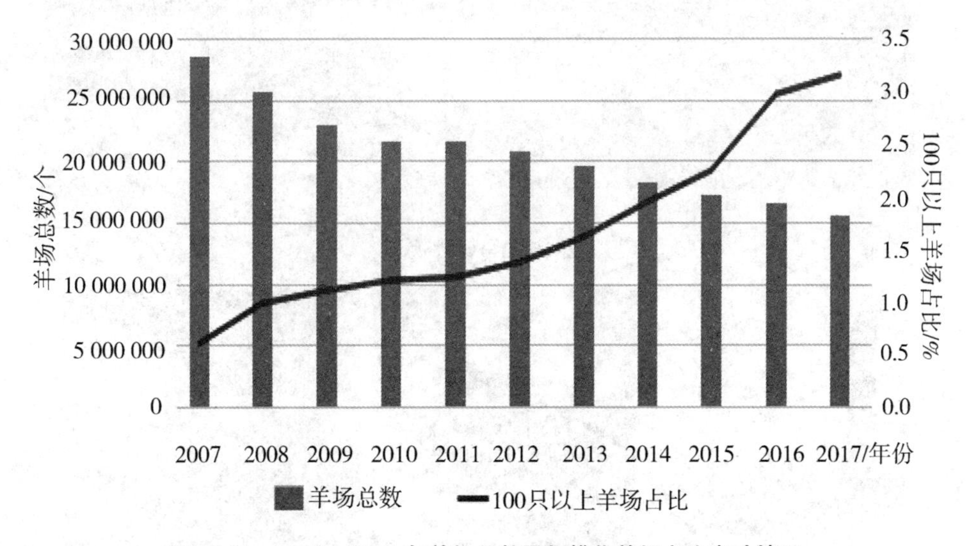

图 15-1　2007—2016 年羊场总数及规模化羊场占比变动情况

（二）机械装备应用

1. 饲料收获、储运、加工机械装备

（1）青贮工艺：收割—铡短—压实—密封。青贮过程所用设备如图15-2~图 15-4 所示。

图 15-2　青贮玉米收获机械

青贮窖

裹包青贮

图 15-3　青贮现场

粉碎机

揉丝机

干秸秆饲料粉碎设备

图 15-4　粉碎机械设备展示

（2）TMR 工艺：全日粮配合—取料—混合搅拌—发送饲料。TMR 设备如图 15-5 所示。

取料机

移动TMR

撒料车

固定式TMR

图 15-5 TMR 设备展示

2. 饲喂机械装备 饲喂设备如图 15-6 所示。

TMR 颗粒饲料制作工艺：配方设计—取料—自动称量—搅拌混合—出料—制粒—风干—贮存。颗粒饲料及所用设备如图 15-7 所示。

全混合日粮颗粒育肥饲喂工艺：

（1）从育肥方式设计上讲，应采用分段式育肥，前期、后期育肥饲料配方要有一定的梯度。

（2）在育肥前设计好前后期及出栏时预期增重目标，根据增重目标配制日粮。

（3）饲养方式转变应有一定的过渡期。在由放牧饲养或常规精粗分饲转

电瓶撒料车

传送带上料（1）

传送带上料（2）

行车上料

图 15-6　饲喂设备展示

图 15-7　颗粒饲料及所用设备

为自由采食 TMR 时，应选用一种过渡型日粮，即一半颗粒饲料、一半粗饲料，然后在 15 天后逐步过渡到全部饲喂全混日粮，以避免由于采食过量而引起消化疾病和酸中毒。

（4）变换 TMR 配方饲料时，也应有 10 天左右的过渡期，将两种日粮混合饲喂一段时间。

（5）确保TMR日粮的营养平衡性。在配制TMR时，要保证所选用饲草料等原料的质量。

（6）配方中应考虑缓解瘤胃酸碱度失衡的调节添加剂，比如氯化铵、碳酸氢钠等。应根据育肥增重目标在日粮正常需求量的基础上添加量提高10%～20%。

（7）应保证饮水。

（8）育肥圈舍应辅助添加矿物质舔砖。

（9）应注意观察羊粪便的颜色及是否成形，如育肥舍有多只羊粪便不成形或拉稀，应控制颗粒饲料自由采食量，辅助混合部分粗饲料调节饲喂，待粪便正常后再自由采食颗粒饲料。

（10）育肥圈舍应有一定的运动场。

3. 供水设备　安装饮水管线，采用饮水碗供水系统（图15-8）以利于节约用水，采用热水系统（图15-9）冬天供水以利于羊的健康。

图15-8　饮水碗供水系统

图15-9　空气能热水系统

4. 环境控制机械装备　如图15-10和图15-11所示。

图15-10　夏季冷风机降温——正压通风设备

图15-11　电动卷帘窗（可根据环境手动/自动开闭）

5. 管理机械装备 如图 15-12～图 15-15 所示。

图 15-12 自动称重分群系统

图 15-13 剪羊毛设备

图 15-14 修羊蹄设备

图 15-15　太阳能牧用电围栏

6. 粪污收集、处理机械装备　如图 15-16~图 15-20 所示。

图 15-16　一级机械刮粪

图 15-17　二级机械刮粪

图 15-18　一级机械刮粪+斜向卷扬机装粪

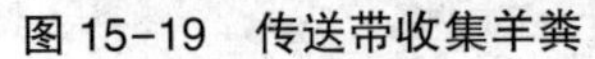
图 15-19　传送带收集羊粪

图 15-20　有机肥加工设备

（三）信息化应用

1. 大数据分析　大数据分析是实现未来牧场精准管理的技术核心。通过收集羊群的饲料消耗、转化率、淘汰率、遗传进展等基础数据，结合利用大数据分析手段，实现牧场的及时评估，将是未来牧场实现精准管理的技术核心。

2. 数智化平台设计思路　借助互联网、物联网、大数据分析技术，基于 BOS 开发平台，为企业量身定制，打造智慧养殖，打通企业价值链，养殖过程管理可与企业 ERP 供应链系统无缝对接，既满足业务管控也提供经营管控。

（1）流程化：以养殖户为维度，贯穿羊只全生命周期业务管理，以流程化的运转方式管理看似零散的养殖业务。

（2）计划驱动：系统后台运算饲料计划、配种计划、分娩计划及断奶计划等，通过计划实现任务推送。

（3）协同化：应用中后台与业务前台协同使用，手机移动端和 PC 端数据实时互通，保证数据实时、准确传递。

（4）一体化：种羊养殖业务模块和供应链、成本模块相连接，打造一体化的数据平台。

二、规模化养羊中机械化、信息化存在的问题

1. 机械化总体水平较低　规模化和投资能力明显偏低，造成机械化总体水平还不高，具体数据如图 15-21 和表 15-1 所示。

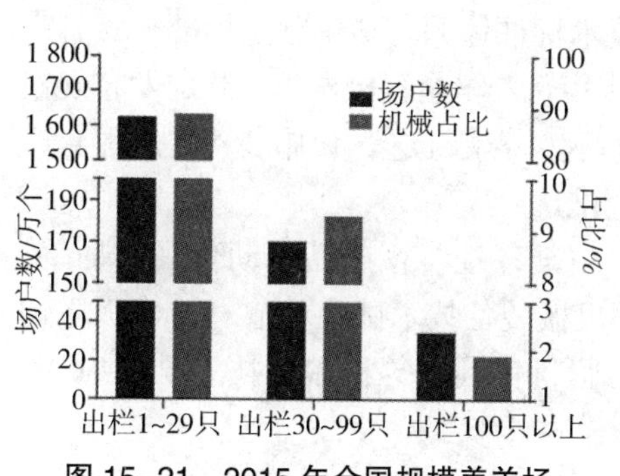

图 15-21　2015 年全国规模养羊场（户）统计资料

表15-1　2015年肉羊养殖规模分布

出栏数	各段比重	节点以上比重
年出栏1~29只	38.7%	100%
年出栏30~99只	24.6%	61.3%
年出栏100~499只	23.8%	36.7%
年出栏500~999只	6.5%	12.9%
年出栏1 000只以上	6.4%	6.4%

2. 科技创新能力不强　大量的成果、专利没有转化成产品，说明使用价值不高。有的人乐于创新，但闭门造车，做出来的产品是已经被实践淘汰的东西；知识产权保护不力，互相仿制，同质化低水平竞争严重，原发技术产品少，仿制者多。

3. 标准化程度低、产品聚集度低　目前，市场上产品五花八门，鱼目混珠，一些产品没有标准，同样的功能和用途的设备，市场上有许多品牌，让用户无所适从；行业自律性低，各自为战，形不成合力；设备制造厂商多而小，缺乏明星企业和知名品牌，售后服务跟不上，再加上没有标准配件，导致客户对产品的忠诚度很低。

4. 工程、设施与机械装备集成度不够　一家企业不可能生产所有的设备，更不可能把每一种设备都做得质量、性能第一。在实际生产中，暴露出一些问题，如一部分羊场建设工程没有经过专业设计，在设计过程中没有把饲养管理工艺与设备规格型号、应用条件结合起来。

三、如何推进规模化养羊机械化、信息化

1. 推动养羊机械装备科技创新　协会搭桥，产学研结合，协调科技创新，系统解决问题。调查研究养殖场真实需求，研发先进适用的畜牧机械装备，加快符合我国国情的绿色智能、立体高效、福利安全的养殖装备的科技创新。如高效饲草料收获加工、精准饲喂、智能环控、养殖信息监测、疫病防控、畜产品智能化采集加工、高效粪污资源化利用、病死畜禽无害化处理和种畜禽生产性能测定等方面的先进机械装备。充分挖掘生产一线的小发明、小技巧，通过遴选重大项目、主推技术等方式，积极争取财政、科技等部门的立项支持。加强国际交流合作，支持引进国际先进技术，引导和支持畜牧机械装备企业及产品“走出去”。加强装备、

新材料和信息化技术等基础研究，为突破畜牧业机械化薄弱环节奠定基础。

2. 建立肉羊规模化养殖全程机械化技术标准体系 科学制定标准，既有一定的约束力，又不会阻碍技术创新。推进规模化养羊全程机械化，制定发布规模化养殖设施装备配套技术规范，推进经营管理、养殖工艺、设施装备集成配套。

3. 加强绿色高效新装备新技术的示范推广

（1）大力支持工程防疫、智能饲喂、精准环控、畜产品自动化采集加工、废弃物资源化利用等健康养殖和绿色高效机械装备技术试验示范。加快优质饲草青贮、农作物秸秆制备饲料、畜禽粪污肥料化利用等机械化技术推广应用，推动构建农牧配套、种养结合的生态循环模式。

（2）创新畜牧新装备新技术体验式、参与式的推广方式，充分调动畜牧设施装备生产企业、养殖场（户）和科研院校、社会团体等参与技术推广的积极性，加快畜牧业机械化新技术推广应用。

（3）通过财政支持、设备企业赞助，建设一批基本实现养殖全程机械化的规模化养殖场和示范基地，加强典型示范引导。

4. 设备厂与羊场设计单位搞好协作 羊场设计与设备要求不统一，势必造成施工或生产中的麻烦和损失。基础设施的规划设计与设备效益的发挥密切相关，设备厂应与羊场设计单位搞好协作。

5. 提高重点环节社会化服务水平 如机械化专业剪羊毛、机械化专业清粪、机械化专业生产有机肥、机械化专业施肥。

6. 推进机械化信息化融合 性能测定与数据记录系统可通过电子耳标身份识别，进行自动称重，进而实现精准饲喂（图15-22）。

图15-22 性能测定与数据记录系统

推进养羊机械化、物联化、智能化设施与装备升级改造，促进畜牧设施装备使用、管理与信息化技术深度融合。各环节重点装备上应用实时准确的信息采集和智能管控系统。从现有的肉羊生产软件中遴选优秀的软件系统，集全国之力进行优化完善，供规模羊场统一使用。

参考文献

[1] 徐泽君，皱继业．怎样养羊［M］. 郑州：河南科学技术出版社，1995.
[2] 徐泽君，高腾云，黄克炎．肉羊快速育肥技术［M］. 郑州：河南科学技术出版社，1997.
[3] 王天增，徐泽君．怎样养好小尾寒羊［M］. 郑州：河南科学技术出版社，1999.
[4] 王学君．羊人工授精技术［M］. 郑州：河南科学技术出版社，2003.
[5] 陈顺友．畜禽养殖场规划设计与管理［M］. 北京：中国农业出版社，2008.
[6] 李明，杨广礼，晁先平．建一家赚钱的羊养殖场［M］. 郑州：河南科学技术出版社，2010.
[7] 冯维祺．科学养羊指南［M］. 北京：金盾出版社，2012.
[8] 徐泽君，晁先平，徐泽立．羊病防治实用新技术［M］. 3 版．郑州：河南科学技术出版社，2015.